山东巨龙建工集团

SHANDONG JULONG CONSTRUCTION GROUP

# 中国传统民间制作工具大全

第三卷

王学全 编著

中国建筑工业出版社

**图书在版编目（CIP）数据**

中国传统民间制作工具大全. 第三卷 / 王学全编著
. —北京：中国建筑工业出版社，2022.6
ISBN 978-7-112-27273-0

Ⅰ.①中… Ⅱ.①王… Ⅲ.①民间工艺–工具–介绍
–中国 Ⅳ.①TB4

中国版本图书馆CIP数据核字（2022）第059377号

责任编辑：仕　帅
责任校对：王　烨

**中国传统民间制作工具大全　第三卷**
王学全　编著
*
中国建筑工业出版社出版、发行（北京海淀三里河路9号）
各地新华书店、建筑书店经销
北京锋尚制版有限公司制版
北京富诚彩色印刷有限公司印刷
*
开本：880 毫米×1230 毫米　1/16　印张：22　字数：412 千字
2022 年 8 月第一版　　2022 年 8 月第一次印刷
定价：**152.00** 元
ISBN 978-7-112-27273-0
（39140）

# 作者简介

王学全，男，山东临朐人，1957年生，中共党员，高级工程师，现任山东巨龙建工集团公司董事长、总经理，从事建筑行业45载，始终奉行“爱好是认知与创造强大动力”的格言，对项目规划设计、建筑施工与配套、园林营造、装饰装修等方面有独到的认知感悟，主导开发、建设、施工的项目获得中国建设工程鲁班奖（国家优质工程）等多项国家级和省市级奖项。

他致力于企业文化在企业管理发展中的应用研究，形成了一系列根植于员工内心的原创性企业文化；钟情探寻研究黄河历史文化，多次实地考察黄河沿途自然风貌、乡土人情和人居变迁；关注民居村落保护与发展演进，亲手策划实施了一批古村落保护和美丽村居改造提升项目；热爱民间传统文化保护与传承，抢救性收集大量古建筑构件和上百类民间传统制作工具，并以此创建原融建筑文化馆。

# 前言

制造和使用工具是人区别于其他动物的标志，是人类劳动过程中独有的特征。人类劳动是从制造工具开始的。生产、生活工具在很大程度上体现着社会生产力。从刀耕火种的原始社会，到日新月异的现代社会，工具的变化发展，也是人类文明进步的一个重要象征。

中国传统民间制作工具，指的是原始社会末期，第二次社会大分工开始以后，手工业从原始农业中分离出来，用以制造生产、生活器具的传统手工工具。这一时期的工具虽然简陋粗笨，但却是后世各种工具的“祖先”。周代，官办的手工业发展已然十分繁荣，据目前所见年代最早的关于手工业技术的文献——《考工记》记载，西周时就有“百工”之说，百工虽为虚指，却说明当时匠作行业的种类之多。春秋战国时期，礼乐崩坏，诸侯割据，原先在王府宫苑中的工匠散落民间，这才有了中国传统民间匠作行当。此后，工匠师傅们代代相传，历经千年，如原上之草生生不息，传统民间制作工具也随之繁荣起来，这些工具所映照的正是传承千年的工法技艺、师徒关系、雇佣信条、工匠精神以及文化传承，这些曾是每一位匠作师傅安身立命的根本，是每一个匠造作坊赖以生存发展的伦理基础，是维护每一个匠作行业自律的法则准条，也是维系我们这个古老民族的文化基因。

所以，工具可能被淘汰，但蕴含其中的宝贵精神文化财富不应被抛弃。那些存留下来的工具，虽不金贵，却是过去老手艺人“吃饭的家什”，对他们来说，就如同一位“老朋友”不忍舍弃，却在飞速发展的当下，被他们的后代如弃敝屣，散落遗失。

作为一个较早从事建筑行业的人来说，我从业至今已历45载，从最初的门外汉，到后来的爱好、专注者，在历经若干项目的实践与观察中逐渐形成了自己的独到见解，并在项目规划设计、建筑施工与配套、园林营造、装饰装修等方面有所感悟与建树。我慢慢体会到：传统手作仍然在一线发挥着重要的作用，许多古旧的手工工具仍然是现代化机械无法取代的。出于对行业的热爱，我开始对工具产生了浓厚兴趣，抢救收集了许多古建构件并开始逐步收集一些传统手工制作工具，从最初的上百件瓦匠工具到后来的木匠、铁匠、石匠等上百个门类数千件工具，以此建立了“原融建筑文化馆”。这些工具虽不富有经济价值，却蕴藏着保护、传承、弘扬的价值。随着数量的增多和门类的拓展，我愈发感觉到中国传统民间制作的魅力。你看，一套木匠工具，就能打制桌椅板凳、梁檩椽枋，撑起了中国古建、家居的大部；一套锡匠工具，不过十几种，却打制出了过去姑娘出嫁时的十二件锡器，实用美观的同时又寓意美好。这些工具虽看似简单，却是先民们改造世界、改变生存现状的“利器”，它们打造出了这个民族巍巍五千年的灿烂历史文化，也镌刻着华夏儿女自强不息、勇于创造的民族精神。我们和我们的后代不应该忘却它们。几年前，我便萌生了编写整理一套《中国传统民间制作工具大全》的想法。

《中国传统民间制作工具大全》这套书的编写工作自开始以来，我和我的团队坚持边收集边整理，力求完整准确的原则，其过程是艰辛的，也是我们没有预料到的。有时为了一件工具，团队的工作人员经多方打听、四处搜寻，往往要驱车数百公里，星夜赶路。有时因为获得一件缺失的工具而兴奋不已，有时也因为错过了一件工具而痛心疾首。在编写整理过程中我发现，中国传统民间工具自有其地域性、自创性等特点，同样的匠作行业使用不同的工具，同样的工具因地域差异也略有不同。很多工具在延续存留方面已经出现断层，为了考证准确，团队人员找到了各个匠作行业内具有一定资历的头师傅，以他们的口述为基础，并结合相关史料文献和权威著作，对这些工具进行了重新编写整理。尽管如此，由于中国古代受“士、农、工、商”封建等级观念的影响，处于下位文化的民间匠作艺人和他们所使用的工具长期不受重视，也鲜有记载，这给我们的编写工作带来了不小的挑战。

这部《中国传统民间制作工具大全》是以能收集到的馆藏工具实物图片为基础，以各匠作行业资历较深的头师傅口述为参考，进行编写整理而成。本次出版的

《中国传统民间制作工具大全》共三卷，第一卷共计八篇，包括：工具溯源，瓦匠工具，砖瓦烧制工具，铜匠工具，木匠工具，木雕工具，锔匠工具，给水排水工和暖通工工具。第二卷共计八篇，包括：石匠工具，石雕工具，锡匠工具，电气安装工工具，陶器烧制工具，园林工工具，门笺制作工具，铝合金制作安装工具。第三卷共计八篇，包括：金银匠工具，铁匠工具，白铁匠工具，漆匠工具，钳工工具，桑皮纸制造工具，石灰烧制工具，消防安装工工具。该套丛书以中国传统民间手工工具为主，辅之以简短的工法技艺介绍，部分融入了近现代出现的一些机械、设备、机具等，目的是让读者对某一匠作行业的传承脉络与发展现状，有较为全面的认知与了解。中国传统民间“三百六十行”中的其他匠作工具，我们正在收集整理之中，将陆续出版发行，尽快与读者见面。这部书旨在记录、保护与传承，既是对填补这段空白的有益尝试，也是弘扬工匠精神，开启匠作文化寻根之旅的一个重要组成部分。该书出版以后，除正常发行外，山东巨龙建工集团将以公益形式捐赠给中小学书屋书架、文化馆、图书馆、手工匠作艺人及曾经帮助收集的朋友们。

该书在编写整理过程中王伯涛、王成军、张洪贵、张传金、王成波等同事在传统工具收集、照片遴选、文字整理等过程中做了大量工作，范胜东先生、叶红女士也提供了帮助支持，不少传统匠作老艺人和热心的朋友也积极参与到工具的释义与考证等工作中，在此一并表示感谢。尽管如此，该书可能仍存在一些不恰当之处，请读者谅解指正。

# 目录

## 第四篇　漆匠工具



## 第五篇　钳工工具



## 第六篇　桑皮纸制造工具



## 第七篇　石灰烧制工具



## 第八篇　消防安装工工具

# 第一篇

# 金银匠工具

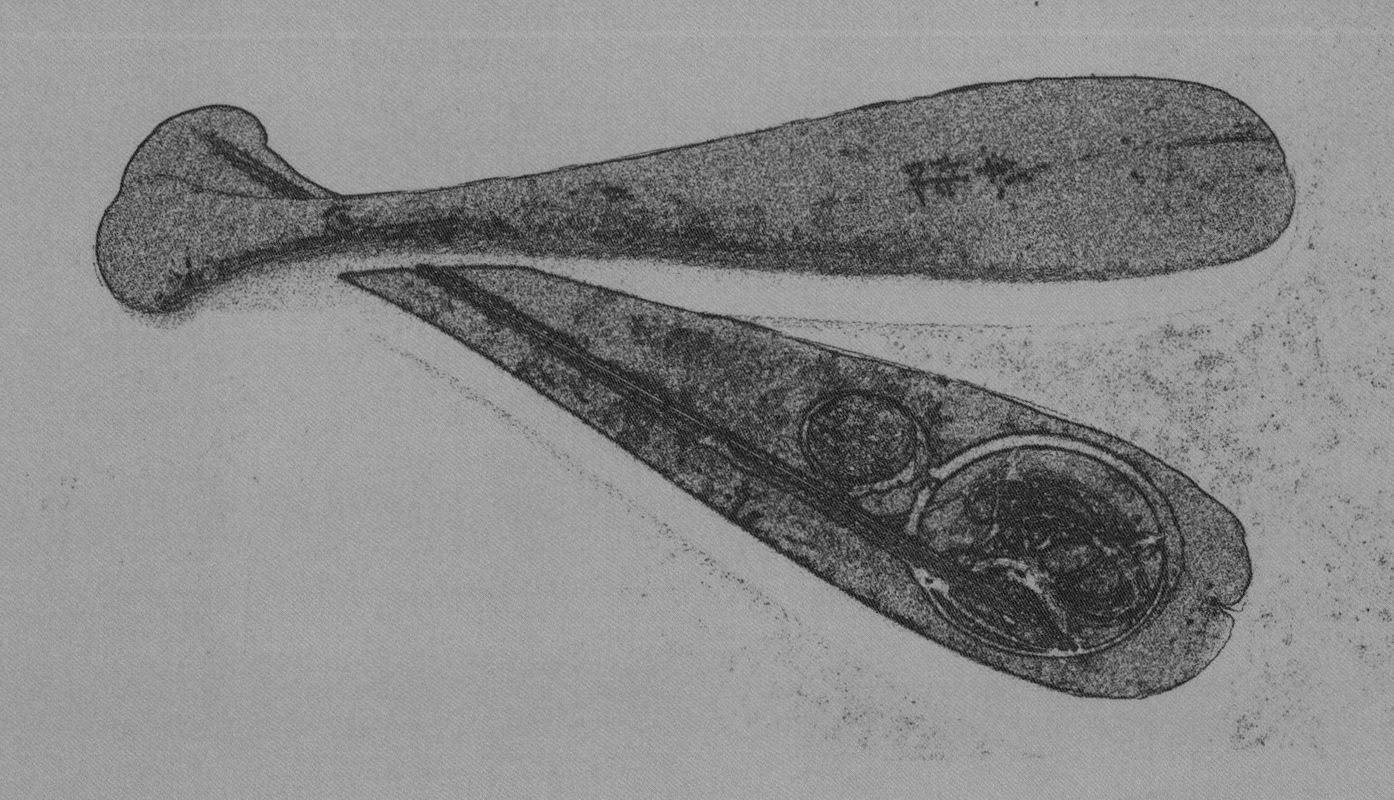

# 金银匠工具

中国的金银器大约出现在商周时期，在商代的墓葬中就发现了金银的陪葬品。金银作为贵金属，它们的出现源于青铜的冶炼技术，此后经历代发展，金银饰品及器具随着金银在社会中的价值不断攀升，成为一种珍稀物、奢侈品。

金银匠人是专门制作金银器具、饰品或其他金银物品的工匠，金银匠必须熟练地通过锉、焊接、锯、锻造、铸造和抛光金属来成形金银饰。历史上，金匠也制造银器，金匠与银匠一般不分家，因此金银匠的加工工艺与工具基本一致。本篇将主要以银匠为例子，来介绍用于金银加工的工具。按照工艺流程，我们大致可以把金银匠工具分为：挑子与金工桌、熔铸工具、锻打工具、拉丝工具、扩形工具、錾刻工具、组装工具、琢磨工具八大类。

◀ 金银匠工具

# 第一章　挑子与金工桌

传统金银匠一般有两类，一类有自己固定的生产加工作坊，或者凭借自身手艺依附于金银匠作坊；另一类具有流动性，挑着金银匠挑子，挑子里就是金银匠加工的全部家当，走街串巷，招揽生意。前者往往具有较高的加工技艺和品牌影响力，客户群体相对稳定，多见于城市和发达地区；后者技艺相对粗糙些，也受制于加工条件，往往面向乡村、山区等相对落后地区。

▲ 金银匠挑子

# 金银匠挑子

▼ 金银匠挑子内部

▲ 金银匠挑子局部

一条扁担挑着的是老金银匠的移动工作台——“金银匠挑子”。风箱、砧子、锤、锉、锯等工具都囊括其中，可以随时随地为主顾锻打金银饰品。小铜锣一敲，人们便知道是金银匠来了。

有的金银匠挑子还做了各种装饰，如龙凤、八仙、蝴蝶等。

▲ 金工桌

# 金工桌

传统金银匠铺里的师傅一般都有自己的金工桌。一个经验丰富的金银匠会围绕着金工桌，把所有设备和工具都布置在伸手可及的范围内。高效的工作空间布局是在岁月和经验中沉淀出来的。

▲ 台塞

# 台塞

金工桌的中心，大部分操作所依托的核心部位称为台塞，也称“台杆”。它是一块硬木制成的楔子，固定在回收集尘袋上方的桌边。台塞是加工金银珠宝材料的各种工序的接触界面。

# 第二章　熔铸工具

金银的熔铸是将金银块、碎金银等放入坩埚内加热。当加热到熔点以上，固态的金银就化为液态。然后用钳夹紧坩埚，将熔液倒入准备好的模具中，形成所需要的坯料。传统金银的熔铸工具有：熔炉、风箱、坩埚、夹钳、槽和模具等。

现代熔炼多用皮老虎套件（含火枪、油壶、燃料、气路等）和坩埚进行。用火枪熔化时，注意倾倒过程中火枪要对坩埚中的溶液继续加热，以防坩埚中溶液冷却过快而固化。

◀ 金银匠熔铸平台

▲ 风箱

# 风箱

风箱，也称“风匣”，压缩空气而产生气流的装置。最常见的风匣由木箱、活塞、活门构成，用来鼓风使炉火旺盛。

▼ 正在使用的坩埚

▼ 坩埚

# 坩埚

坩埚是熔炼过程中盛放金银料进行加温的用具。根据所放金银料的多少，坩埚一般有大小不同的型号。坩埚具有耐高温的特性，是熔炼金属时常用到的一种容器。

# 金、银矿石

▼ 金矿石

▲ 银矿石

金、银矿石是经过开采出来含有金、银金属及其他杂质的矿石，需经过冶炼获得金、银。

油槽有条形、圆柱形等多种样式。熔炼后的金银液倒在油槽里形成金银块。油槽内一般会有不同的分隔钢块，用以分隔出不同规格的金银块。

## 油槽

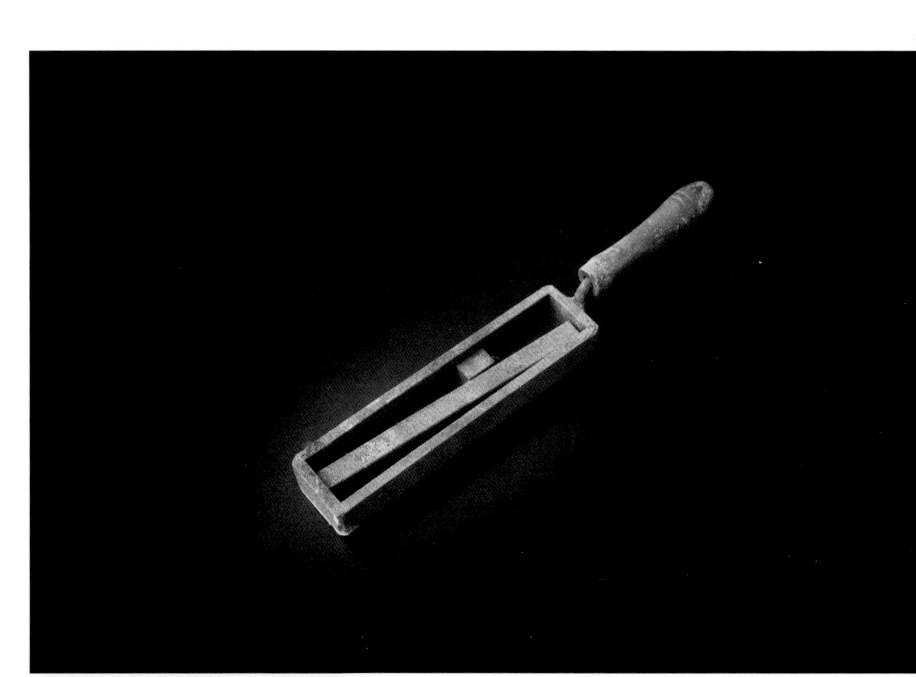

▲ 条形油槽

▲ 圆柱形油槽

# 火钳

在传统银匠师傅手里，火钳是用于夹住坩埚进行熔烧、铸模等操作的工具。传统火钳一般用铁质，现在多用不锈钢材质。火钳把手相对较长，所以也叫“长柄钳”。

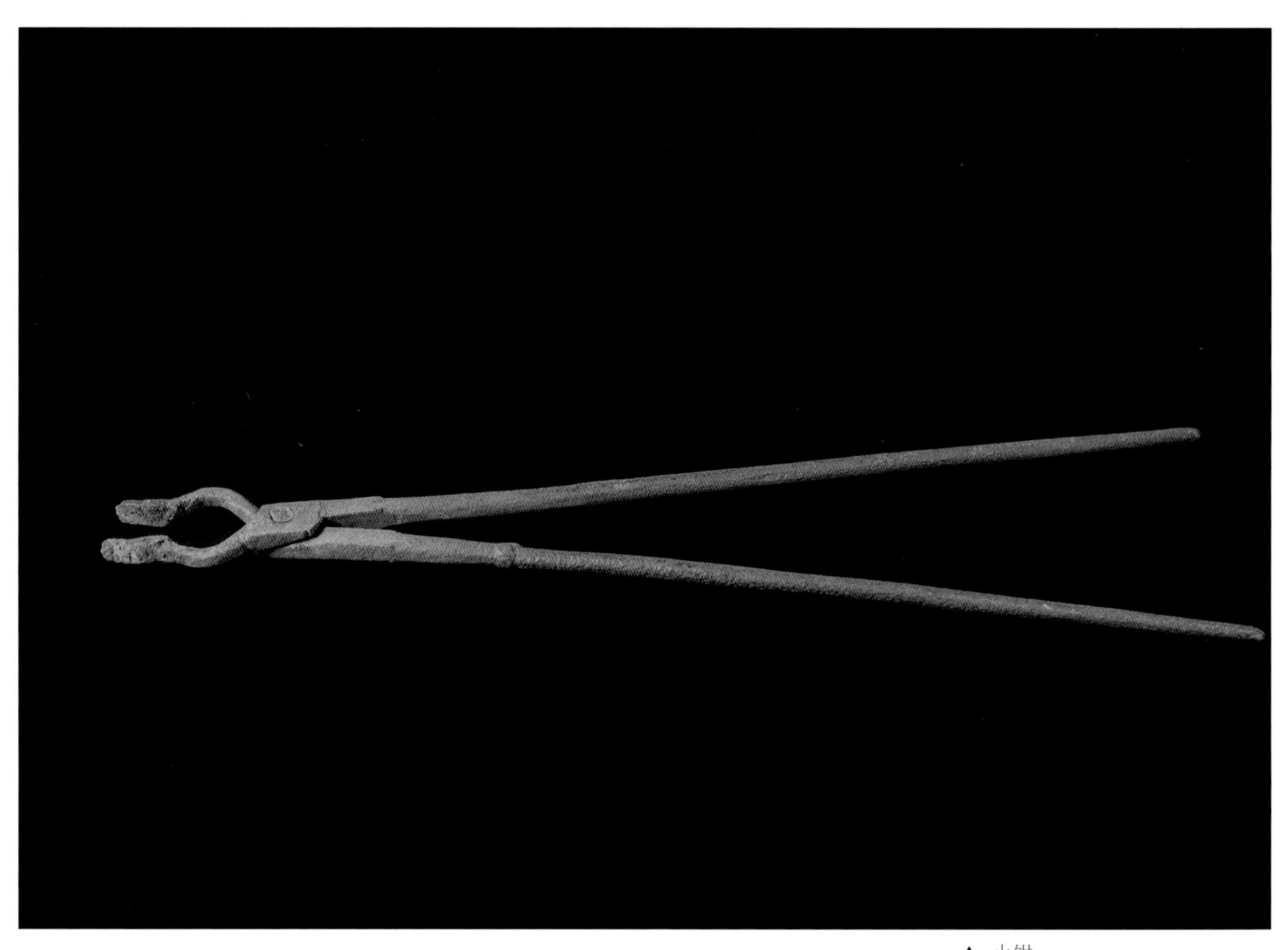

▲ 火钳

# 长柄钳与弯钳

不锈钢长柄钳和弯钳是现代金银匠师傅用于夹住坩埚进行熔烧、铸模等操作的主要工具。

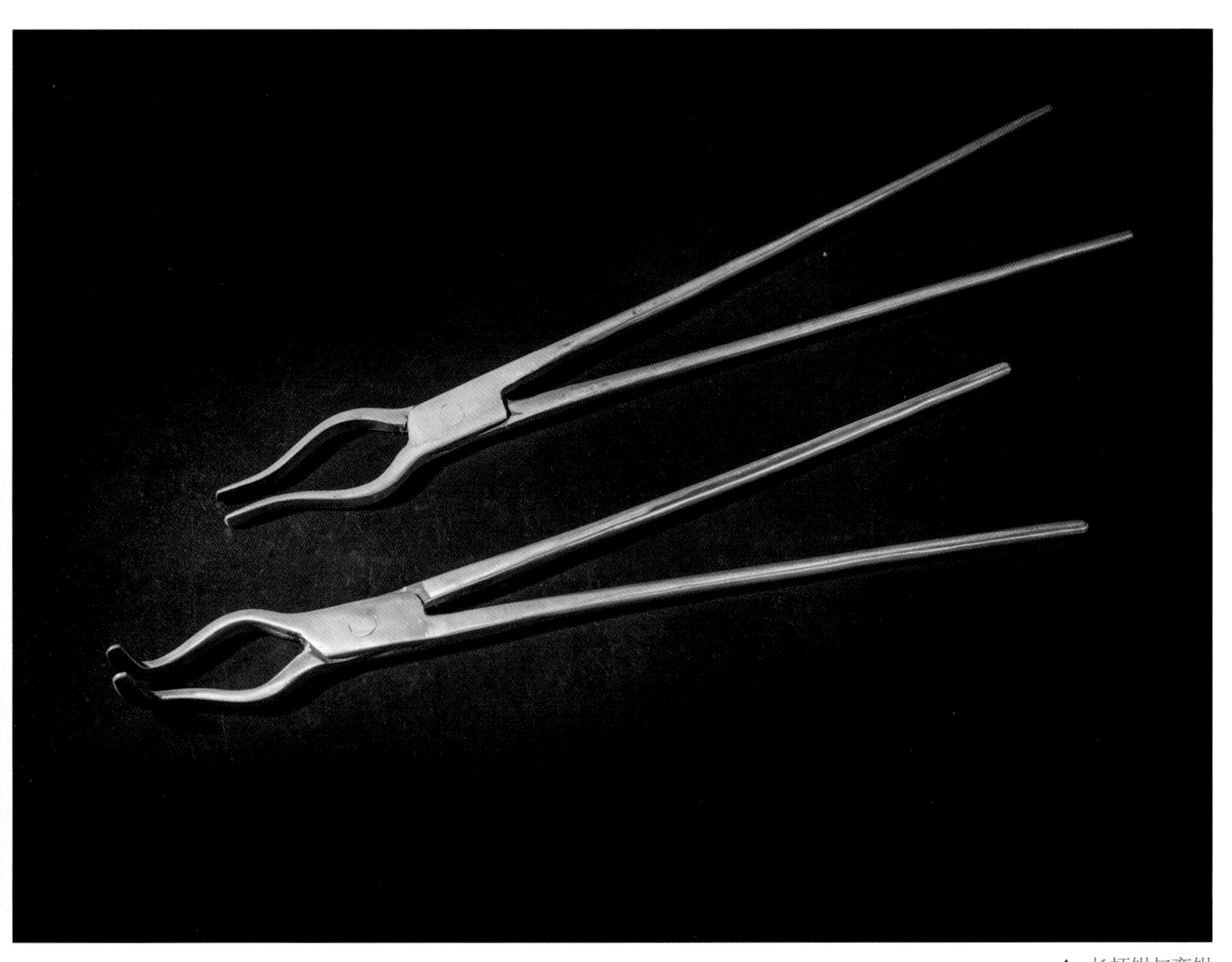

▲ 长柄钳与弯钳

▼ 焊枪

▲ 铁脚风球

▲ 燃料壶

# 皮老虎套件

皮老虎套件也称“火吹套件”。它由铁脚风球、气管、燃料壶、燃料和焊枪等组成，用气管连接。其中鼓风器是人力脚踏的，俗称皮老虎，也称风球。现代有用气泵、电力的鼓风器。

▲ 压片机

# 压片机

压片机是把金银坯料压制成片状的机械。当需要轧压金属片或线材时，先将待加工的金属块砸成条形或板状，把压片机对辊的压缝调合适后，转动机器将金属板插入压缝中并穿过对辊，接着进一步调紧压缝，再次将金属板压薄。这样反复多次，直到压成所需厚度为止。

# 第三章　锻打工具

锻打过程是将熔铸好的坯料从银槽或铸造模中取出，置于铁砧上，趁高温延展性佳时锻打成大致所需要的特定直径丝或片。由于延展性会随银自身温度降低而迅速降低，所以锻打时并不容易一次打成所需要的形状，往往需再次加热后进行锻打。如此反复，直至达到所要的形状。

锻打工具主要有：铁砧、锻打锤、夹钳、砧床等。

▲ 金银匠锻打场景

# 打金墩

打金墩又称砧床，主要功能是将铁砧置于其上，使锻打高度恰到好处，起到力量缓冲作用。打金墩一般以一段硬木制作，如槐木、枣木或者桑木等。

▲ 打金墩

▲ 打金墩与方砧

▲ 平砧

# 平砧

平砧是金银匠锻打加工的主要工具。它和圆砧一样是固定在砧床上使用的。平砧大小形状不一，是打制金银板或者直条状坯料主要操作平台。

▲ 圆砧

# 圆砧

圆砧俗称“王八砧子”，是支在一个木头墩子上的铸铁疙瘩，是锻打加工时垫在下面的器具。它的形状上圆下方，四周有方形的棱角凸起，还有构件的插孔。

## 手锤

传统金银匠手锤多依据个人使用习惯、爱好及手艺水平，自己或寻求专业制锤工匠手工制作，所以形状、大小不一而同。

▶ 手锤

## 线锤

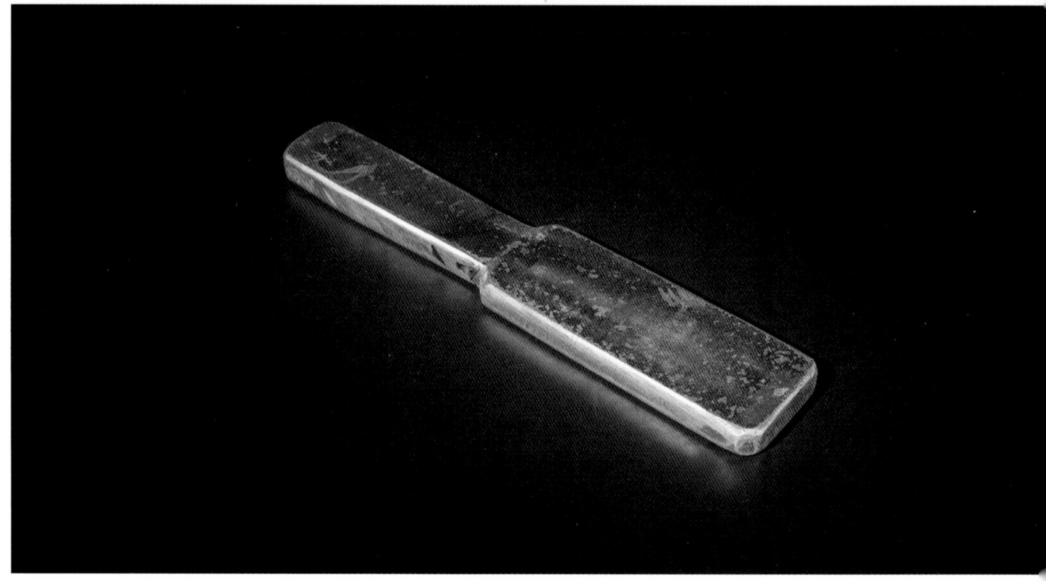

▲ 线锤

线锤又称打金线锤，分为平边线锤、三角线锤等。线锤一般用于打制金银片。

## 镊子

镊子是金银匠锻打坯料时，用来夹取坯料的工具，有直头、平头、弯头等样式。

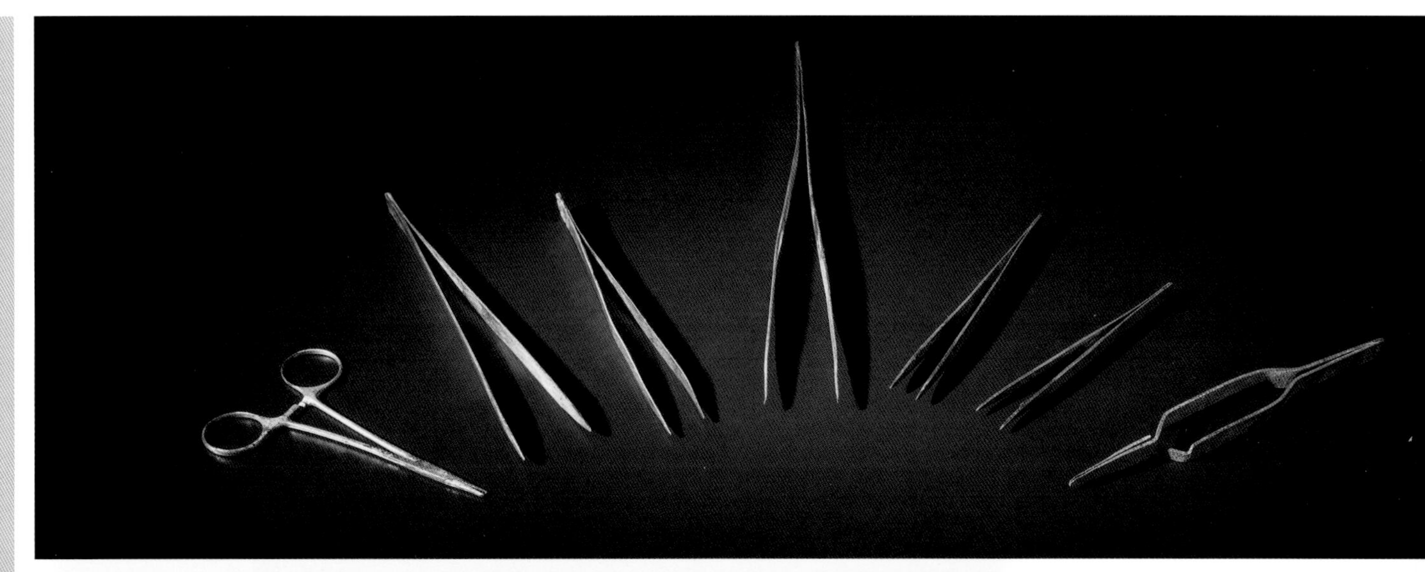

▲ 镊子

## 木槌

▲ 木槌

木槌是金银器加工中的常用工具，木槌重量轻，力度好掌握，因此不易损坏工件表面。

## 线锯

线锯又称“钢丝锯”“弓锯”，是利用绳锯木断的原理设计出来的一种对脆硬材料进行切割的锯。金银匠师傅在下料时常用其锯下曲线或不规则的异形坯料。

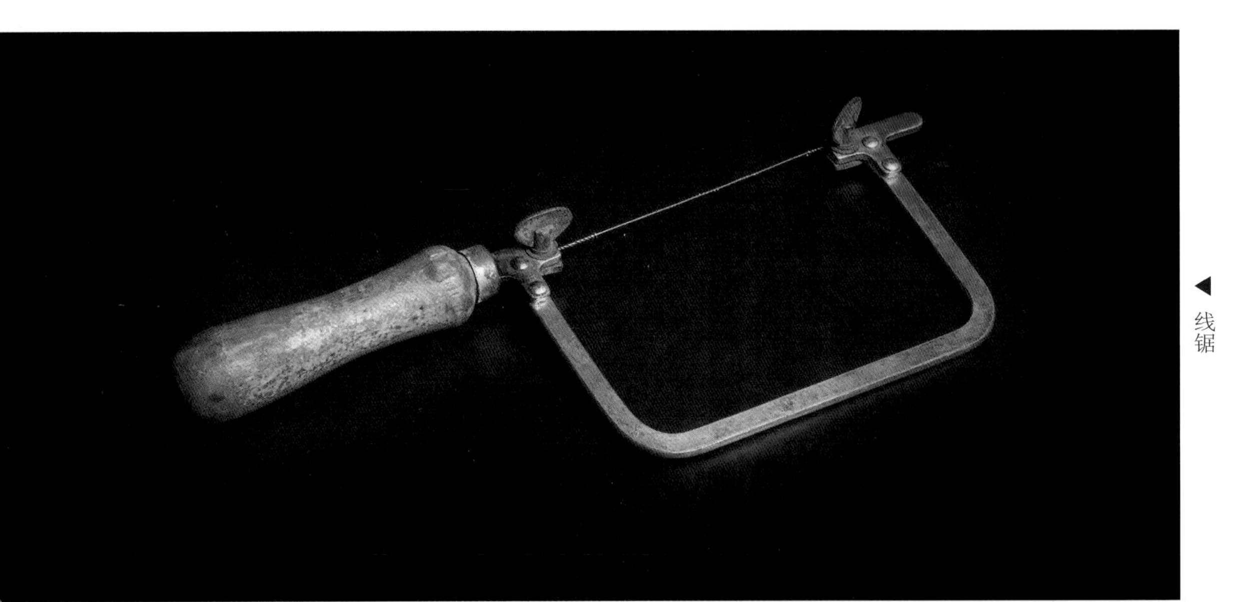

◀ 线锯

## 手锯

手锯是金银匠切割坯料的常用工具。这把手锯是闽南金银匠手工制作的，是制作铃铛时下料使用的。

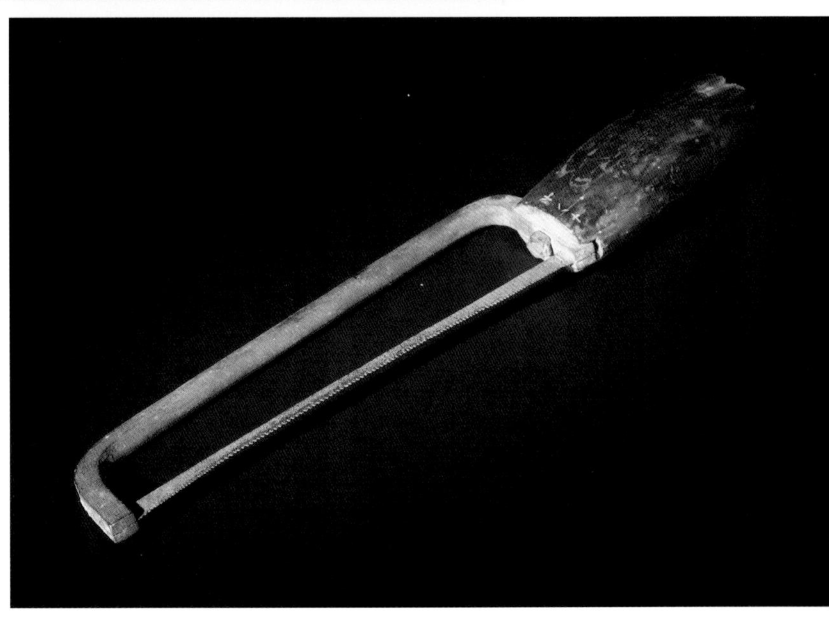

▲ 手锯

## 剪钳

剪钳的剪口（刃）特别短、柄长，即重臂短力臂长，剪时省力。

▼ 剪钳

## 夹钳

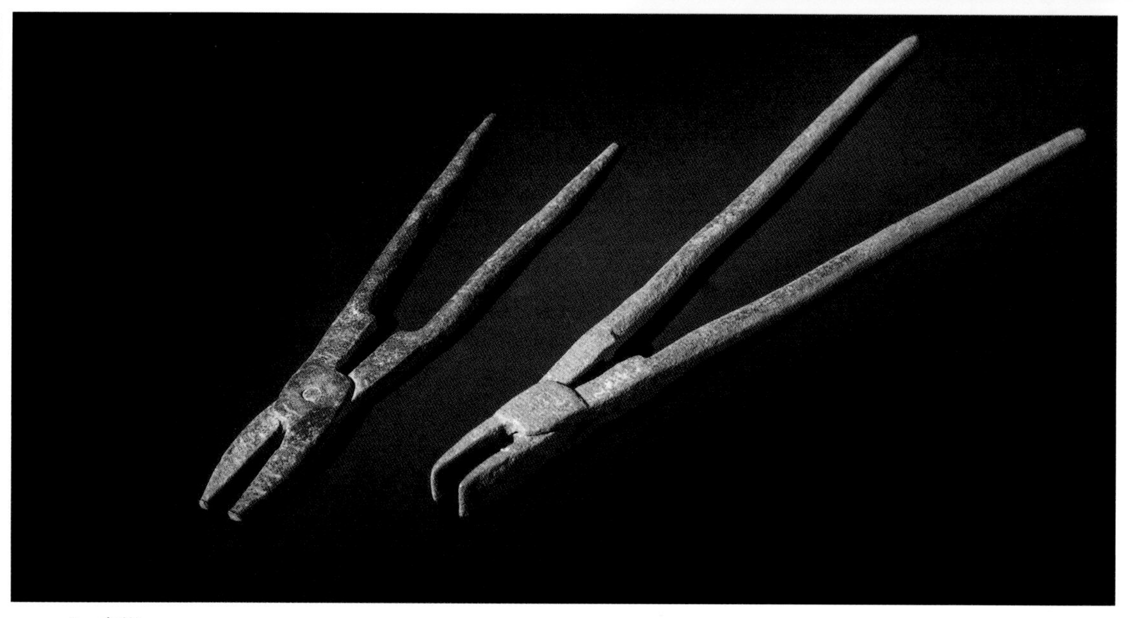

▲ 夹钳

金银匠夹钳尺寸大小不一，最主要的特点是平钳口，锻打或者熔烧、退火时使用。

▲ 碳棒

▲ 耐火砖

## 碳棒与耐火砖

金银坯料在锻打过程中需要反复加温锻打。加温时传统做法中会将材料夹置在一根碳木棒上；现在多将金银料放置在耐火砖上加温。

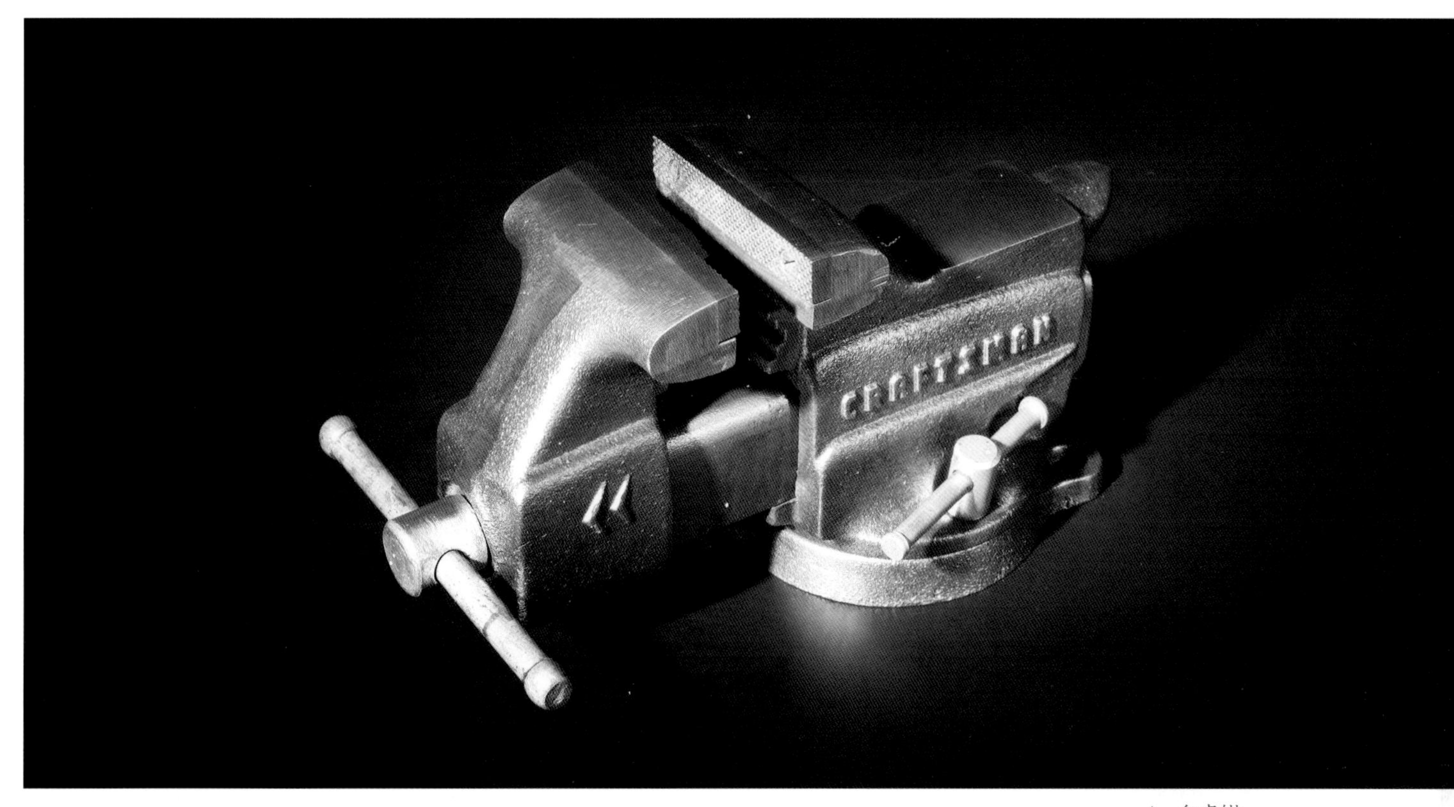


▲ 台虎钳

## 台虎钳

台虎钳又称“虎钳”“台钳”，是用来夹持工件的工具。

# 锉刀

锉刀表面上有许多细密刀齿，呈条形，是用于锉切和锉光工件的手工工具。金银匠用锉多用在金银料裁切后，对裁剪面做微量加工，使材料下料更精细。或是在金银件上进行精细加工。

锉刀按断面分有：板锉（平锉）、方锉、圆锉、三角锉、半圆锉、刀锉等多种。

▲ 锉刀

## 圆锉

锉削内圆弧面时，选择半圆锉或圆锉。

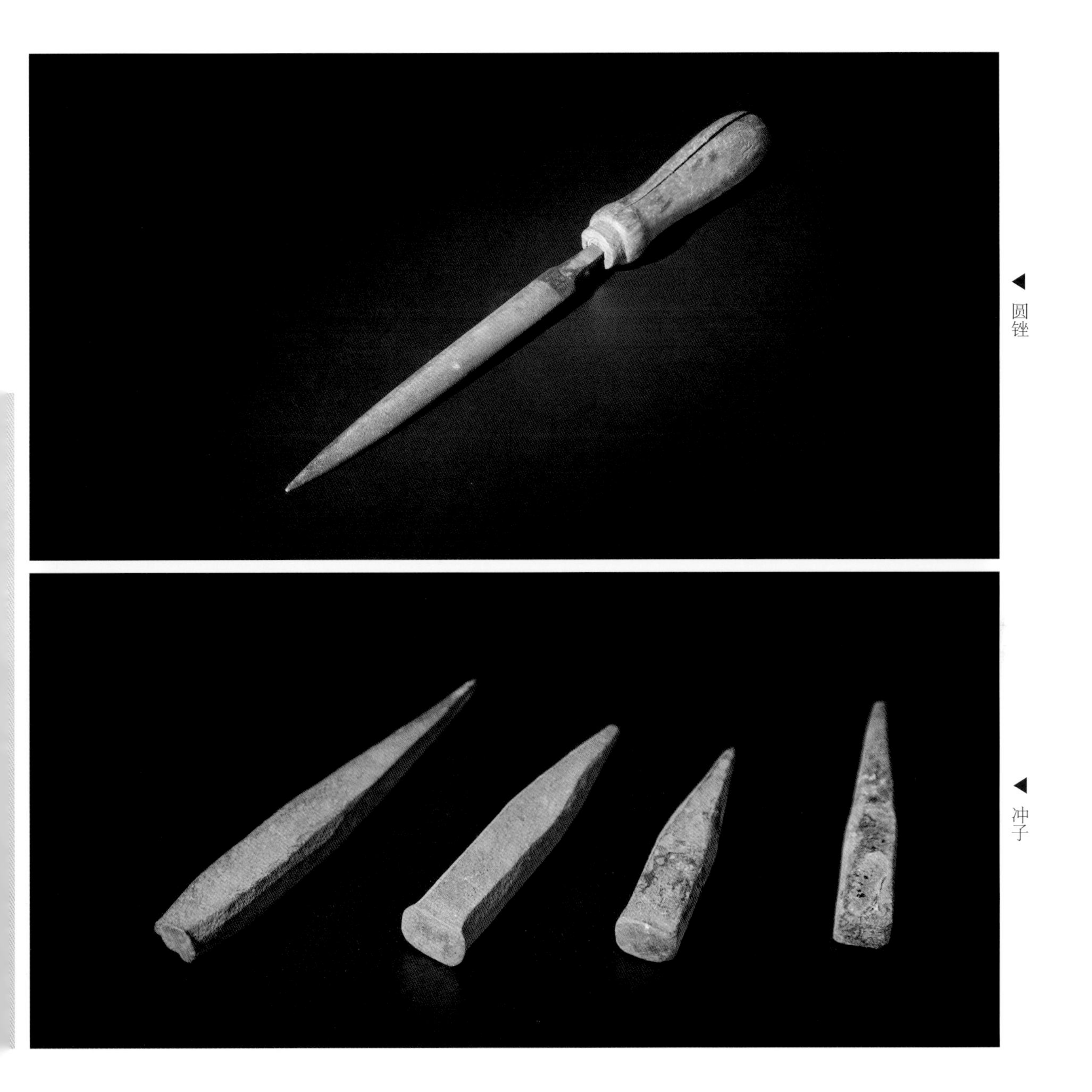

◀ 圆锉

◀ 冲子

## 冲子

冲子是对金银坯进行冲孔打眼的工具。

# 第四章 扩形工具

金银的扩形是将锻打完成的金银坯料剪切成丝或片放入制成的模具中，用铁锤或其他塑性工具敲打出金银器的基本轮廓。

扩形最重要的是锤子选择及敲打力度。在扩形完成揭开银饰时，一定要从一侧逐渐揭开，以便于观察银饰扩形是否完整，发现问题及时补救，直至扩形符合设计。

金银匠师傅的扩形工具主要有各种戒指、耳环、耳钉、手镯等的模具。

▲ 戒指纹饰模具

▲ 坑铁

## 长条坑铁

长条坑铁是用于手镯窝座的扩形工具，一般为钢制，长20cm左右，端部呈方形，宽约35mm。长条坑铁四面都有不同大小规格的凹面造型，以适应不同规格型号的手镯扩形。

▲ 长条坑铁

▲ 方窝砧

## 方窝砧

方窝砧内有大小不等的半圆窝，一般由铜制成，是铃铛的主要制作工具 。

▼ 手镯模具

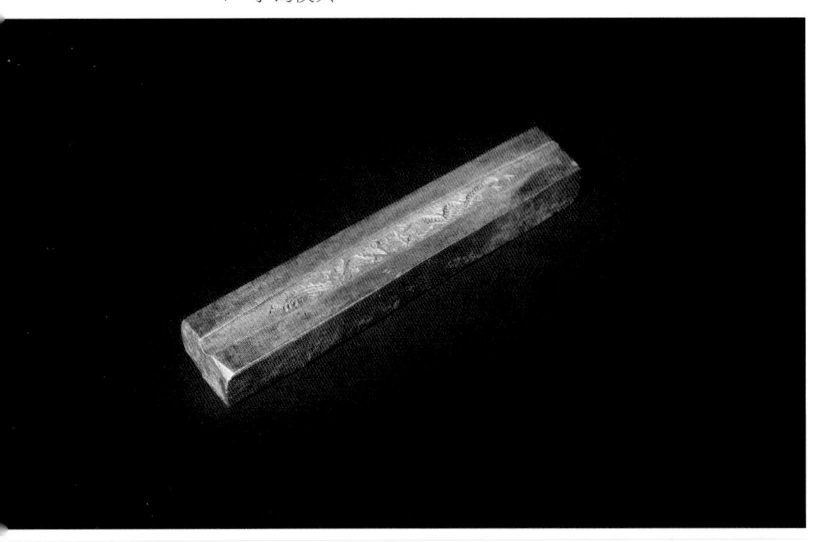

# 手镯模具

手镯模具是用来打制手镯的专用印模，为适应手镯造型，模具中间宽两端窄。其中间部位有龙凤之类的凹凸图案。

▲ 手镯棒

# 手镯棒

手镯棒是用来制作手镯圆环的模具，它粗细程度不一，因此可以制作粗细不同的手镯。手镯印模完成后，将其置于手镯棒相应粗细位置弯曲成形，便可完成对手镯的扩形。同时，手镯棒也可以对已经制成的手镯进行不同粗细的调整。

▼ 平扣纹样模具　　▼ 方胜扣纹样模具

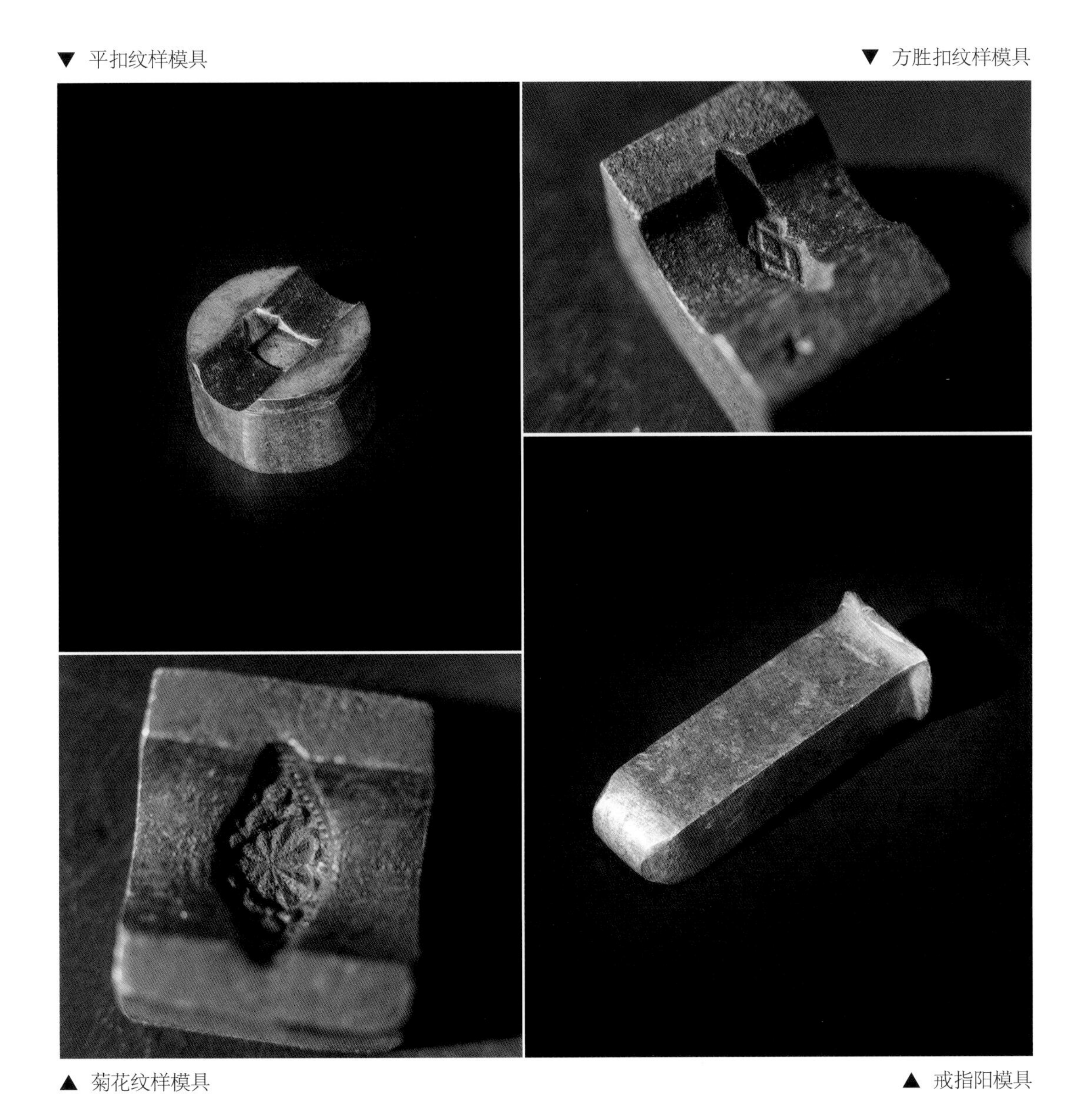

▲ 菊花纹样模具　　▲ 戒指阳模具

# 戒指模具

对戒指进行印花扩形的模具，一般由阴阳两部分组成。将银板置于戒指阴模内，再以捶击阳模来冲印，即完成印花图案和括形。

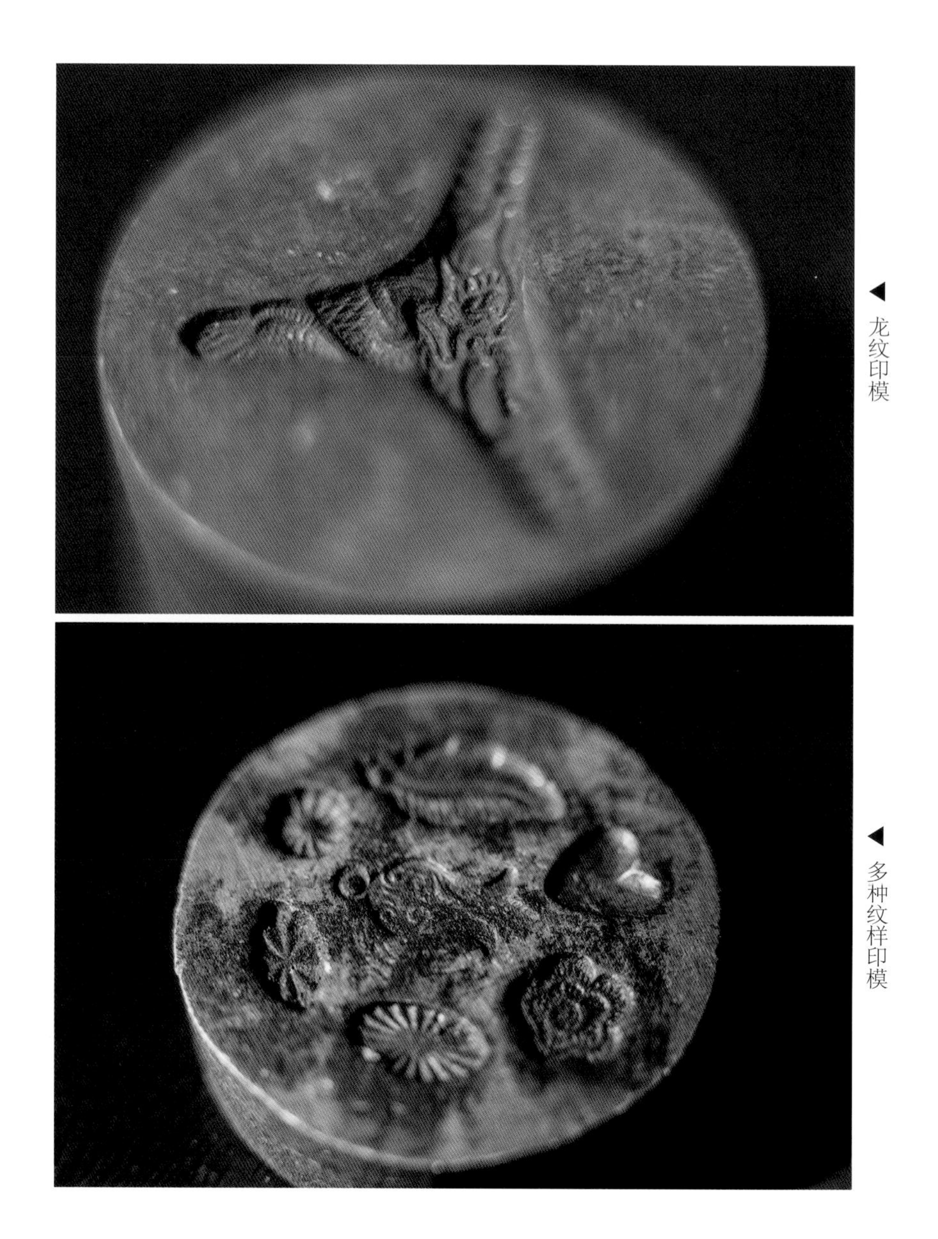

◀ 龙纹印模

◀ 多种纹样印模

# 纹样印模

纹样印模是金银饰图案纹样制作的重要模具。传统印模多为木质、石质，图案纹样有龙凤、牡丹、花草等各种图案。

▲ 耳坠模具

# 耳坠模具

耳坠银料的括形模具有多种，此种模具是下粗上细，呈滴水形，用于制作水滴形的耳坠。

▼ 橡胶锤

# 橡胶锤

打金打银工作中用的橡胶锤，在扩形时可以对产品表面起到保护作用。

▼ 戒指铁组合

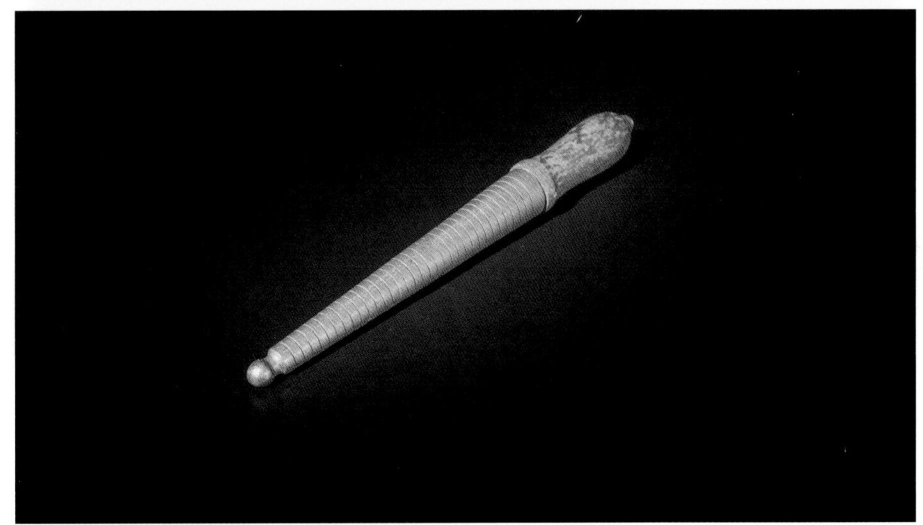

▲ 单个戒指铁

# 戒指铁

戒指铁又称指棒，是对戒指进行扩形的工具，也称“戒指扩大器”。

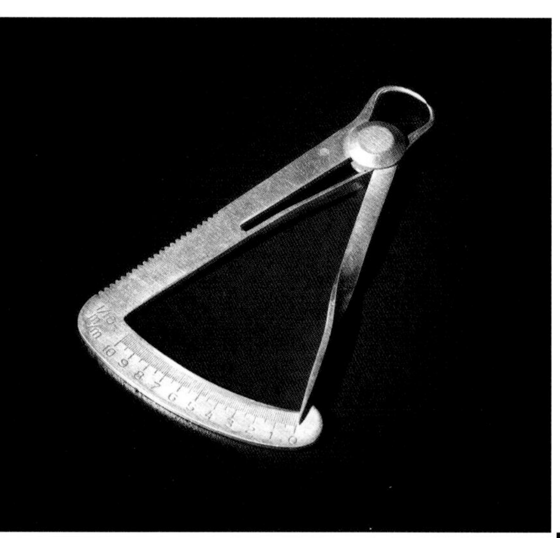

▲ 内卡尺

## 内卡尺

内卡尺多为不锈钢材质，长约100mm，金银匠主要用来量取金银件的厚度，测量范围在0～10mm。

## 度量工具

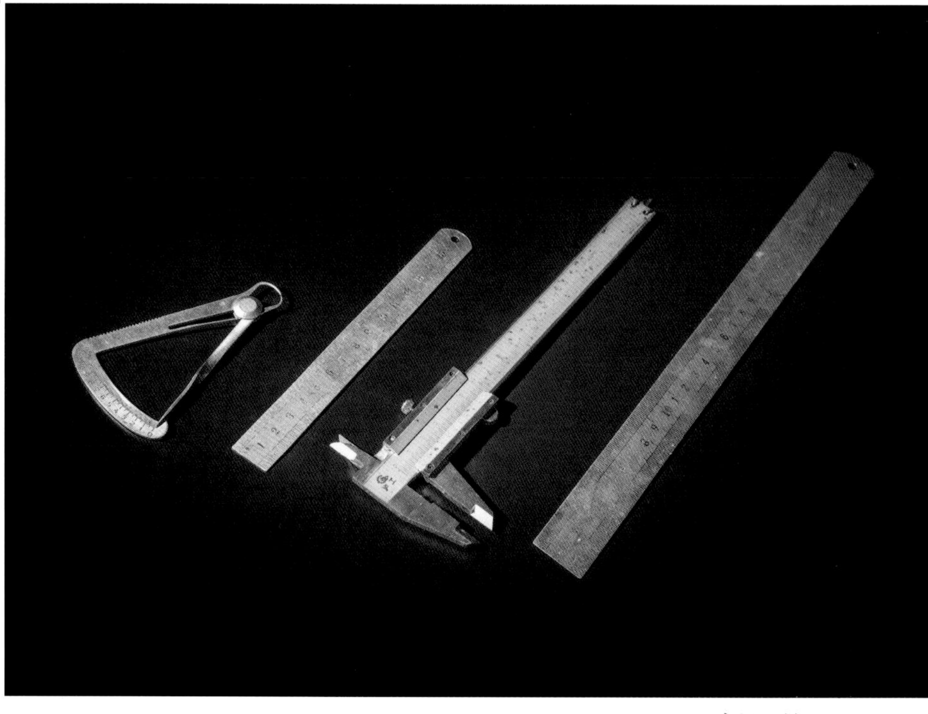

▲ 度量工具

金银匠的度量工具主要有游标卡尺、钢板尺、内卡尺等。

▼ 戒指尺

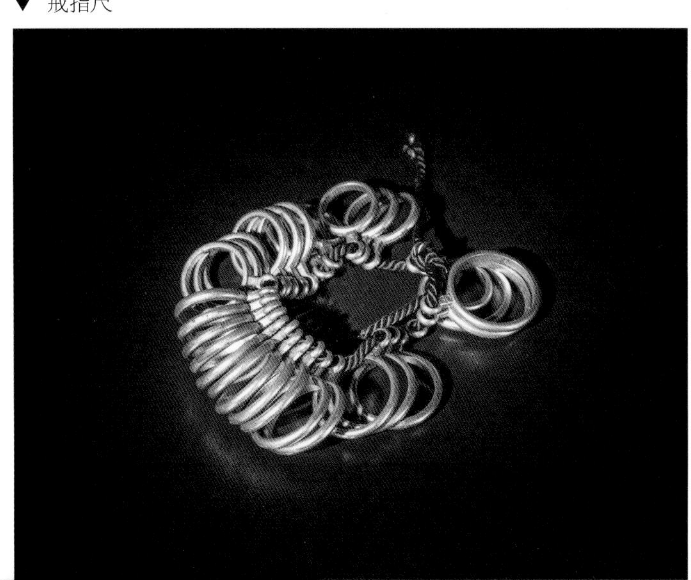

## 戒指尺

戒指尺是银匠量度不同顾客手指直径的试戴模具。

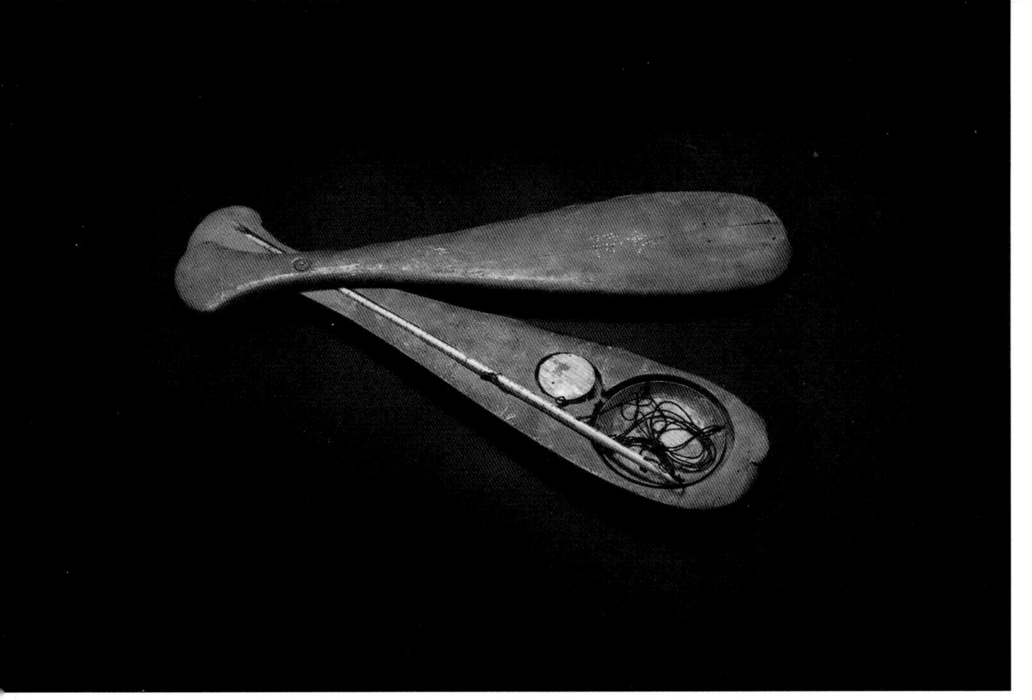

▲ 戥子秤

## 戥子秤

戥子秤又称“戥子”“骨秤”。清代或民国时期的戥子秤是传统工匠称金银等贵重金属的工具。戥子秤一般以“钱”为单位。由于多数秤杆是骨质的，所以又称骨秤。骨秤一般都用硬木盒子装盛，以防使用时间久了，秤杆开裂，影响称量的准确性。

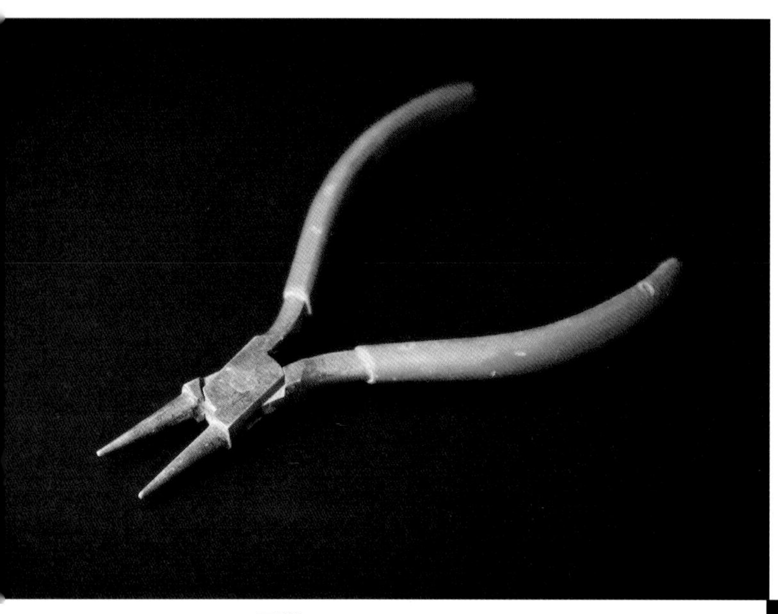

▲ 圆钳

## 圆钳

圆钳是用以进行金银器中弧线形加工制作的工具，比如卷草纹样等。

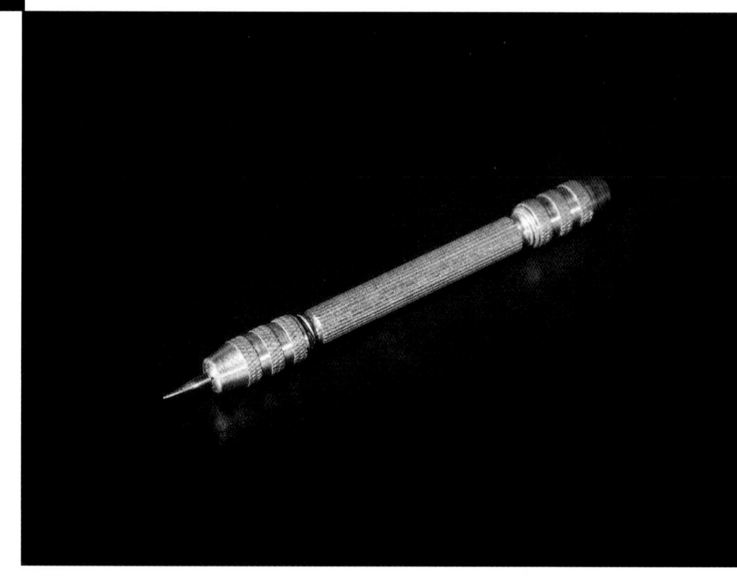

▲ 划针

## 划针

划针又称“双头锁”，主要用在金银坯料表面划线，常与钢直尺、角度尺或划线样板等导向工具一起使用。

▲ 打金锤

# 打金锤

打金锤是捶打小金银物件的工具，也常常用于镶嵌金银饰或錾刻。

# 什锦锉

▲ 什锦刀锉

▲ 半圆什锦锉

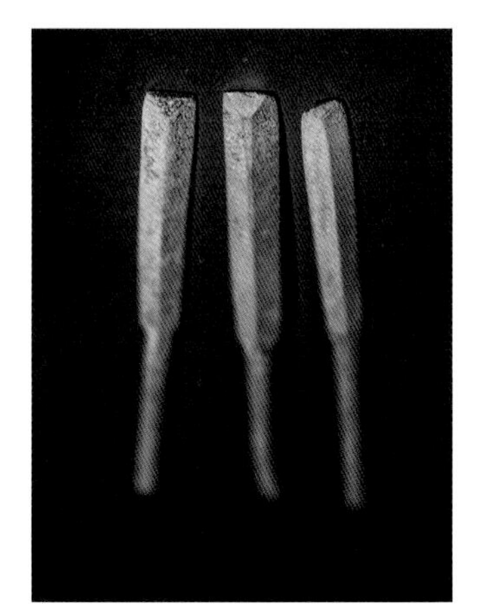

▲ 什锦菱锉

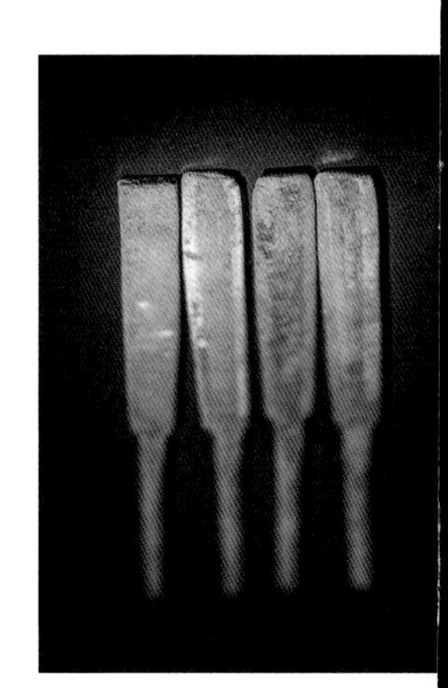

▲ 什锦平锉

▲ 什锦锉组合

什锦锉又称整形锉，是一种精细打磨工具，工作对象主要是精密工件、宝石、玉器等贵重物品，一般由十二种以上不同形状断面的锉刀组成，大多体型较小，锉齿也较为细密。

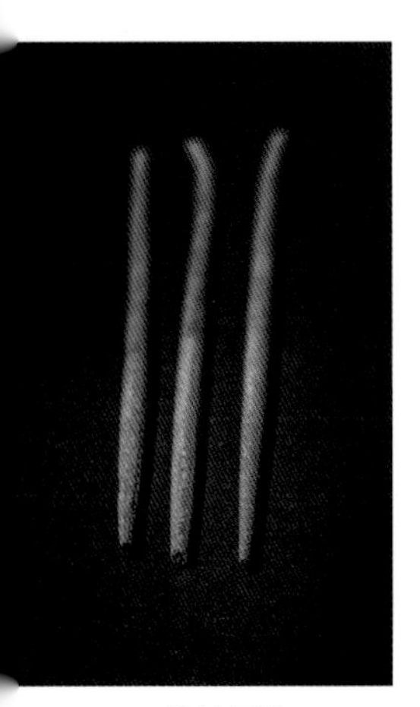

▲ 什锦圆锉

▲ 什锦尖锉

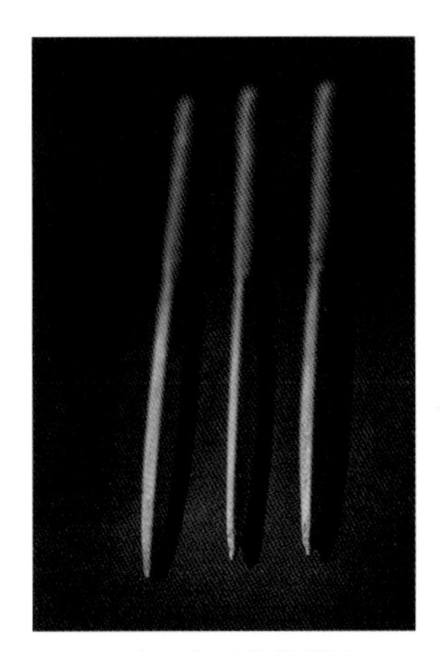

▲ 小三角什锦锉

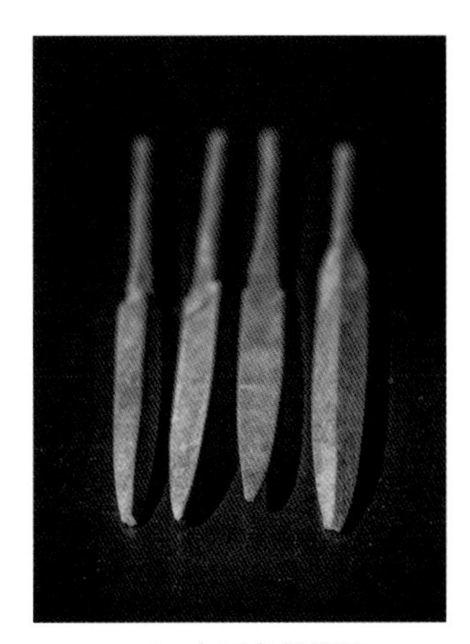

▲ 大三角什锦锉

# 第五章 拉丝工具

拉丝是金银饰品中的一种工艺，有粗件和细件之分；粗件主要有项圈、手镯；细件主要有铃、花、雀、蝴蝶、针、泡、索、链、耳坠等。金银匠用来拉丝的工具主要有拉丝板和拉丝钳。

▲ 经拉丝后的首饰

▲ 拉丝板

# 拉丝板

拉丝板是用于拉丝的专用工具，其大小型号有多种，通常由钢板制成，操作时将捶打好的细金、银条用锉刀锉好尖头，再用拉丝板拉丝。一根金、银条经过五十余次反复抽拉后，粗细程度可以拉伸到与头发丝差不多。

▼ 拉丝钳

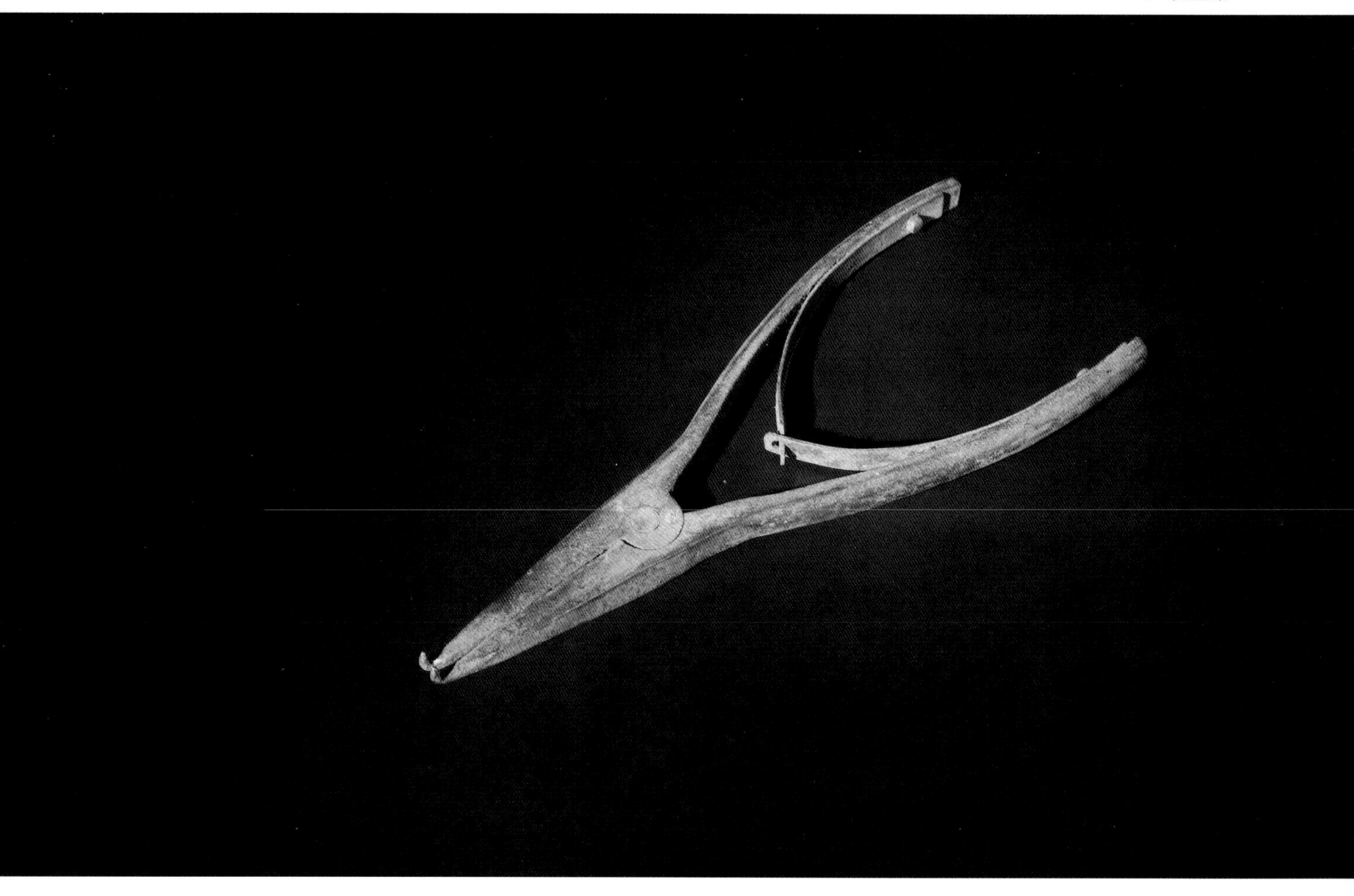

# 拉丝钳

拉丝钳是拉丝时用来夹持金、银条的工具，一般为尖嘴钳，但钳头做折弯处理，更像镊子。

# 第六章　錾刻工具

錾刻是金银器或金银饰品的一种制作工艺，是在金银器表面制作各类花纹的过程。錾刻中常用的工具有錾刻刀、錾刻锤和錾刻夹板等。

▲ 錾刻工具使用场景

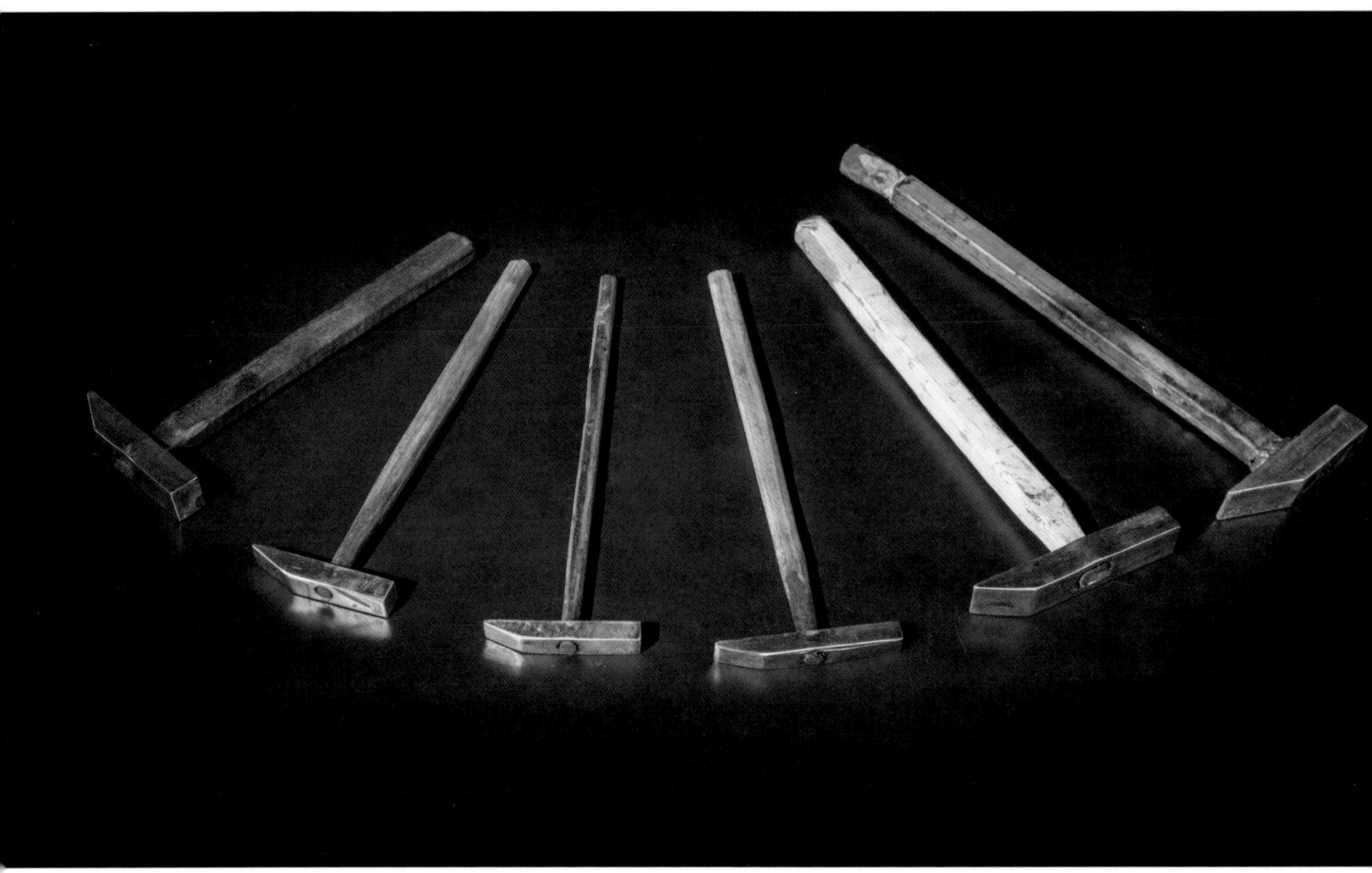

▲ 錾刻锤

# 錾刻锤

錾刻锤的大小规格有多种，以适应不同力度、角度的錾刻要求，錾刻锤的锤头多数是一侧为方头，另一侧为斜面。

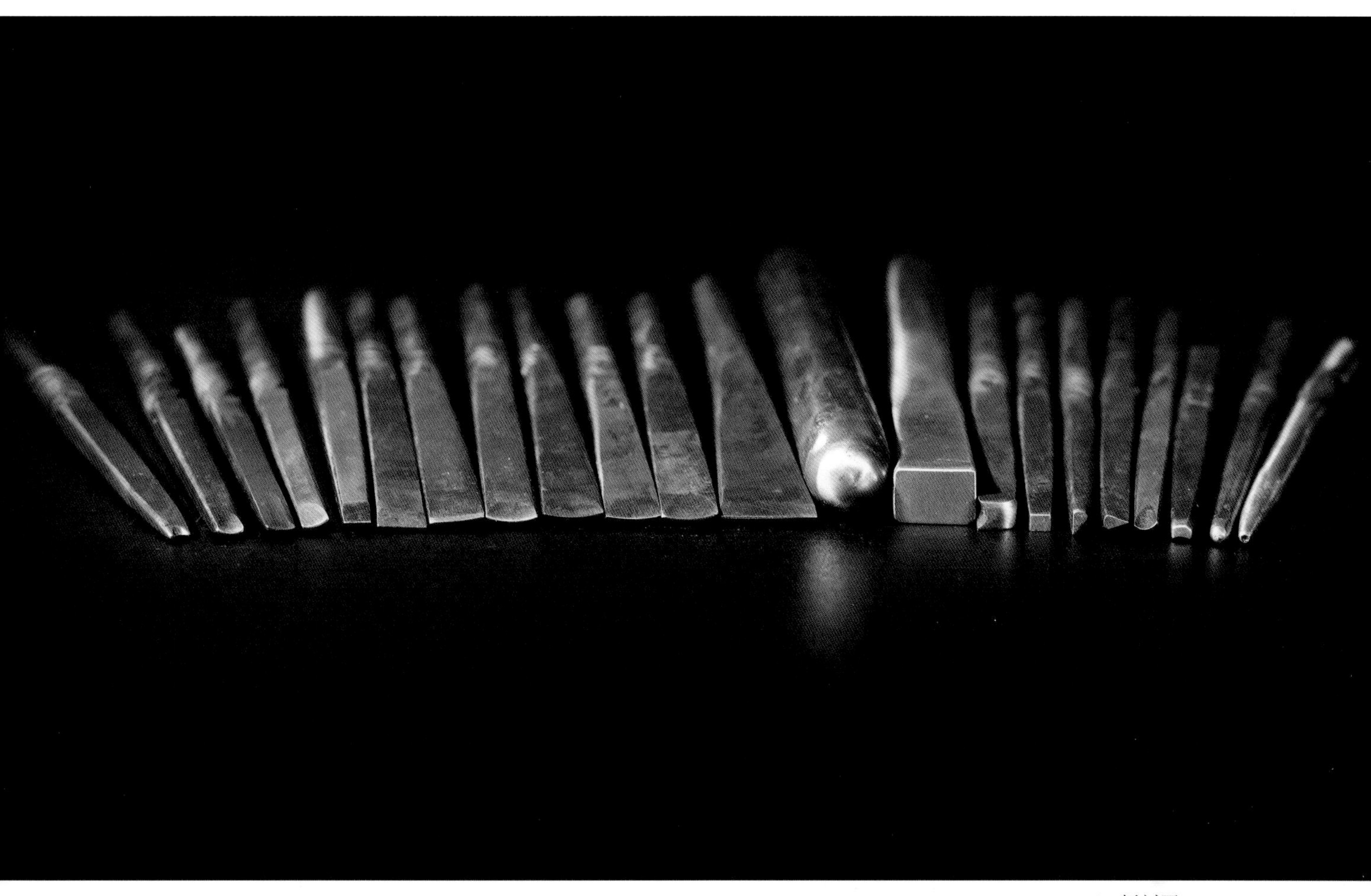

▲ 錾刻刀

# 錾刻刀

錾刻刀是用来制作金银器表面纹饰图案，进行凹凸加工的一种工具。操作时先将预先设计的图案描绘在金银器表面，然后左手持錾刻刀，右手执锤，通过不同力度、角度的捶打，刻画出预先设计的图案花纹。

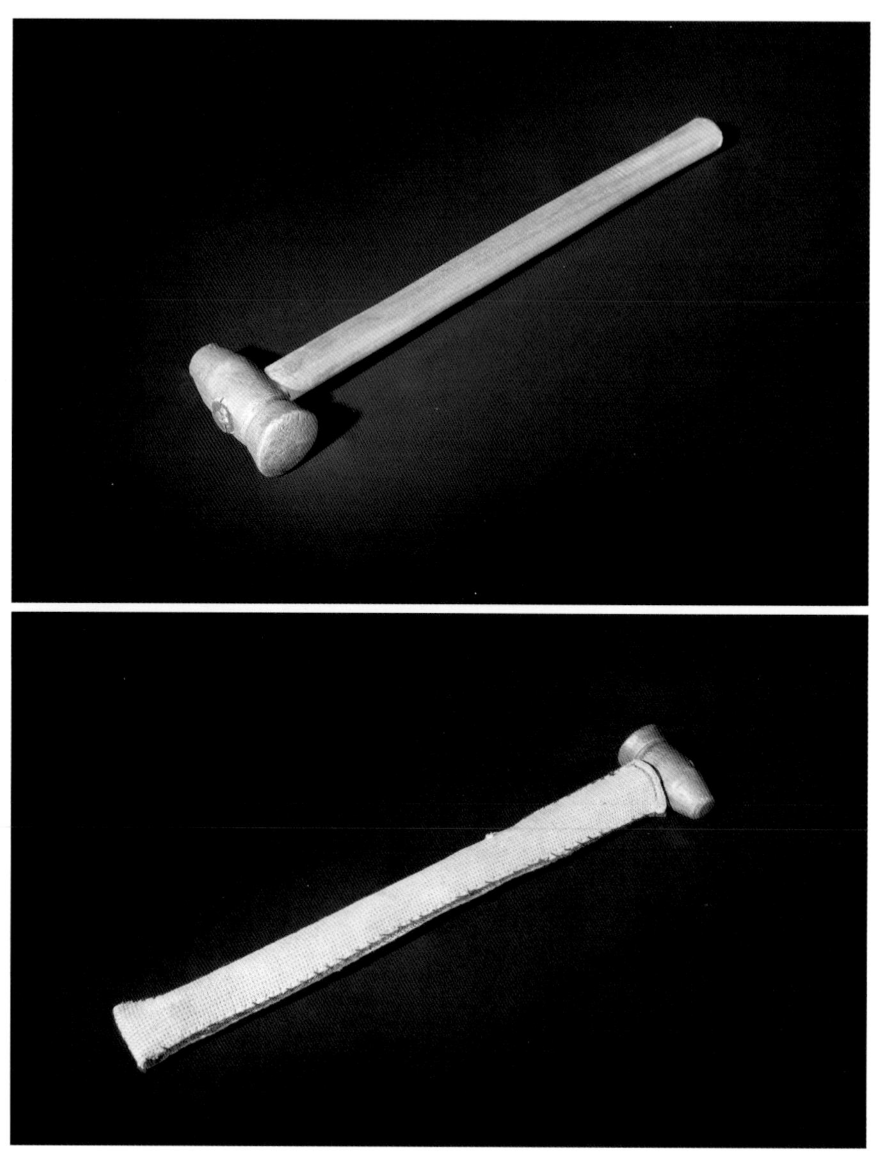

▲ 打金铜锤

# 打金铜锤

打金铜锤属民国时期老金银匠人使用的首饰锤。其锤头为铜质圆头，锤把采用硬木制作，带有精致锤套。

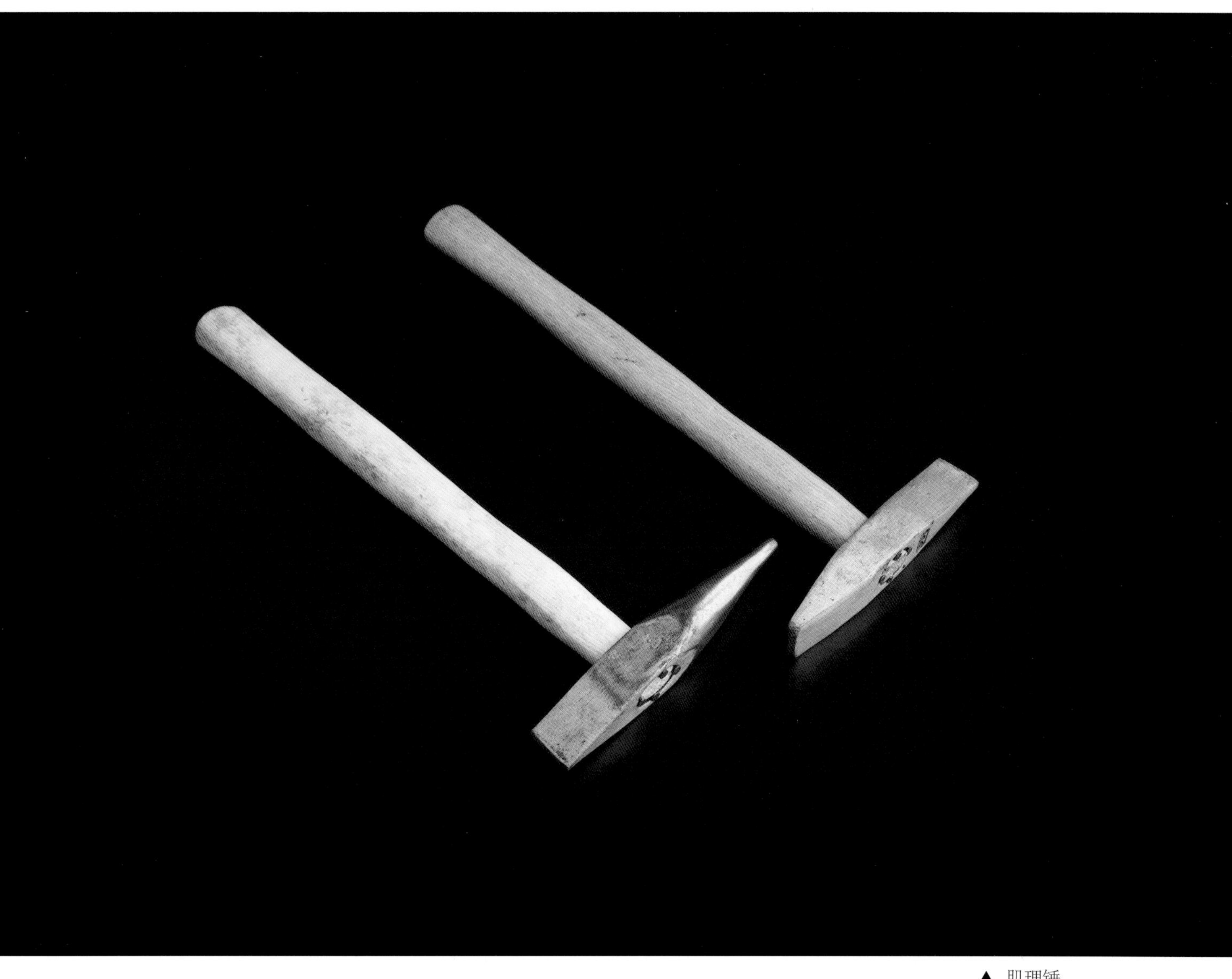

▲ 肌理锤

# 肌理锤

肌理锤是在金银饰品表面敲击制作肌理效果的专用工具。

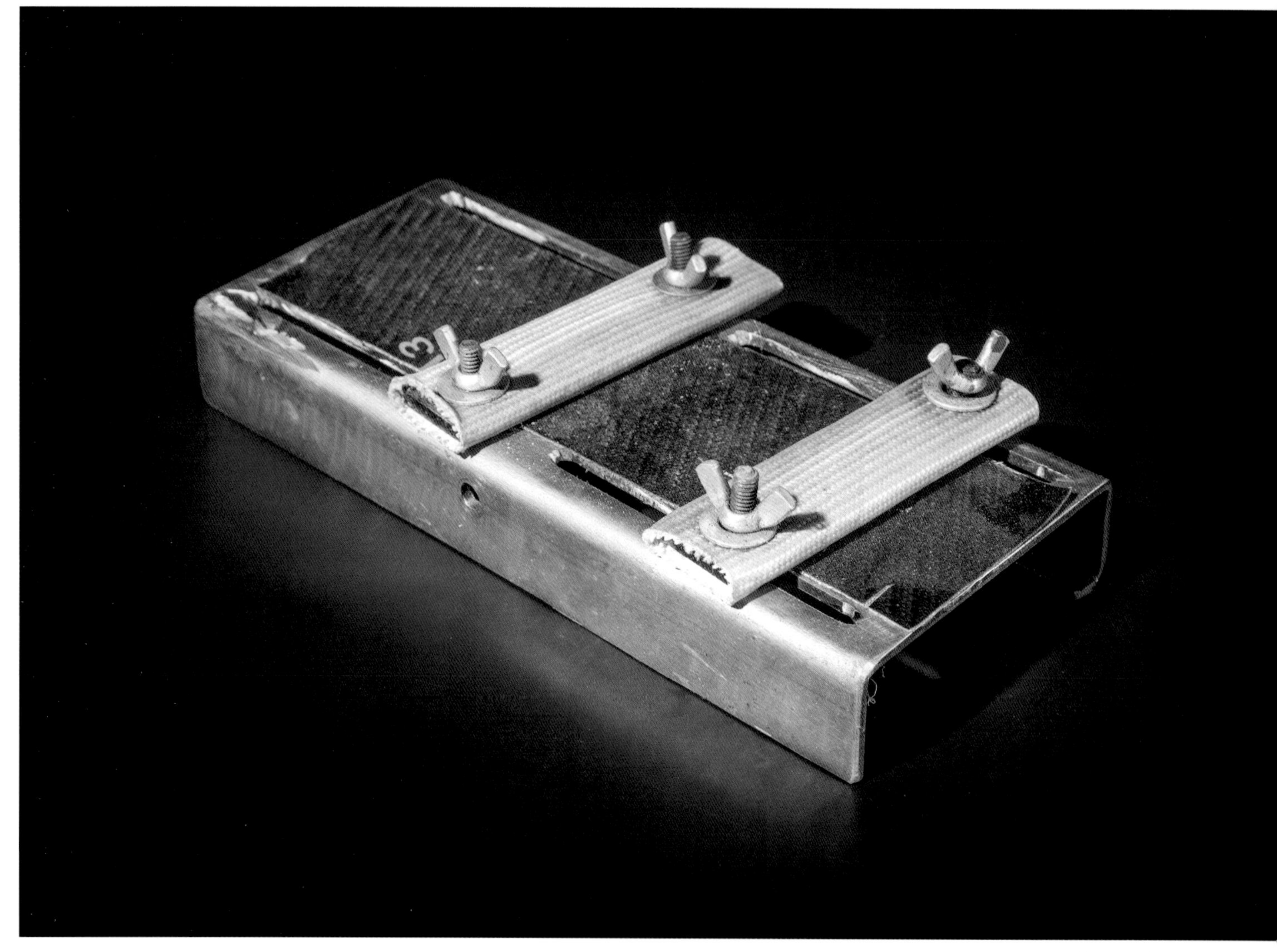


▲ 錾刻夹板

# 錾刻夹板

錾刻夹板，也叫“錾刻台”，是由一块厚钢板、两块薄板及固定螺栓组成，主要功能是夹固金银片，使錾刻时不易发生移位。

# 第七章　组装工具

一件成品金银器或金银饰品往往是由多个部件组成的。金银器的组装有焊接、镶嵌、串联等工艺。焊接工艺一般使用硼酸水、焊接片等进行操作；金银器的镶嵌是将较小的部件卡入较大部件的过程；串联是利用线、条、链将两个部件进行连接。金银器的组装工具主要有：拉钻、多功能熔焊机、焊片（焊药）、镊子、水口钳、小钳子、圆头錾刻刀、錾刻锤、砂纸等。

▲ 银饰品

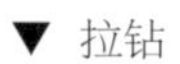
▼ 拉钻

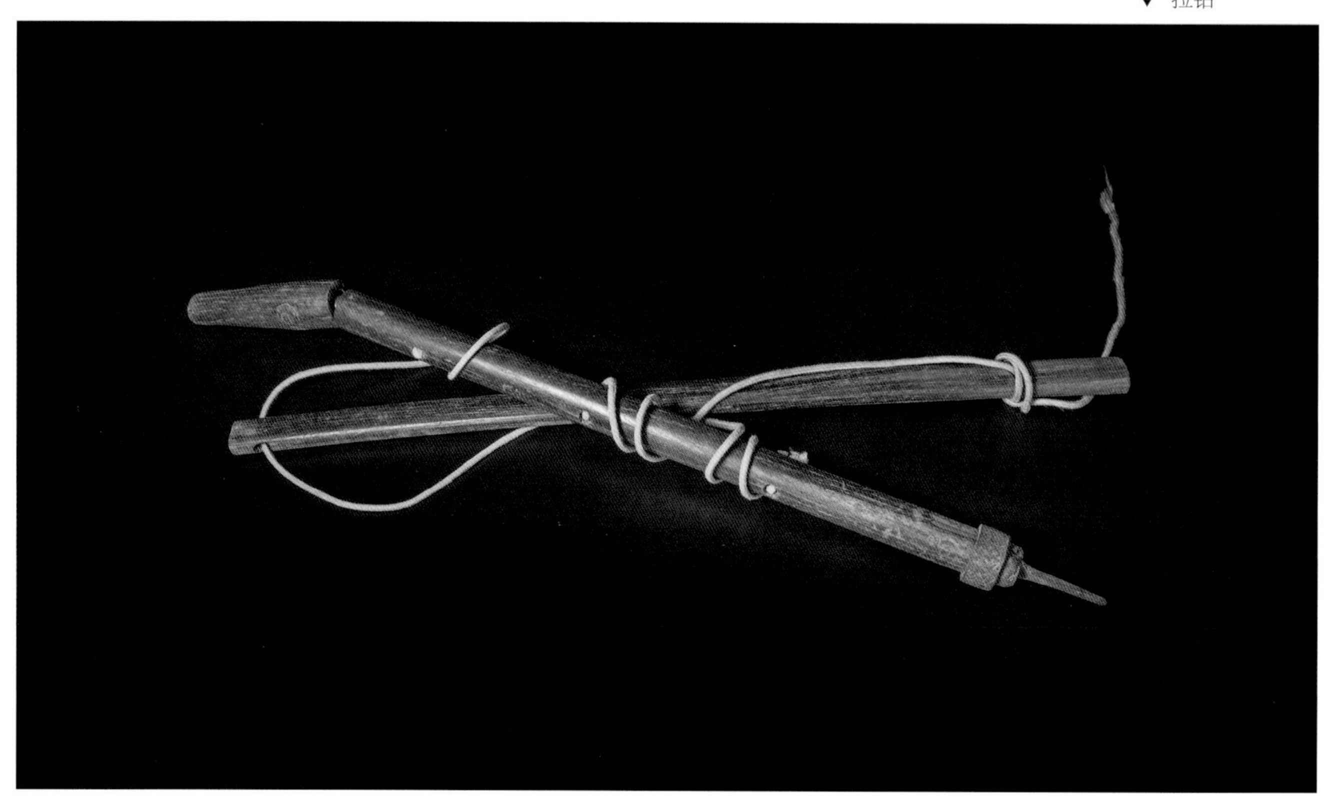

# 拉钻

金银匠拉钻是传统工匠打眼开孔的主要工具。拉钻由握把、钻杆、拉杆和牵绳等组成。

## 小卯锤

小卯锤是银匠常用的一种小锤，用来处理各种小件塑型及金银饰镶嵌。

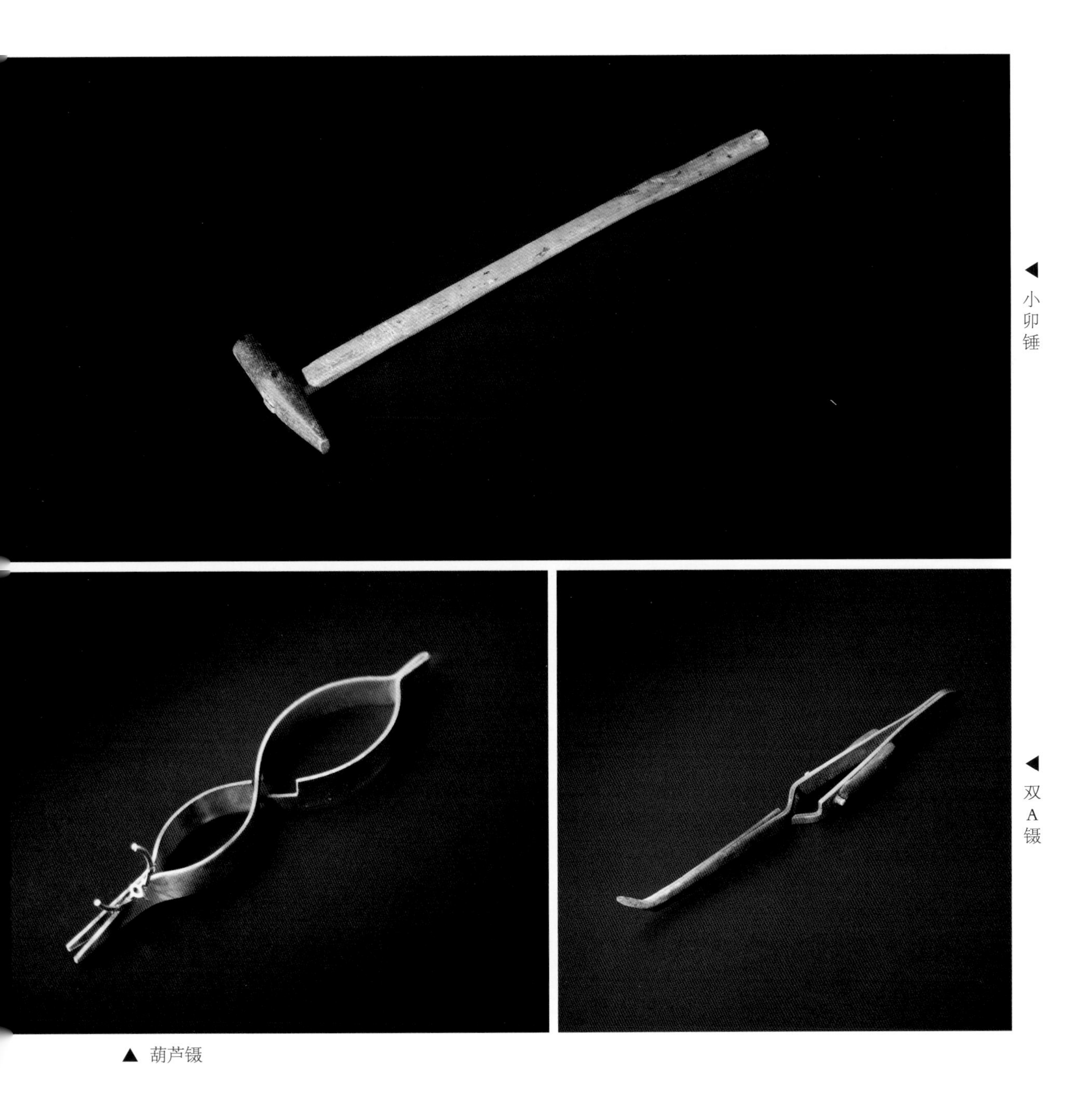

◀ 小卯锤

◀ 双A镊

▲ 葫芦镊

## 焊镊

焊镊用以夹持固定首饰件，进行焊接等加工制作，有葫芦镊、双A镊等不同样式。

# 点焊机

金银匠用点焊机进行细小部位的焊接工具，如手链、项链等。

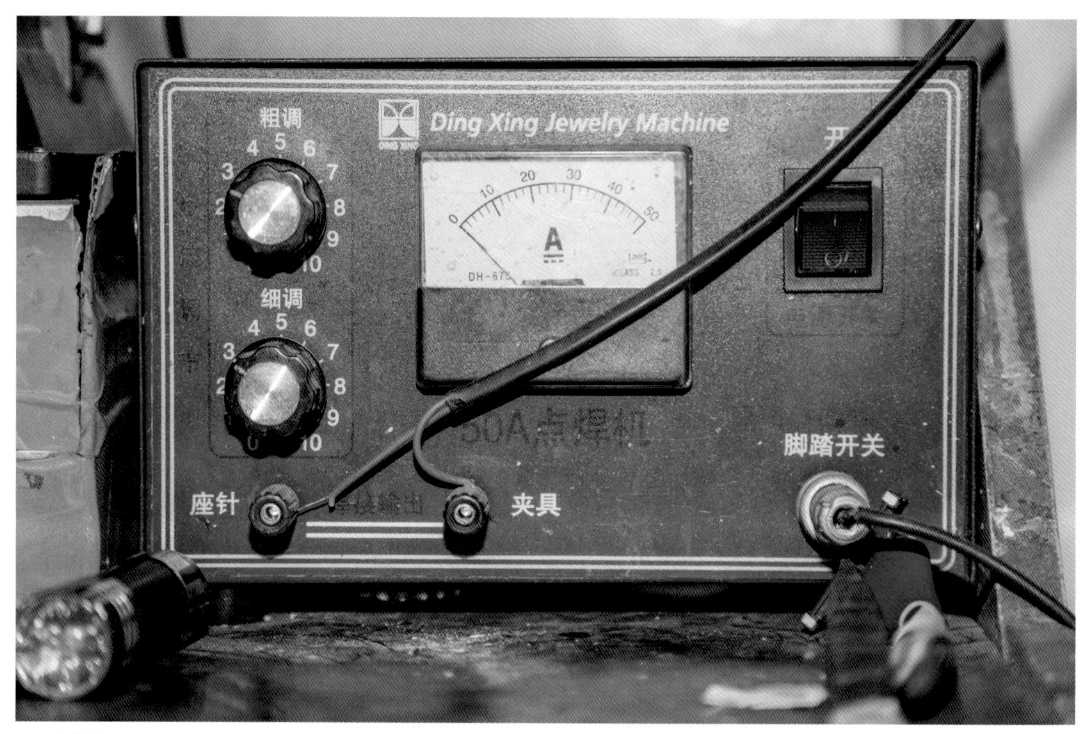


▲ 点焊机

# 多功能熔焊机

多功能熔焊机由焊机、油管、火枪组成，对金、银、铜等可分挡控制进行焊接，火枪分为大、中、小型号，多使用白铜材质。

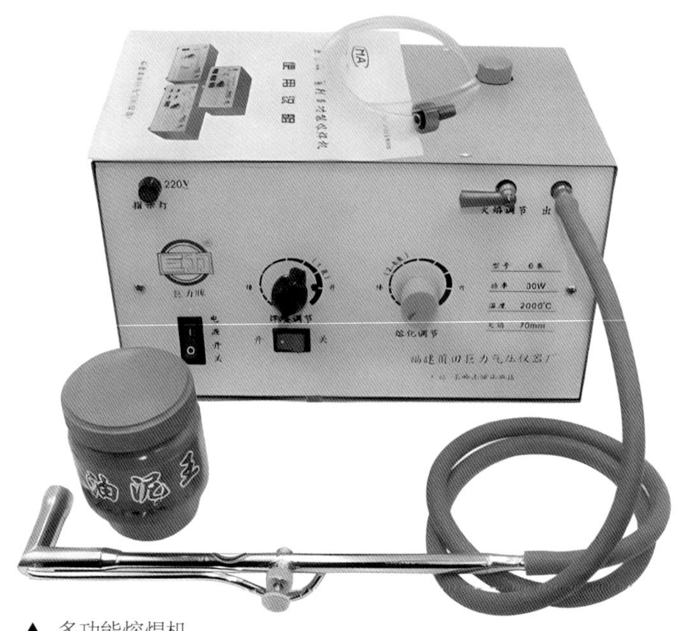


▲ 多功能熔焊机

# 第八章　琢磨工具

在饰品完成组装后，进行的打磨、清洗、抛光等操作程序，就是金银器的琢磨。

古时候没有电动抛光工具，所以只能手工打磨。传统打磨多数是用细砂擦拭。随着时代的发展进步，打磨机成为最主要的打磨工具。只有一部分小金银器饰品尤其是凹凸明显的，只能采用最原始的打磨方法。有些打磨后的饰品、银器还得放在响铜制成的小砧子上，用小榔头轻轻敲打，用钢锉打去毛边使银器表面光滑发亮。

▲ 经过琢磨后的银壶

# 白矾杯

白矾杯是盛装白矾水可加温对金银器进行清洗的容器，一般为不锈钢材质，也有用烧杯代替的。加温方式用电和火枪加温均可。加温清洗的主要对象是首饰上残留的硼砂等杂质。

▲ 白矾杯

▲ 磁力窜光机

# 磁力窜光机

磁力窜光机是利用磁吸原理清洗金银器缝隙杂质的一种机器。

# 打磨机

▼ 打磨机杯体

▲ 打磨机底座

打磨机是金银器、金银饰品打磨的工具。

# 吊模

吊模主要用于金银首饰的打磨，是用砂纸打磨的一种工具，打磨的砂纸粗磨一般用400目，细磨用800或1200目。

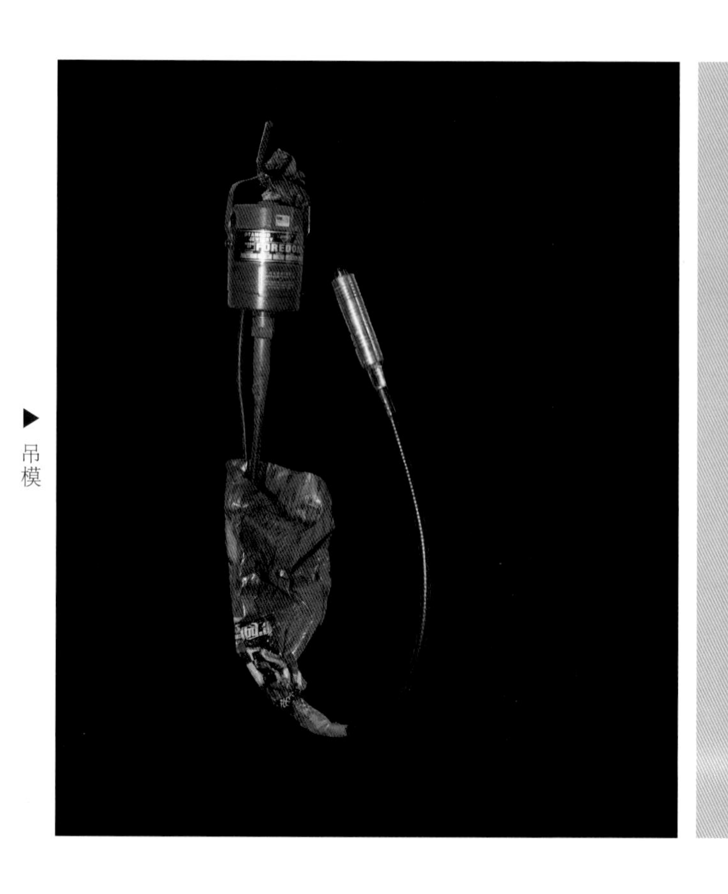

▶ 吊模

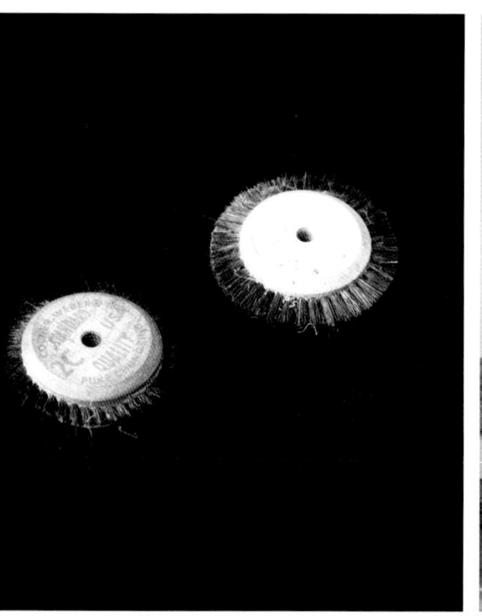

▼ 毛扫

▼ 抛光机

# 抛光机

抛光机可以利用毛扫、绒棒、布轮等对金银器进行抛光。

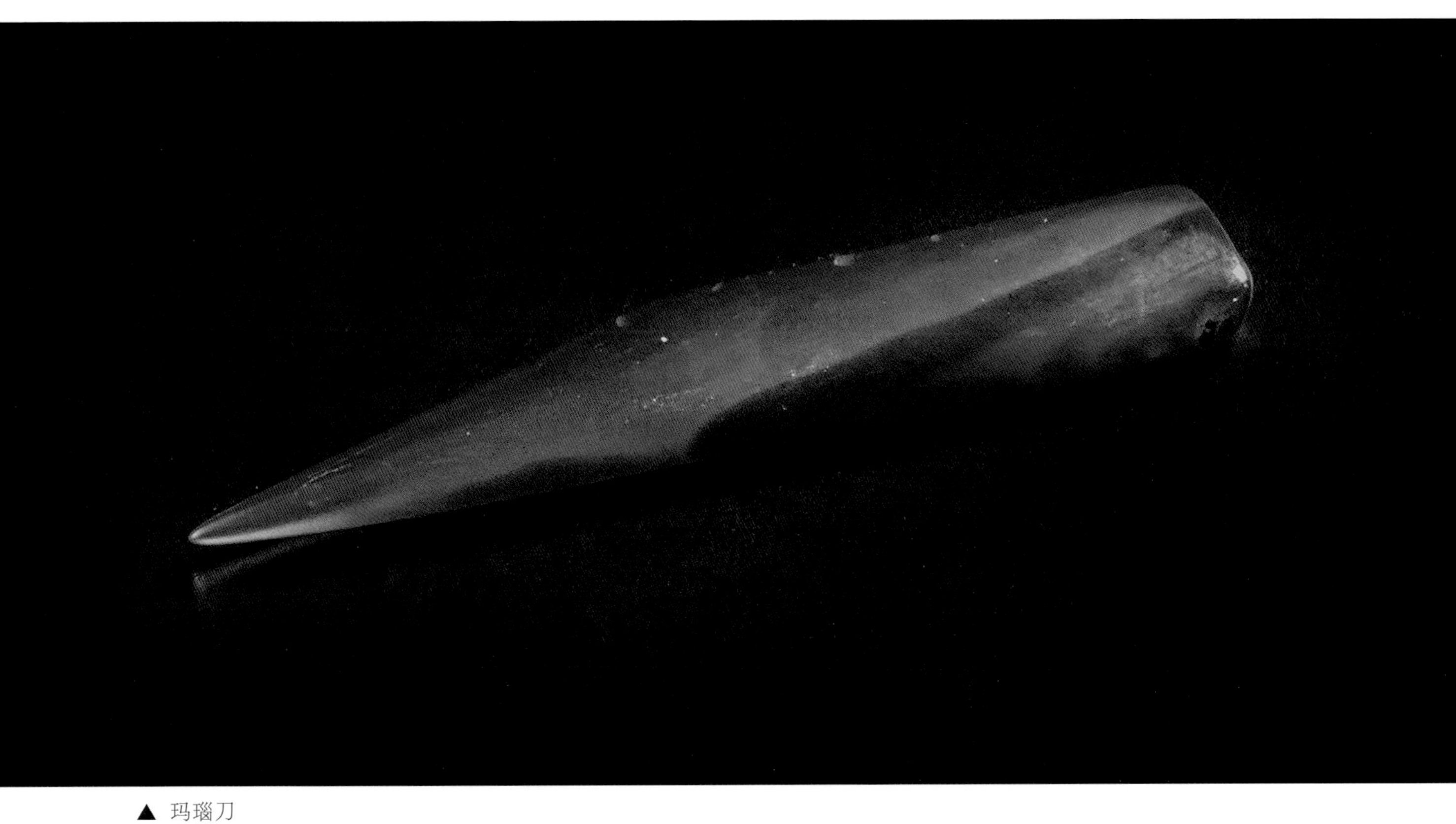

▲ 玛瑙刀

# 玛瑙刀

玛瑙刀用以给金银器抛光，作为一种传统工具一直沿用。玛瑙刀以玛瑙制成，大小规格、形状没有定式，但一般都要有尖角和一个刀形斜切面，便于对金银饰品面和凹入的角落进行清理打磨。现在打磨抛光使用玛瑙刀时常常与抛光棒及戒指缠线同时使用。

## 冬菇锁嘴

冬菇锁嘴为金银匠镶嵌专用工具。

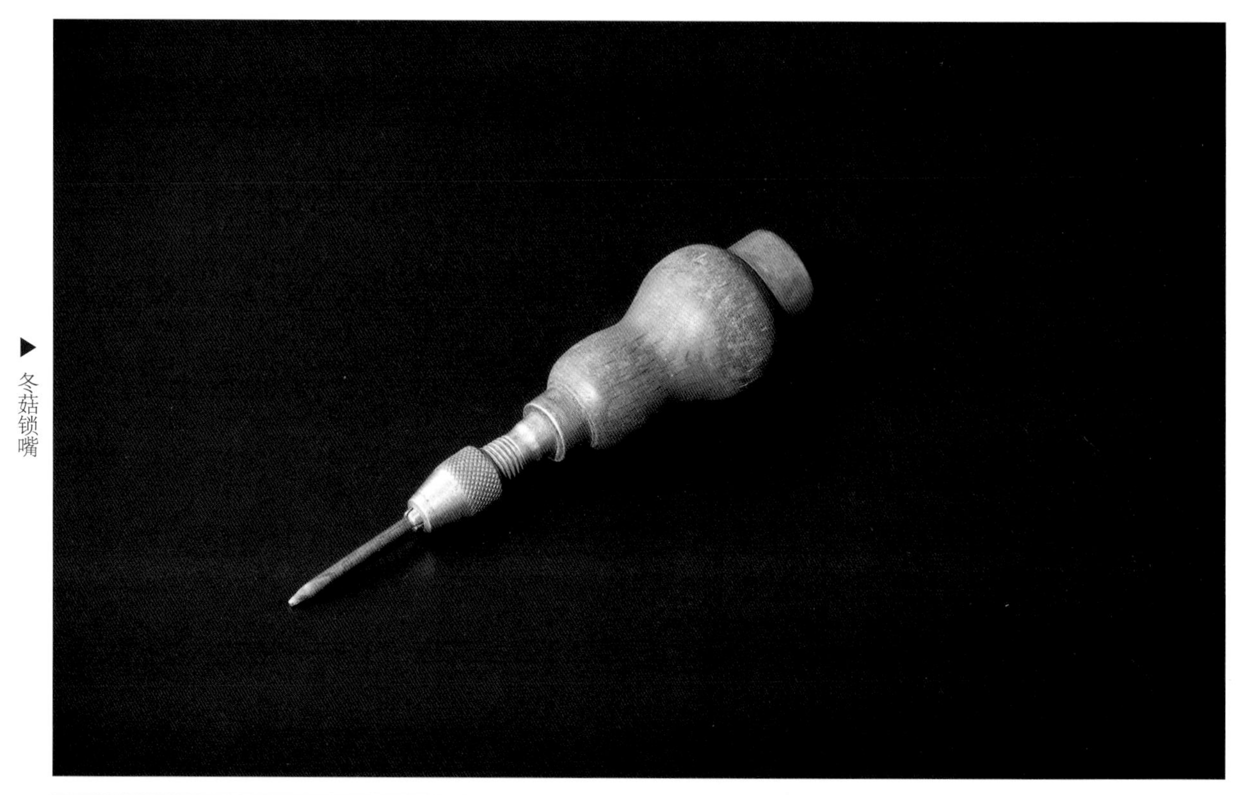

▶冬菇锁嘴

▶宝石放大镜

## 宝石放大镜

宝石放大镜具有视域宽、消除图像畸变和色散的特点。

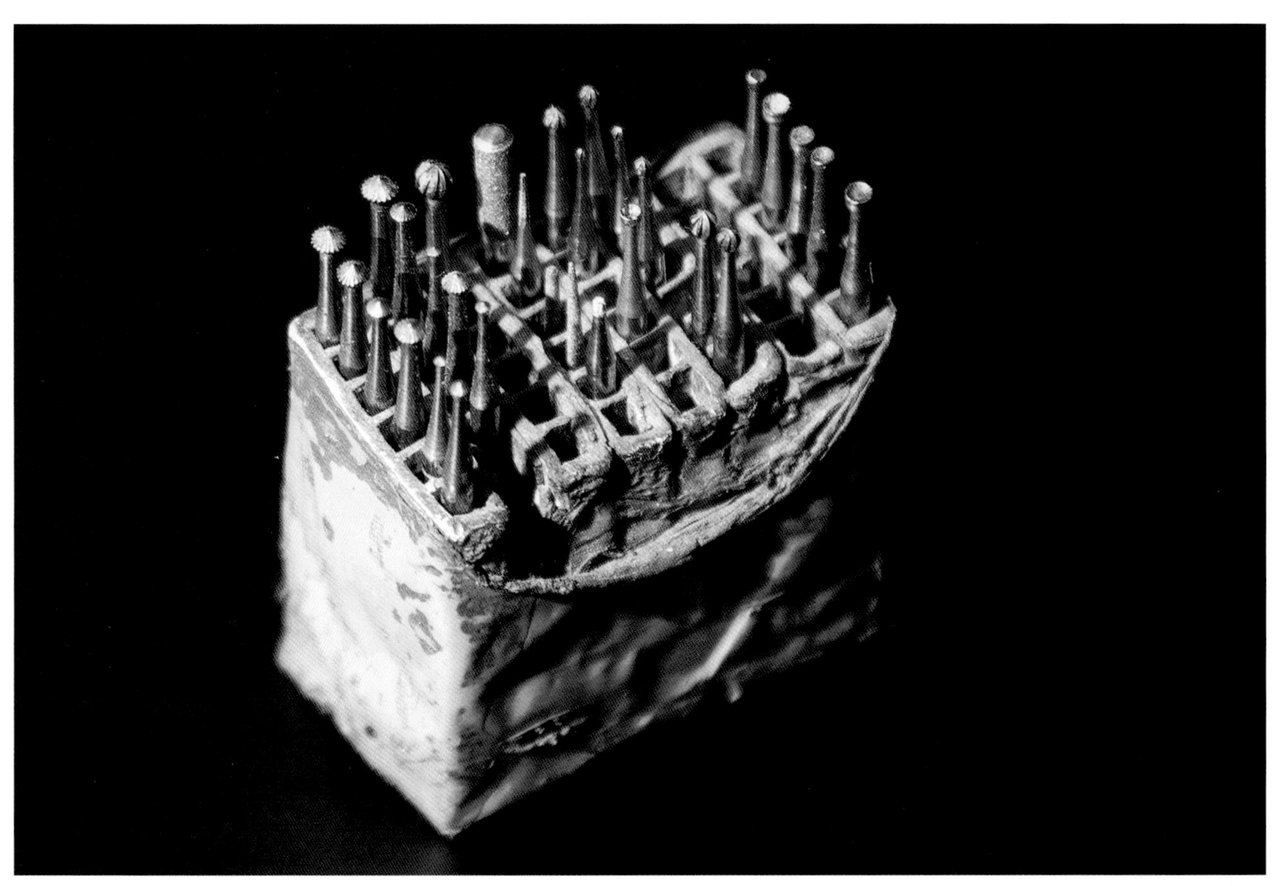

▲ 镶嵌针

# 镶嵌针

镶嵌针为镶嵌专用工具，包括牙针、球针、吸珠针、飞碟针等多种样式。

# 第二篇

# 铁匠工具

# 铁匠工具

相较于铜器来说，虽然铁器出现的年代较晚，但它的出现具有划时代的意义，据目前的考古发现，西周时期是中国的早期铁器时代，战国中期以后，铁器逐步取代铜器并逐步运用于社会生产生活中。铁器质地坚硬，不易折断，冶炼相对简单且取材方便。铁器较青铜器更为锋利，因此更适应于日常生产生活的各个方面。铁器的出现提高了社会生产力，加速了社会转型和阶级分化。

铁匠作为专门打制铁器的传统民间业态，大约出现在战国时期。与其他一些游乡串街的传统匠作行业不同，铁匠一般都有自己的作坊门店，俗称“铁匠铺子”。过去铁匠铺子主要打造与传统生产方式相配套的农具，如犁、耙、锄、镐、镰等，也有部分生活用品，如菜刀、锅铲、刨刀、剪刀等，此外还有如门环、泡钉、门插等各种铁件。

传统铁匠制作器具的工序，主要有拣料、烧料、锻打、定型、抛钢、淬火、回火等几个工序。根据其功用的不同，我们可以把铁匠工具分为：熔炼工具、锻打工具、夹取工具、开孔工具、开齿工具、截取工具、辅助工具七个类别。

# 第九章 熔炼工具

铁器制作的第一步是先将铁矿石或铁坯进行熔炼，因此有一座用来煅烧的火炉是铁匠铺必不可少的，铁匠炉也被称为“洪炉”。洪炉所用的燃料有木炭和煤炭，但对炭的要求比较高，100kg煤炭中大约只有十来千克可以用来打铁，能够打铁的炭叫铁炭。围绕洪炉进行熔炼的工具就是铁匠的熔炼工具。

▲ 铁匠熔炼场景

# 铁匠炉

铁匠炉，俗称“洪炉”，是一个开放的平台，一边是风箱一边是烧火的炉灶，中间用一堵矮墙隔开，烧的是铁炭。

熔炼时，把待打的铁放在炉火上，上面盖一块瓷瓮片，等到铁块烧到通红时，师傅用钳子从炉火里夹出来，放到砧子上，开始下一步的锻打。

▲ 铁匠炉

▼ 风箱

# 风箱

风箱，俗称“风匣子”，是过去民间常见的一种鼓风设备，鼓风设备的发明对提高冶炼技术有关键性作用。据历史记载，最晚在汉代时，就有一种用牛皮做的鼓风机，这使得汉代冶铁技术大幅提升。

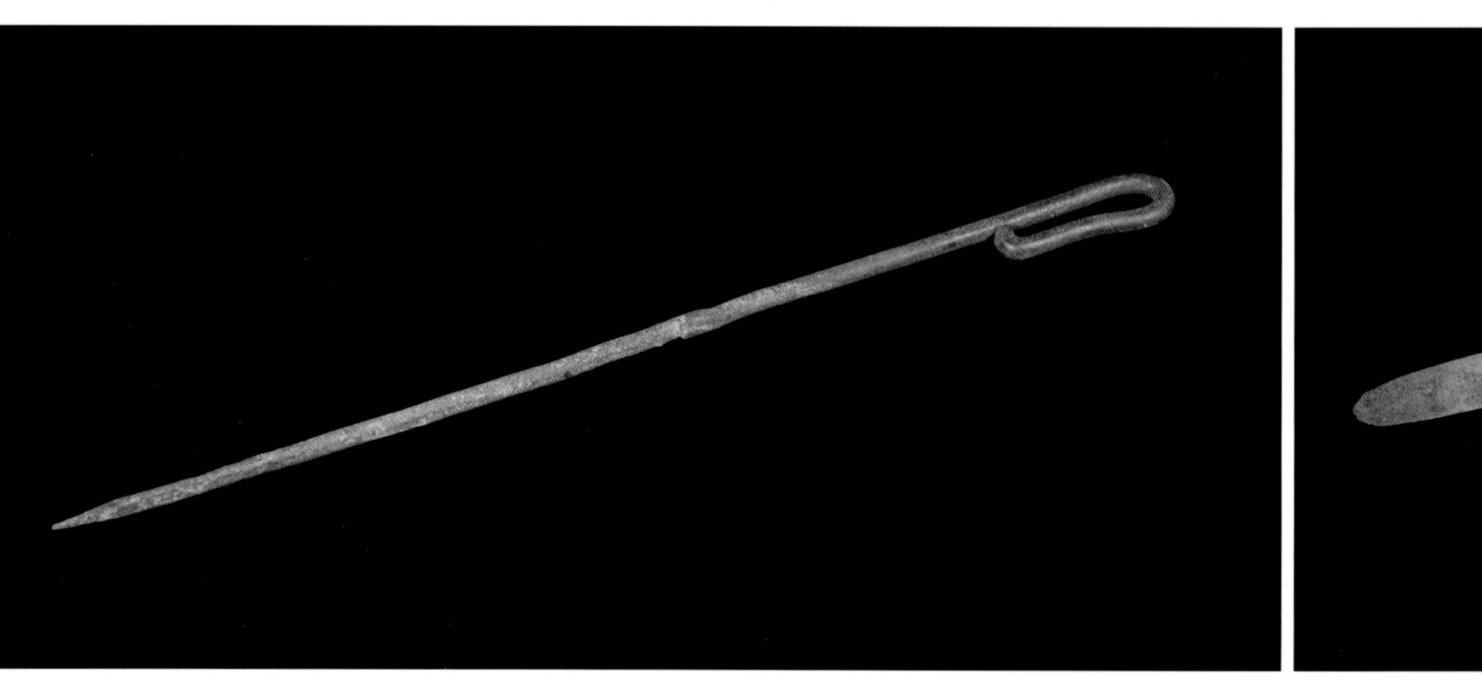

▲ 火棒

# 火棒

熔炼铁块时，铁水融化后会与炭渣凝固形成窑渣，容易造成炉底通风不畅，火棒是一种捅窑渣，疏通炉膛的工具。

# 埽披子

埽披子是对炉膛进行通风，使其落灰，保证火候的一种工具。

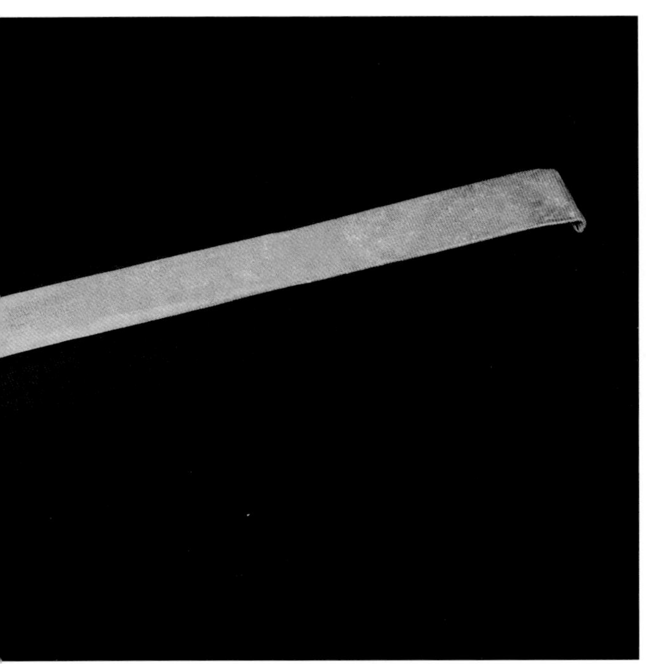

▲ 埽披子

▲ 炉条

# 炉条

炉条是炉灶中普遍使用的一个重要部件，铁匠的炉条是生铁制成，耐高温。

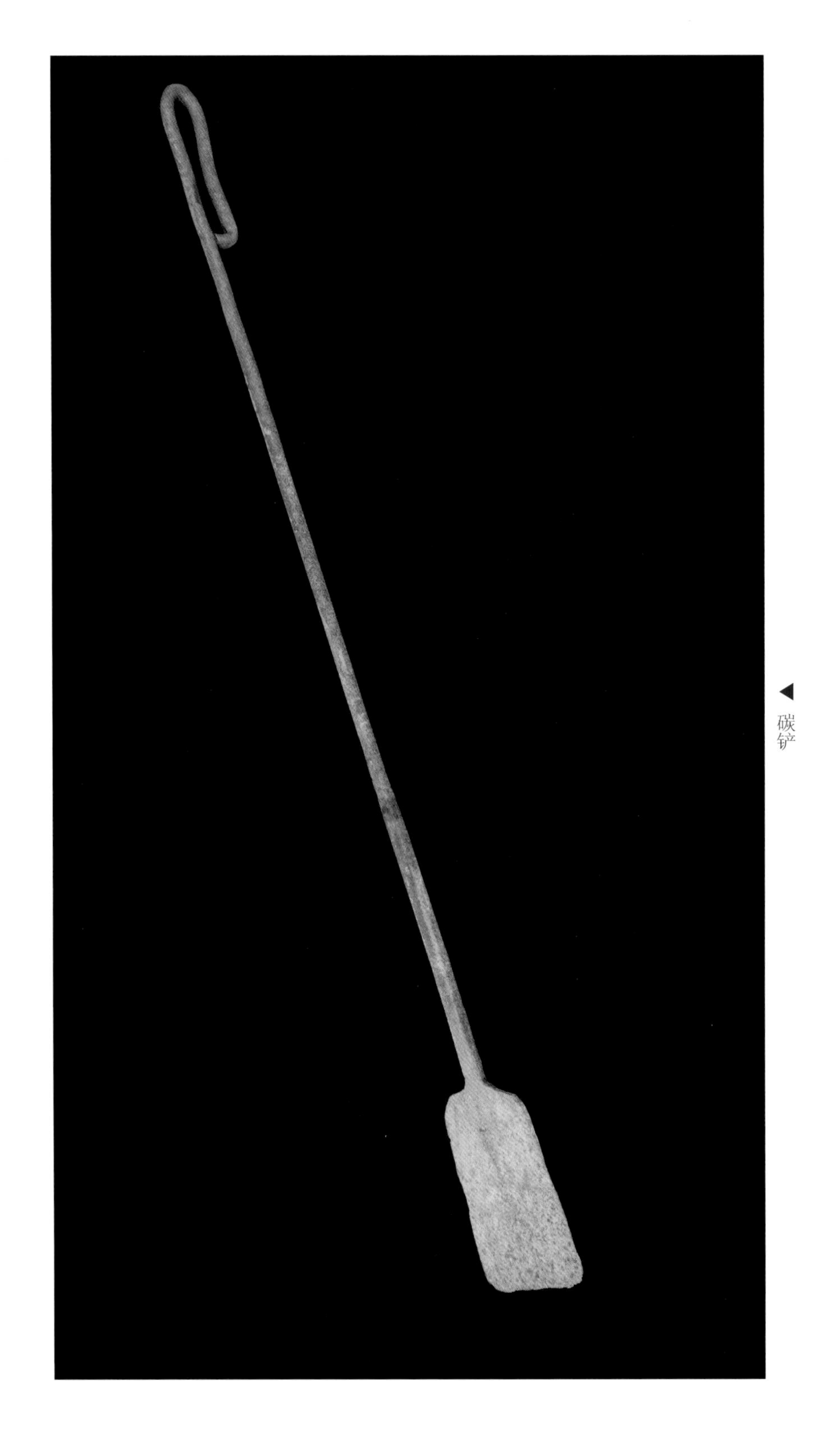

◀碳铲

# 碳铲

碳铲是用来添加燃烧材料的工具，炼铁的碳俗称“铁碳”，加碳的铲子也被称为“铁碳铲子”。

铁淬火槽

石淬火槽

# 淬火槽

淬火槽是装有淬火介质的容器，当工件浸入槽内冷却时，需能保证工件以合理的冷却速度均匀地完成淬火过程，使工件达到要求。淬火介质过去一般都是冷水，也有的铁匠师傅会用盐水，用盐水淬火可以获得较高的硬度，且硬度也较均匀。

# 第十章　锻打工具

铁匠的工作属于锻造工种，从民间俗称“打铁匠”一词中就能看出，锻打是所有工序中最核心的一步，铁器日后在使用中是否合用耐久，很大程度上取决于这一步。做好这方面的工作，经验很重要，因此锻打时往往由师傅和徒弟合作完成。

▲ 铁匠锻打场景

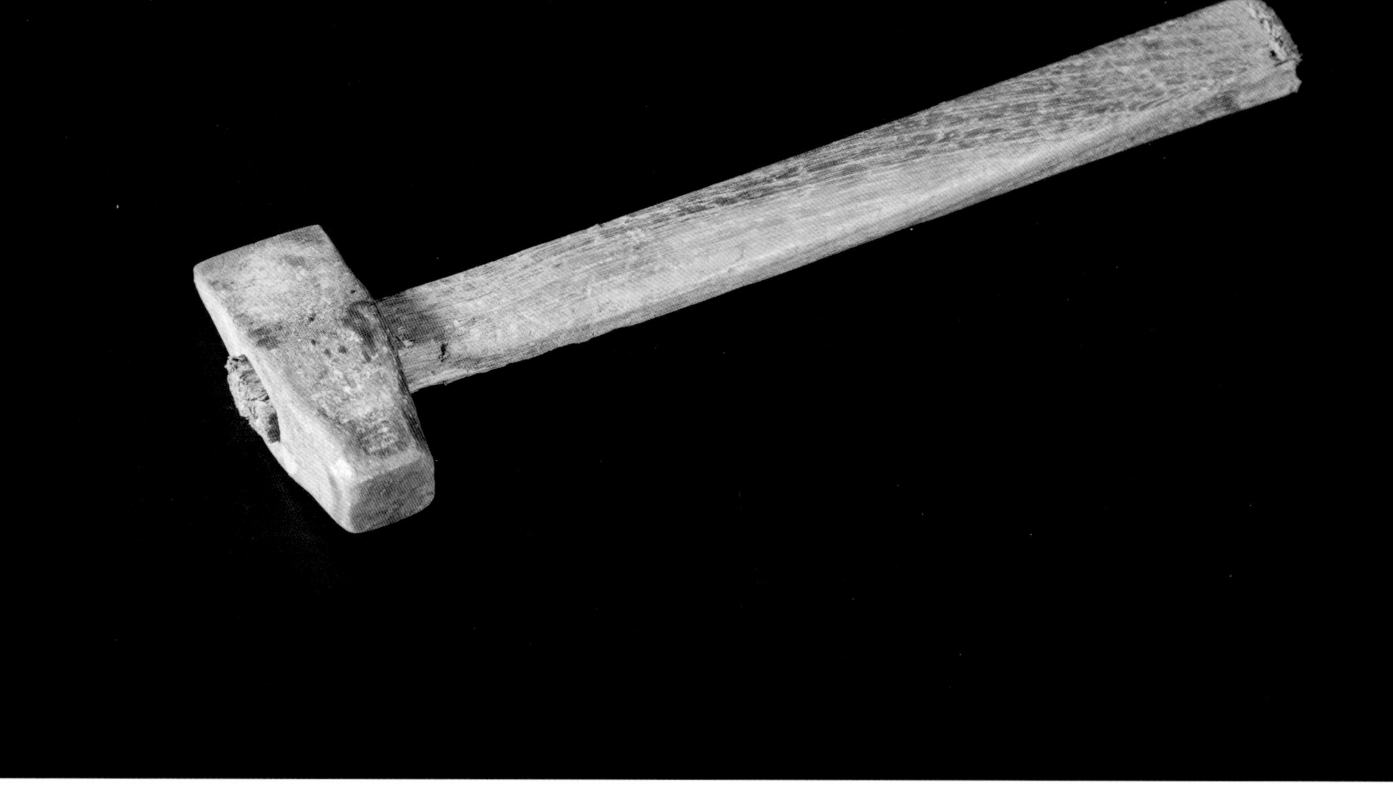

▲ 手锤

## 手锤

手锤体型较小，一般是师傅使用手锤。手锤虽小但力度要大，师傅一手夹铁块，一手拿手锤，控制模具的形状，锻打紧要的部位。

# 锤类工具

▼ 铁匠锤类工具

传统铁匠捶打工具主要有：头锤、手锤、响锤、二锤、平锤、旁锤、铁勺锤等，根据所打器具的不同，选择不同的锤子。

▼ 头锤

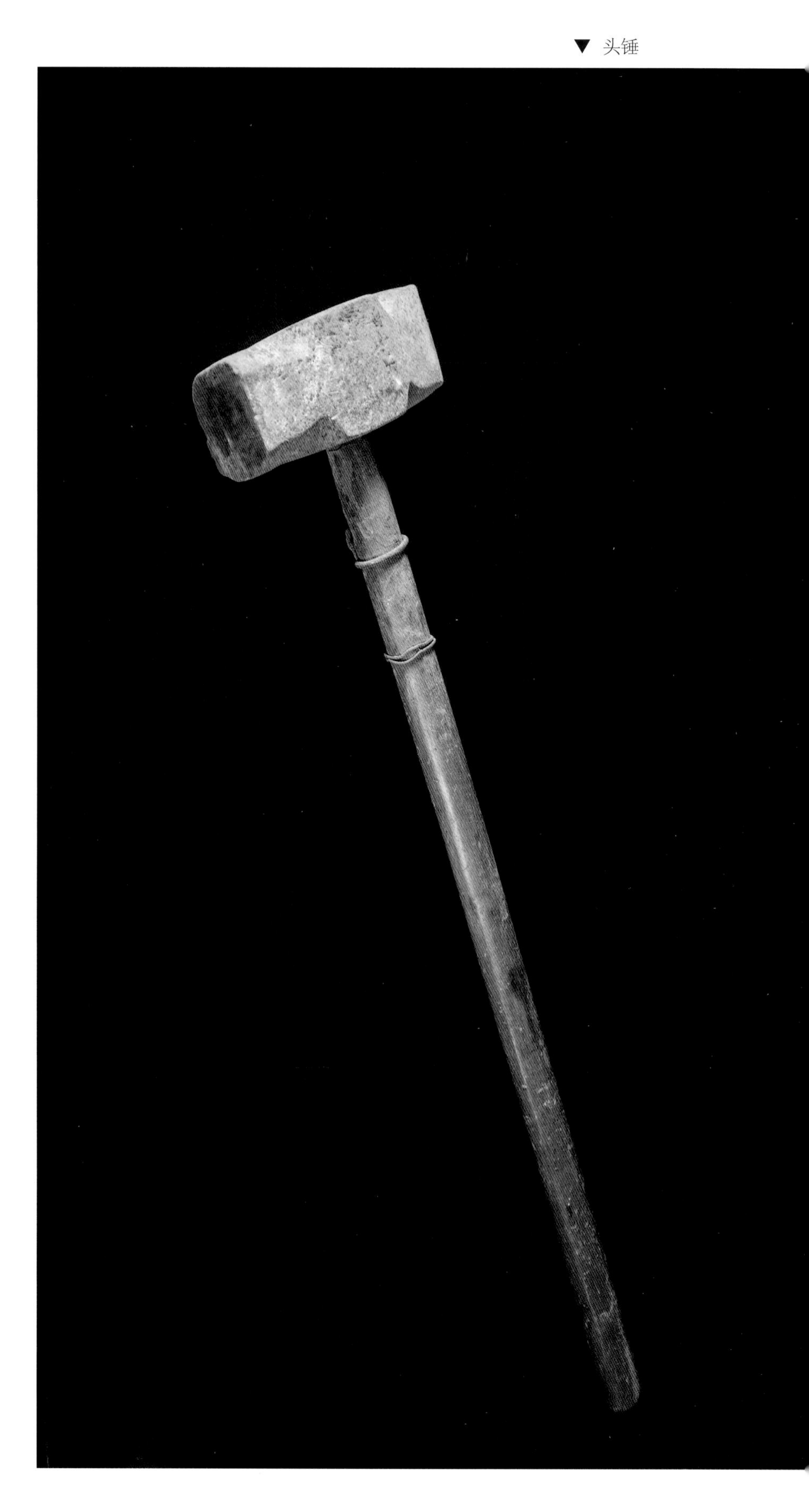

# 头锤

头锤体型较大，一般由徒弟执行，跟随师傅的节奏，锻打较厚的铁件，也叫“抡大锤”。有的锤头为一头平面，一头略尖。平头用于锻打，使用较多，尖头用于开造型、延展锻面等。

# 旁锤

旁锤也叫偏锤，俗称二锤，是三人锻打时起补充作用的一种锻打工具。旁锤使用时方向感与大锤、手锤不矛盾，一般是三人快打时使用，起到助力补充、提高效率的作用。

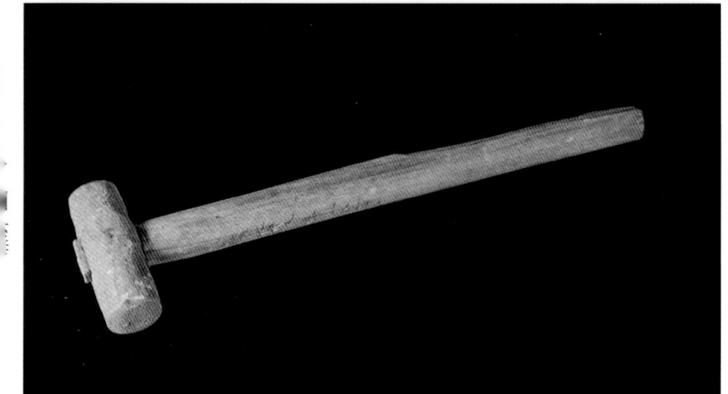

# 圆头锤

圆头锤，俗称“铁勺锤”，打制铁勺、铁锅等凹型容器的专用锤子。

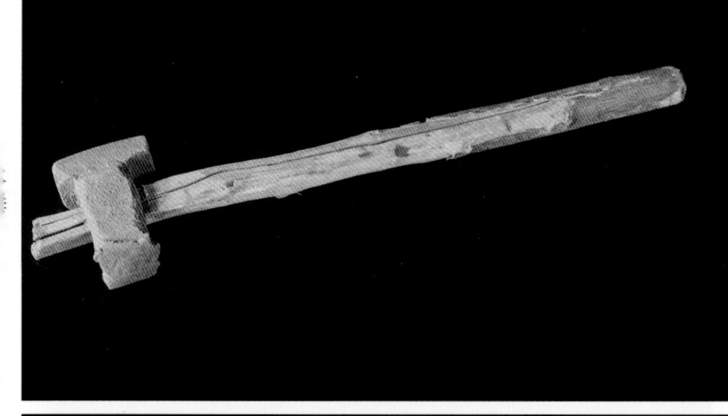

# 平锤

平锤是一种锻打时找平的锤，要求锤要平、要展、要均匀。这样就能达到薄厚均匀，没有黑点、斑点、起毛、飞刺、破痕、裂纹、凸凹不平等现象。

# 响锤

响锤的锤头为扁形，且有外鼓，安装木柄采用裤口而非穿孔。这样的造型容易产生共鸣，敲打时会发出明亮清脆的声音。师傅通过敲打铁件不同的部位，传递出不同的声音，以此达到指挥、控制节奏的作用。过去，铁匠出摊，支好炉灶后，师傅常用响锤敲打铁器发出节奏明快的声音，起到广告宣传、招揽生意的作用。

▼ 小棒锤

# 小棒锤

小棒锤主要用于打制环形铁器，起到固定铁坯的作用。小棒锤有时配合其他锤使用，严格来说算是一种模具或定型工具。

▲ 平砧

# 砧子

砧子是锻打时垫在工件下面的垫铁，其规格形制有多种，铁匠打铁以平砧和圆砧居多。

# 圆砧

圆砧俗称“王八砧子”，底部有四个角安放在砧墩子上，四周有用于锻打不同铁坯的插孔或构件，砧面多为圆弧面，适于对铁坯进行造型锻打。

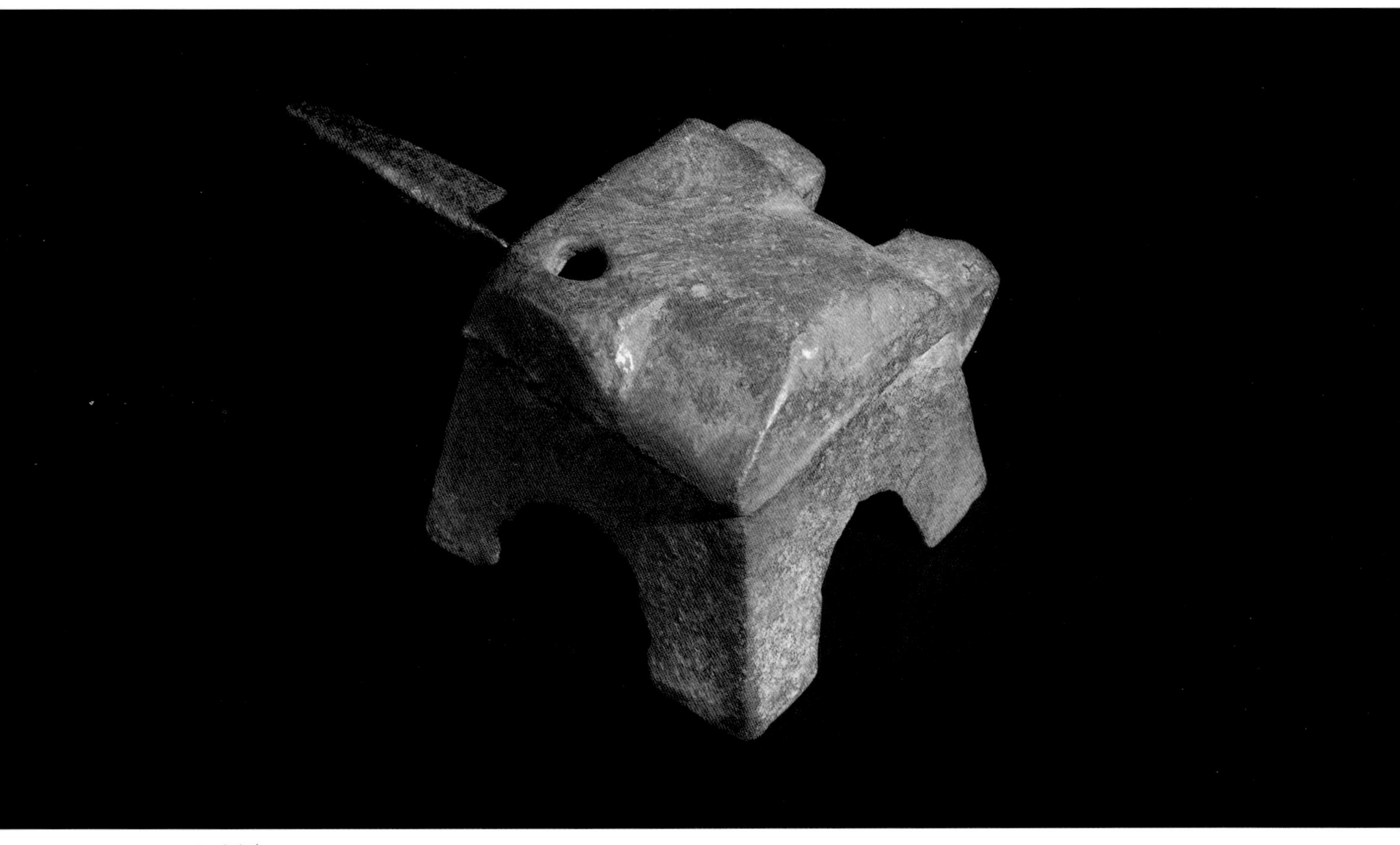

▲ 圆砧

▼ 锻打镢绊上部模具

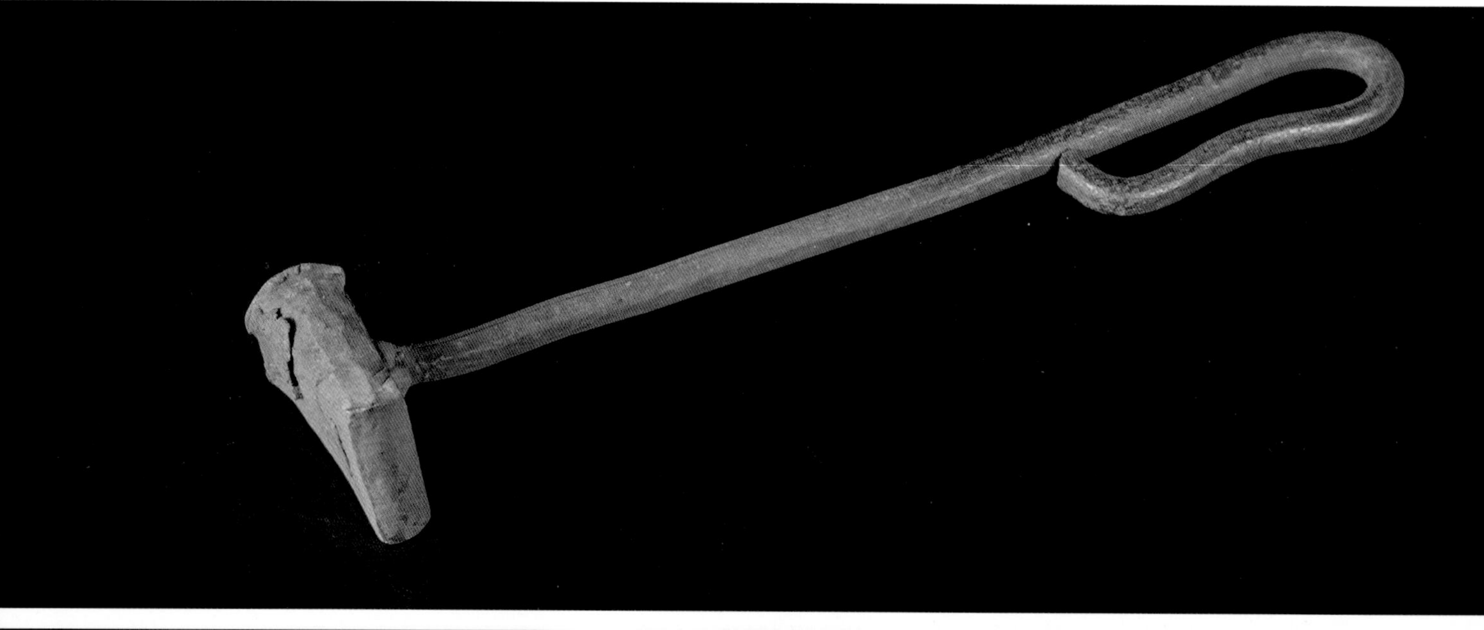

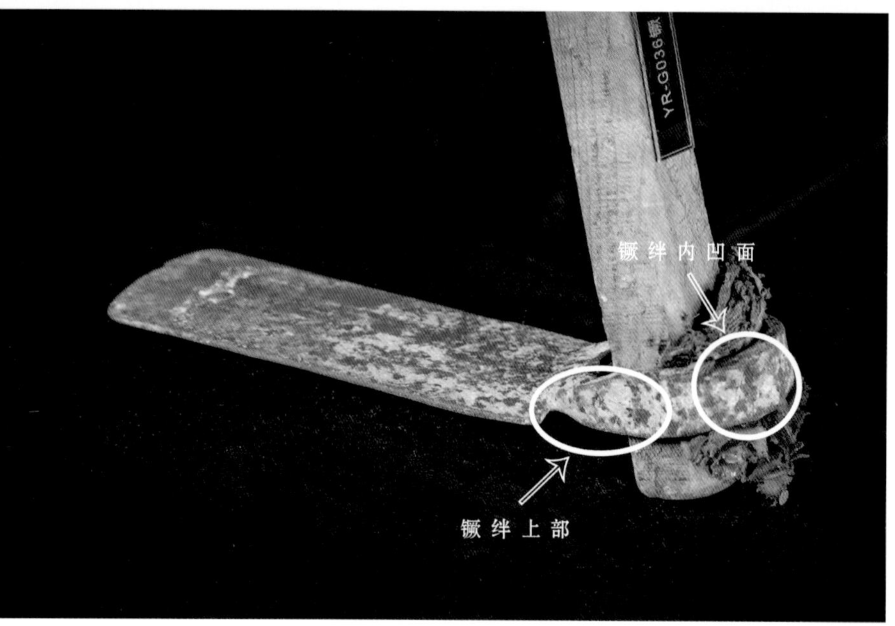


▲ 镢绊锻打部位示意图

▲ 锻打镢绊内凹面模具

# 镢绊锻打工具

镢的底部是安装木柄的孔洞，俗称“镢绊”。镢绊锻打工具，是用来制作镢绊的一种模具。

▲ 浮甩子

# 浮甩子与底甩子

浮甩子与底甩子配合使用，上下固定住铁坯，进行锻打，使其成为圆柱形，是一种锻打圆柱形铁器的模具。过去如铁栓、螺栓等五金件很难买到，需要铁匠师傅根据需求定制打造。

▶ 底甩子

▲ 空气锤

# 空气锤

空气锤是从20世纪50年代末开始，从国外引进的一种利用空气压缩原理进行锻造的设备。

空气锤适用于多种自由锻造，如延伸、镦粗、冲孔、剪切、锻焊、扭转、弯曲等，使用垫模即可进行各种开式模锻。20世纪七八十年代以后，这种空气锤普及开来，不少乡村的铁匠作坊也配备了这种锻造设备。

# 第十一章　夹取工具

铁匠的夹取工具指的是用来夹取铁件的各种钳类工具，主要有严钳、松口钳、大圆钳、小圆钳等，根据所打铁坯的不同，应选择不同的钳子。

钳类工具的最主要用途是从铁匠炉里将高温烧制的铁件夹取出来，配合铁匠锤进行锻打，因此要求夹取灵活紧实，手柄较长便于隔热及方便操作施展。

▲ 铁匠夹取铁坯锻打场景

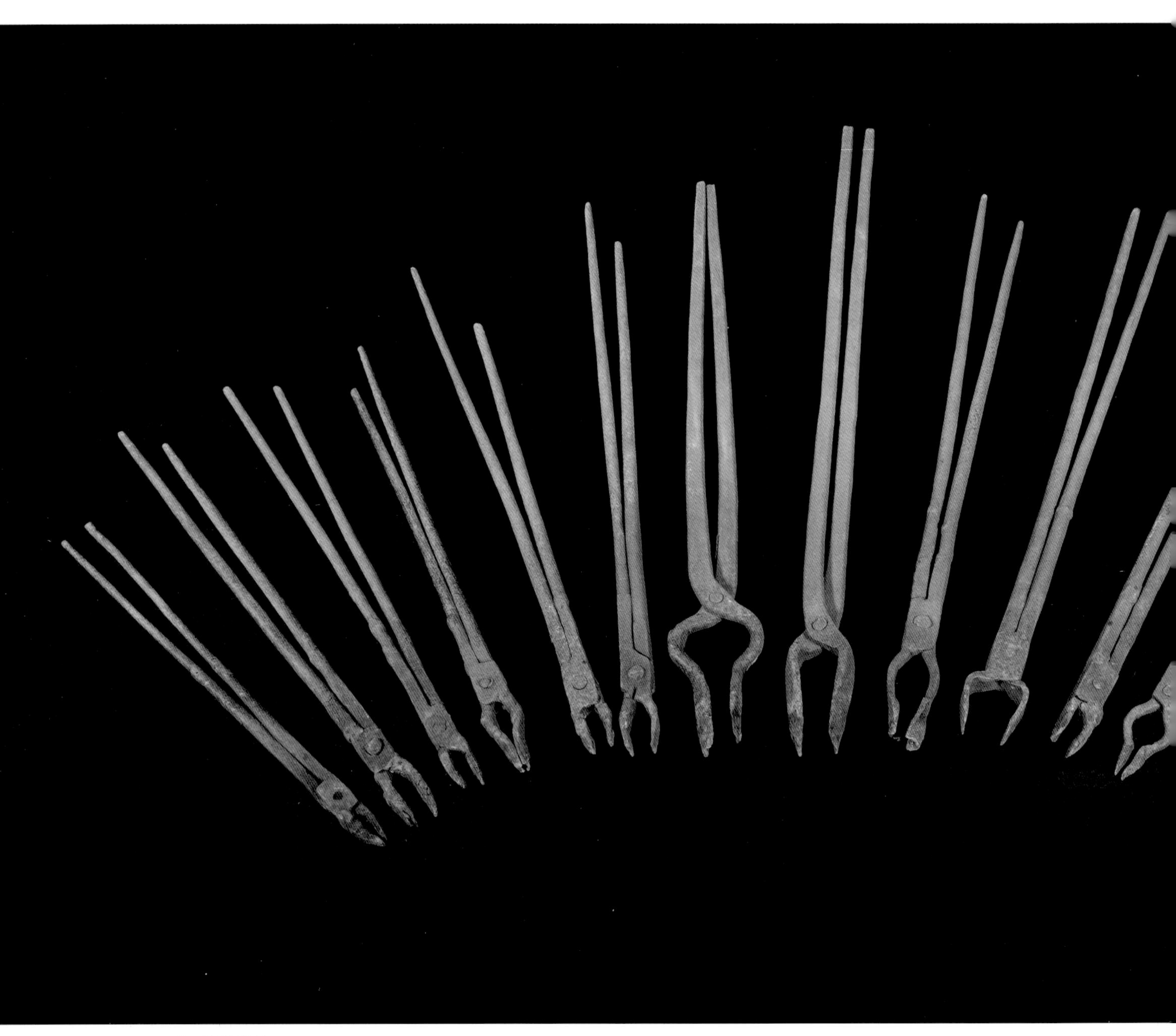

▲ 钳类工具

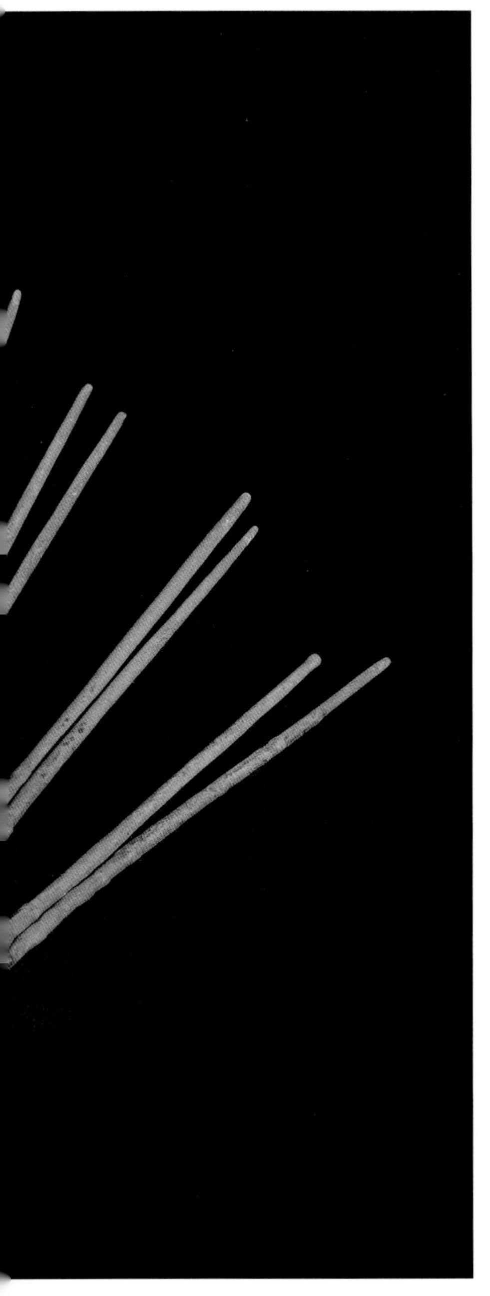

# 钳类工具

传统铁匠钳类工具主要的型号有严钳、松口钳、大圆钳、小圆钳等，根据所打铁坯的不同，选择不同的钳子。

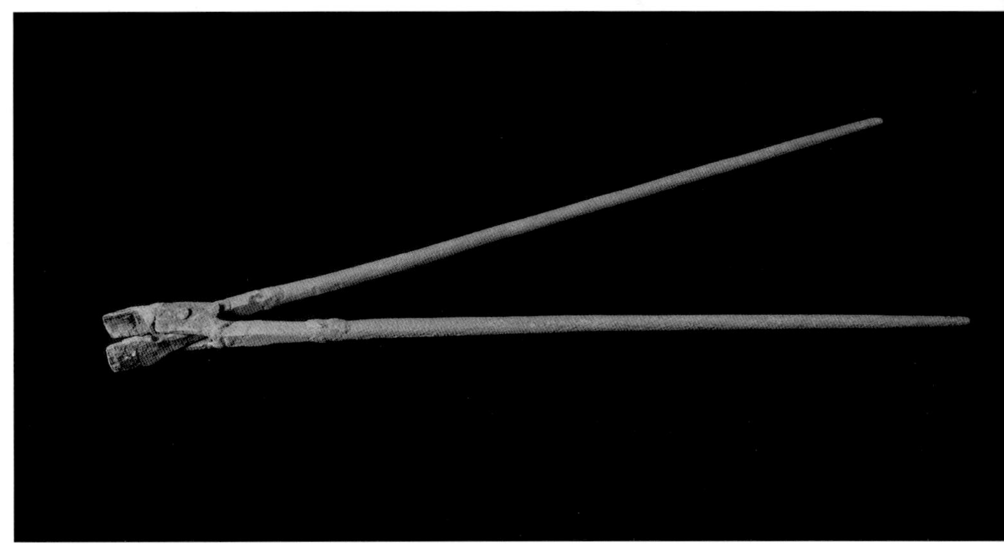

▲ 松口钳

## 松口钳

松口钳用于夹取较厚的铁坯，如錾子的铁坯等。

大圆钳用于夹取直径较粗一类的圆形铁坯，钳头有弧度，与铁坯表面形状吻合。

▼ 大圆钳

## 大圆钳

## 小圆钳

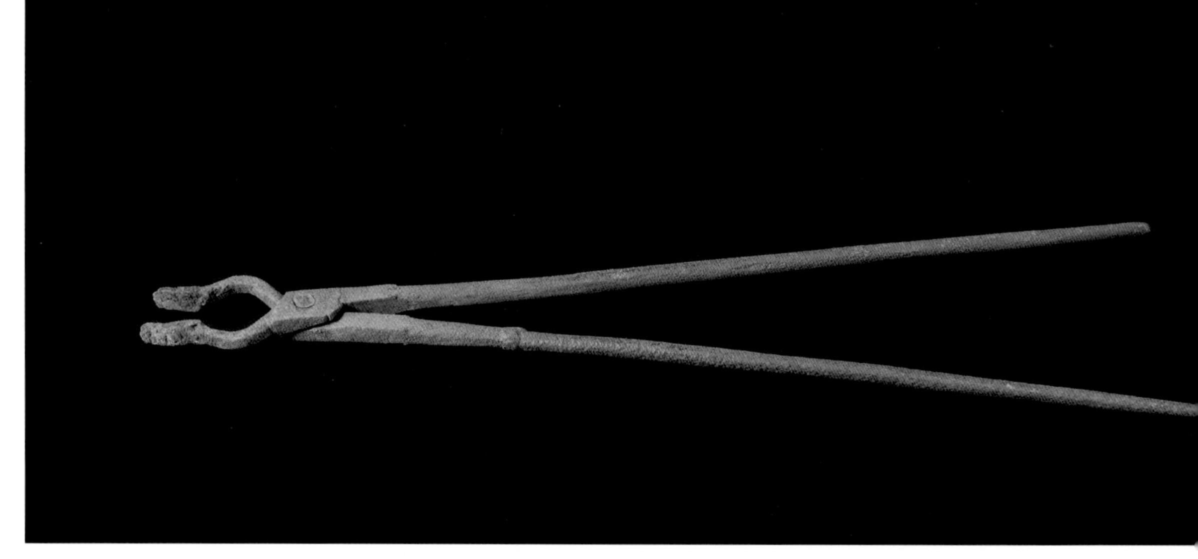

▲ 小圆钳

小圆钳用于夹取直径较细的圆形铁坯。

严钳用于夹取较薄一类的铁坯，钳头咬合紧实。

▼ 严钳

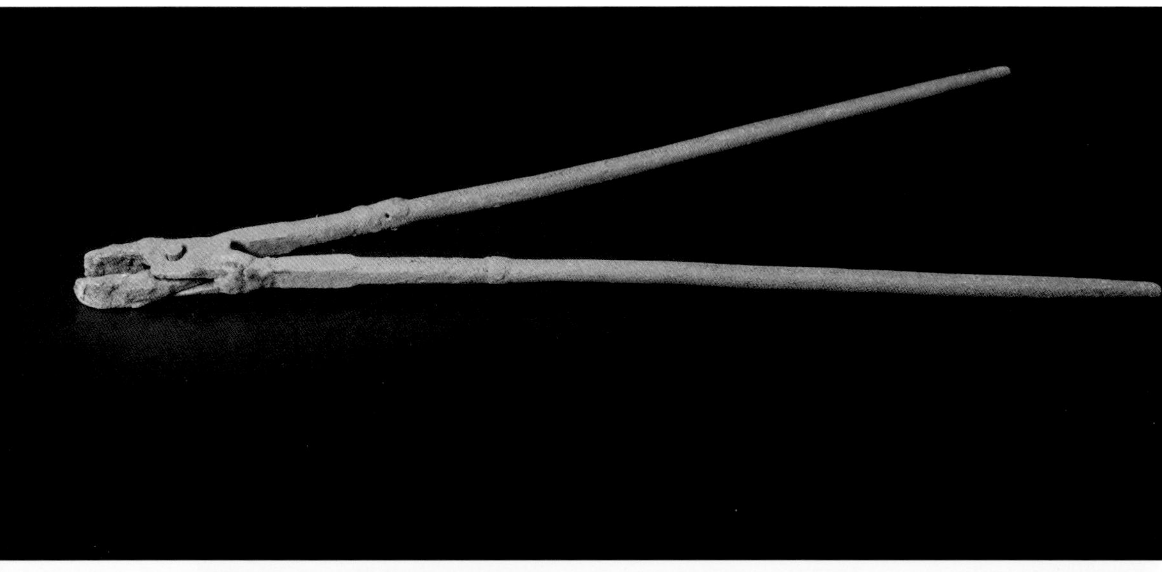

严钳

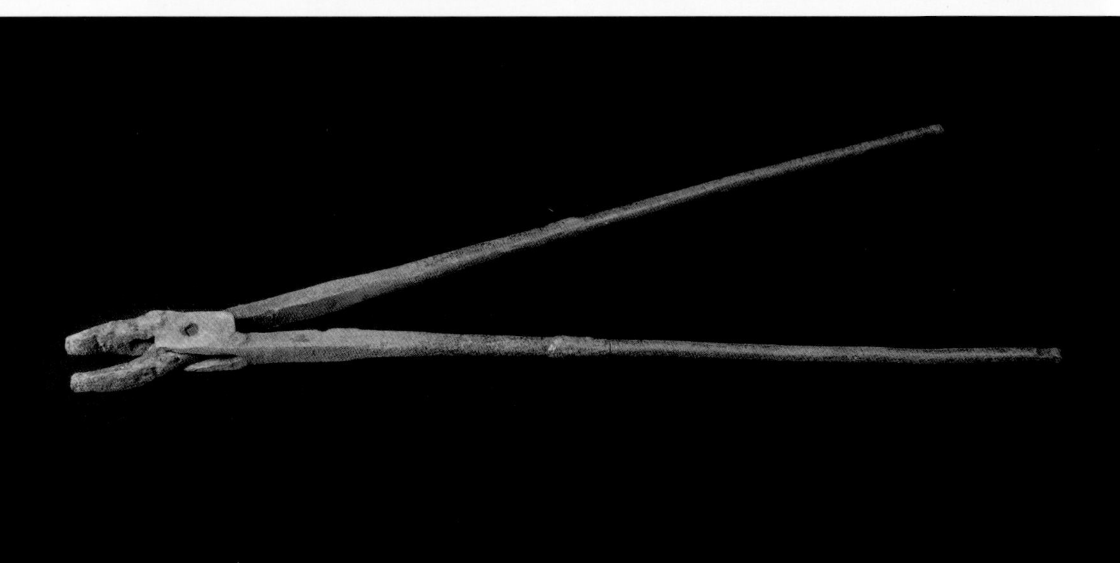

尖钳

▲ 尖钳

尖钳的钳头尖细，易于夹取带孔铁坯。

# 第十二章　开孔工具

开孔，俗称冲孔，是在烧热的铁坯上，用冲孔一类的工具进行开孔的作业，如各类农具安装手柄的孔洞，剪刀、钳子一类V形工具的连接轴点等，不同的工具孔洞大小、形状各不相同，因此传统铁匠所选用的开孔工具也有多种。

铁匠开孔一般用到冲子、冲孔垫。

▲ 铁匠开孔场景

▼ 小孔冲子

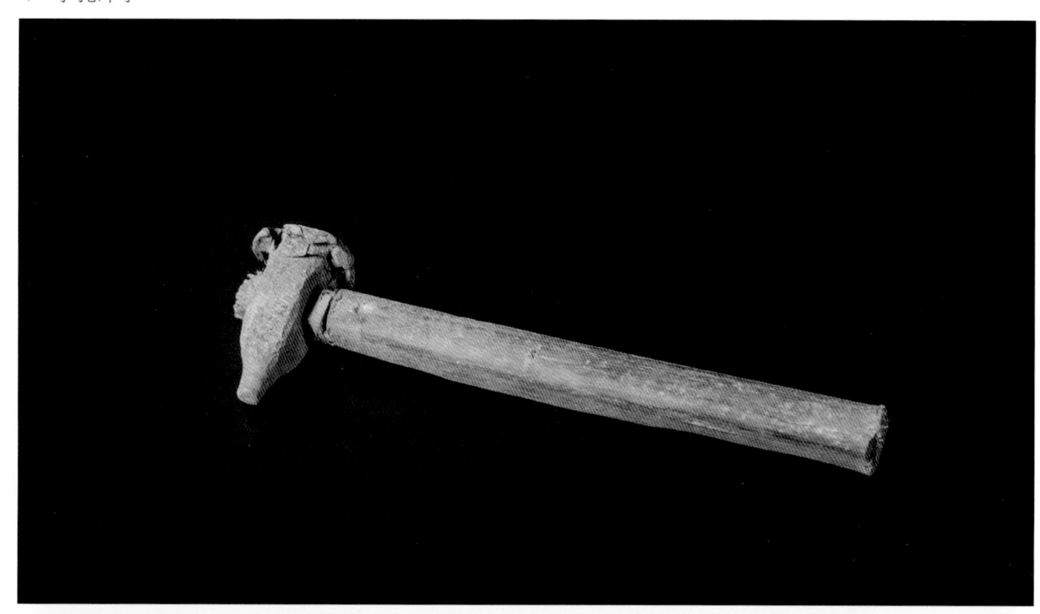

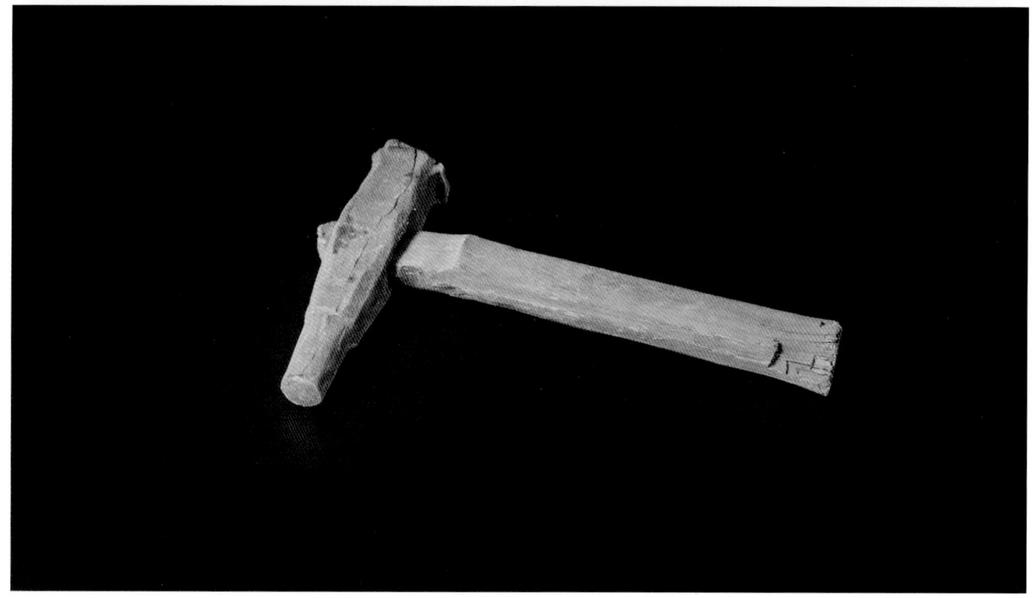

▲ 大孔冲子

## 冲子

冲子是一种开孔工具，它配合锤打，与冲孔垫对烧热铁器进行冲孔作业。

▼ 冲子（大斧、大锤专用）

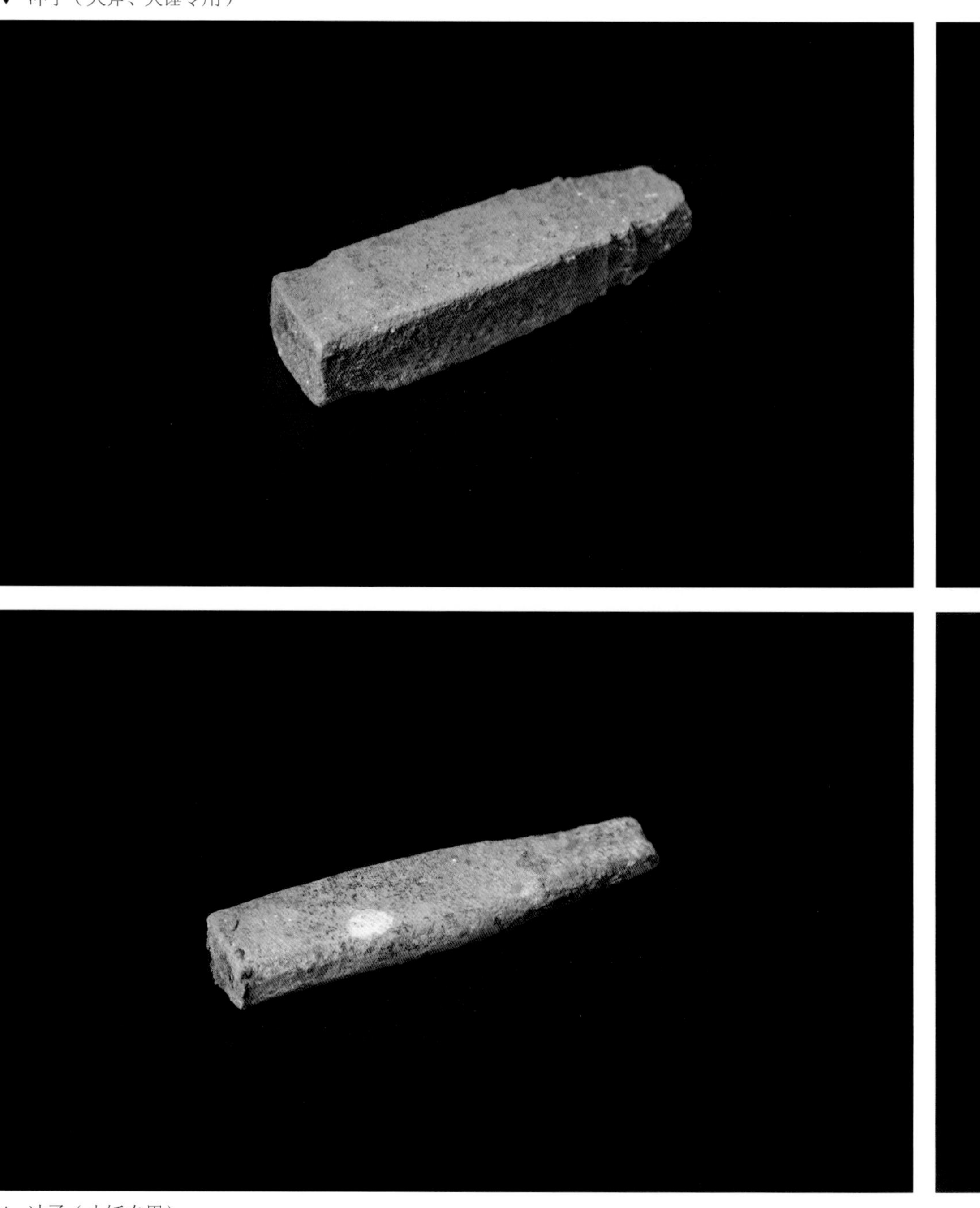

▲ 冲子（小锤专用）

▼ 冲子（羊角锤专用）

▲ 冲子（桑斧专用）

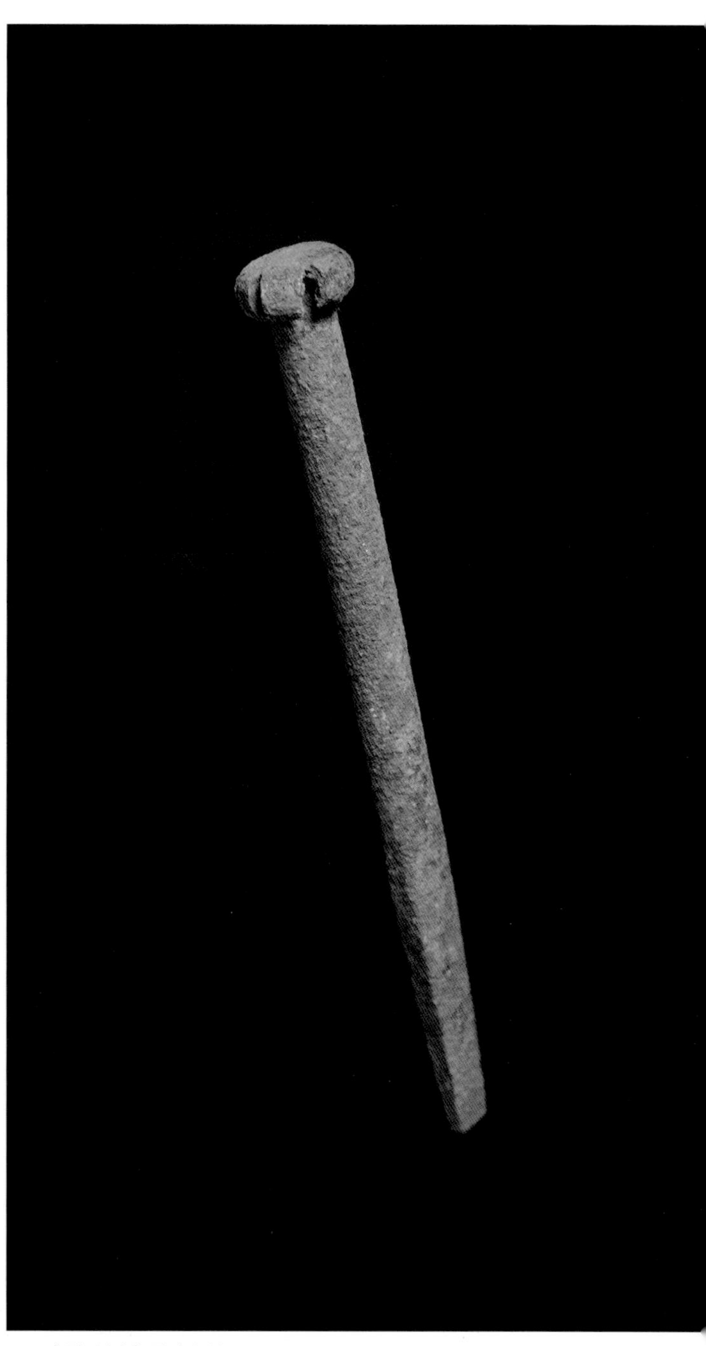

▲ 冲子（锄鼻子专用）

▼ 其他冲子

▲ 钢芯

# 其他冲子

▲ 小冲子

# 冲孔垫

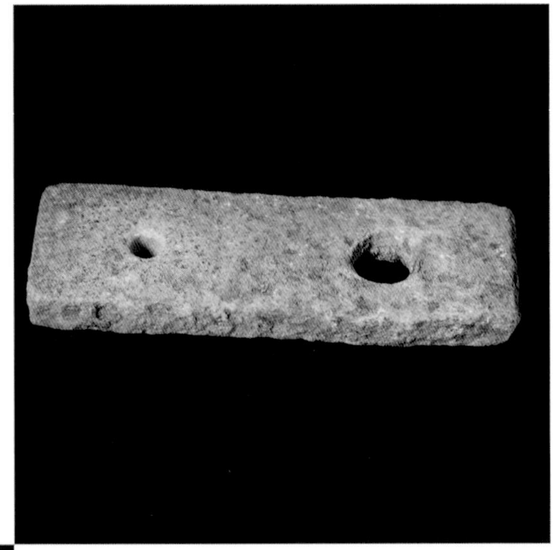

▲ 双孔冲孔垫（冲小孔用）

▲ 螺栓专用割丝工具

冲孔垫是一种冲子辅助工具，垫在铁坯下面，冲子冲孔后能贯通整个铁坯。冲孔垫一般与冲子组合配套使用。

▲ 冲眼圆垫

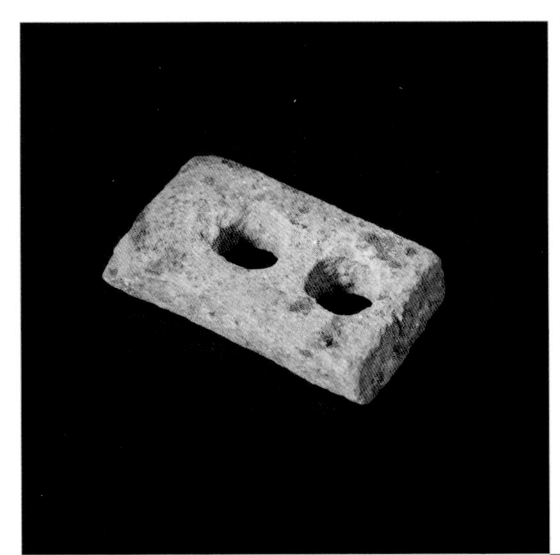

▲ 双孔冲孔垫（冲大孔用）

▲ 冲孔底垫

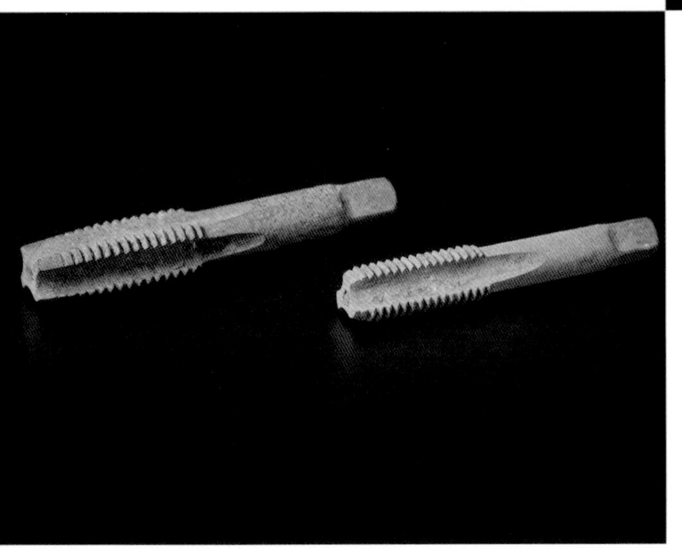

▲ 螺母专用割丝工具

# 第十三章　开齿工具

铁匠的开齿工具，指的是对一些铁器进行开齿作业的专用工具，过去常用的是开齿钳。

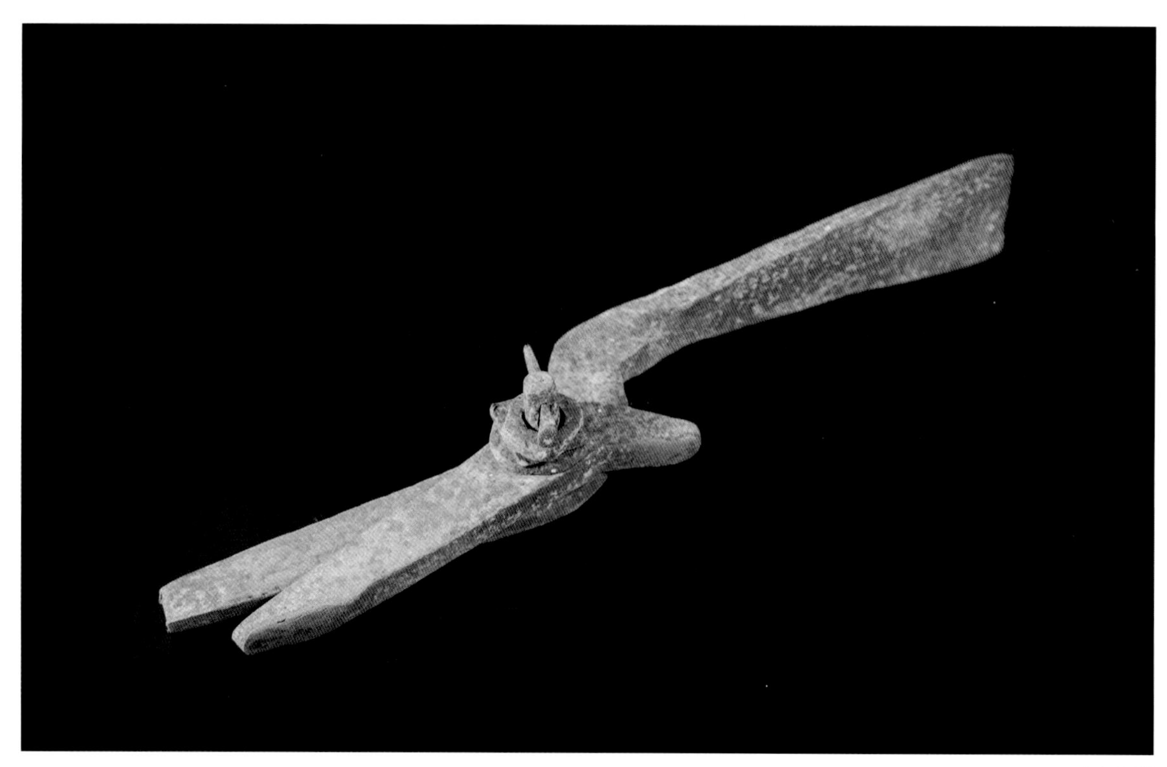

▲ 开齿钳

## 开齿钳

开齿钳虽带“钳”字，却是开齿专用工具。例如木工锯条锻打后是一种长直铁条，利用开齿钳如剪刀一样的杠杆原理，对锯条进行开齿，形成锯齿。

# 第十四章　截取工具

打铁除了是个力气活，还要有好的眼力，因为打铁不像做木工那样可以用笔和尺子涂涂画画，尤其是高温烧红的铁坯，只能靠铁匠的眼力，才能打造出理想的物件。铁坯在高温状态下进行塑形，根据要做的东西决定怎么调整，这个时候就需要用到趁热截取的工具。

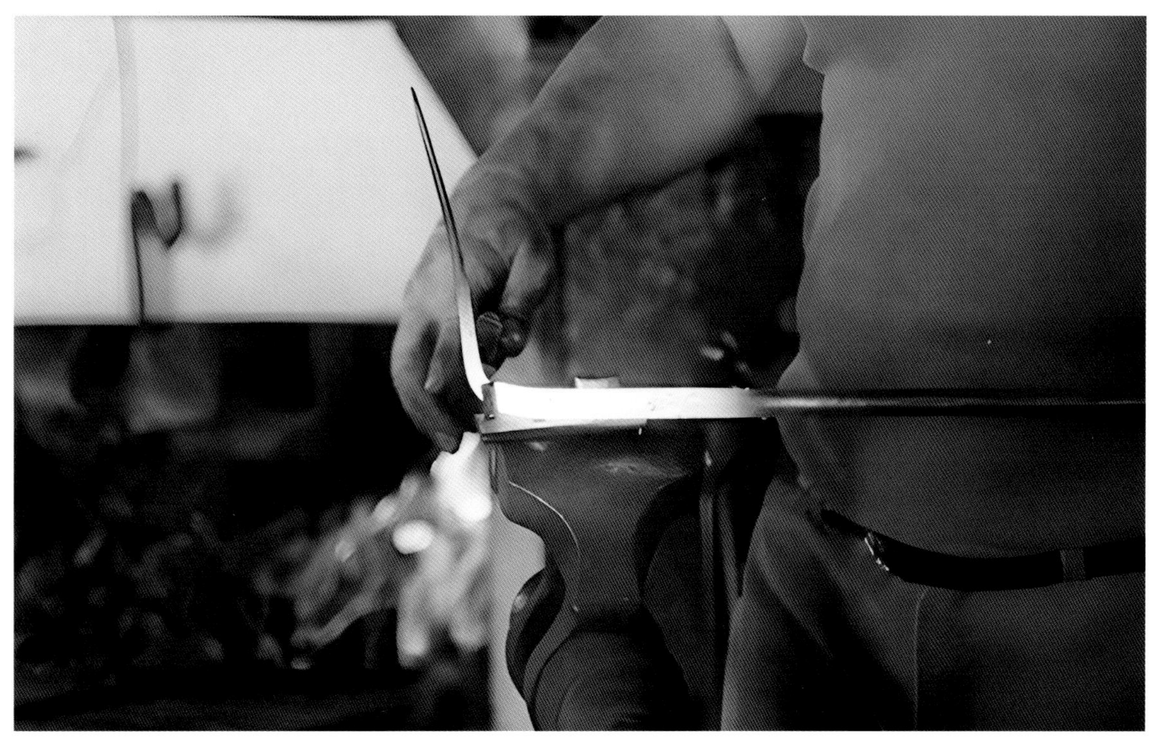

▲ 铁匠截取铁坯场景

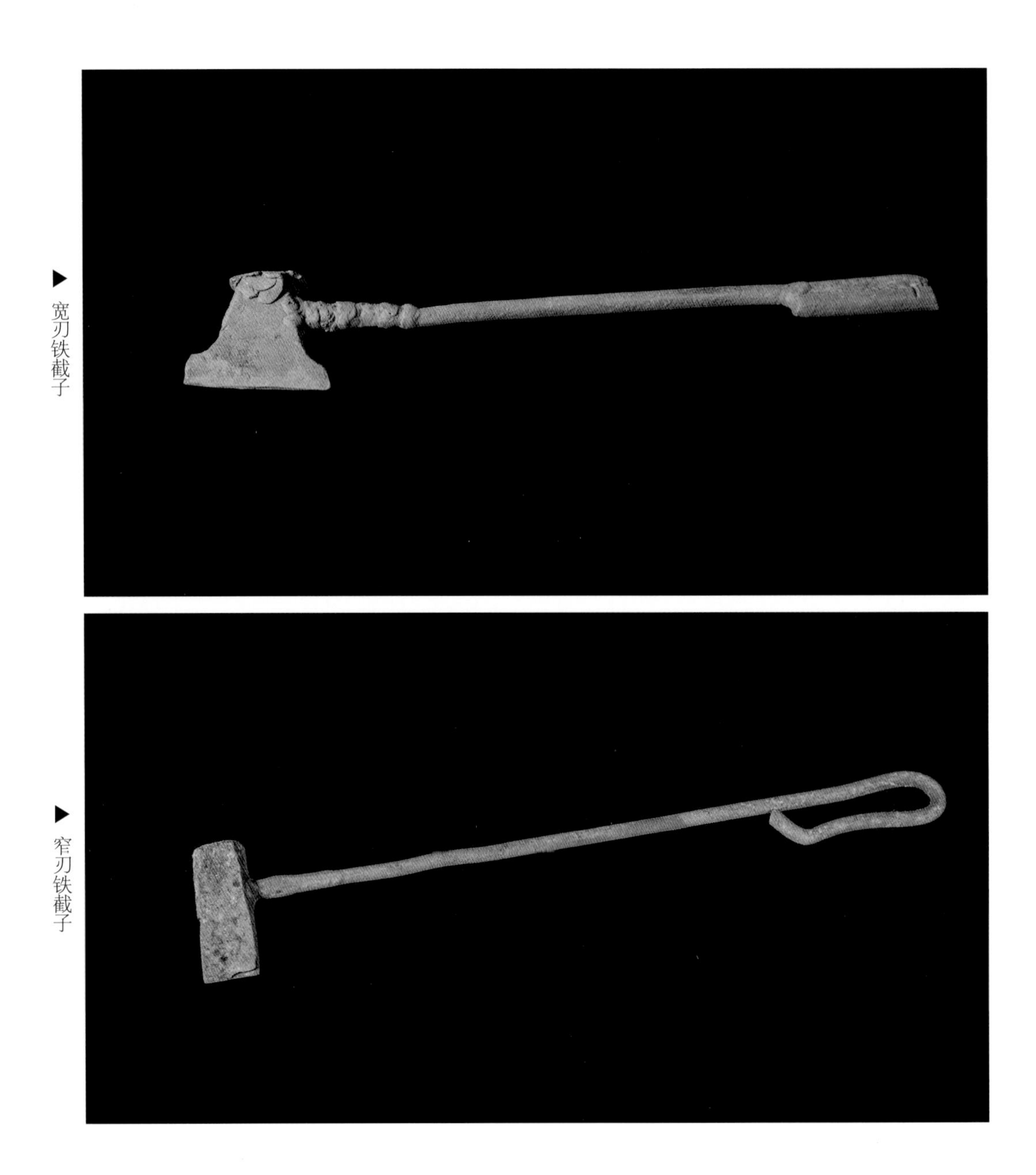

▶宽刃铁截子

▶窄刃铁截子

# 铁截子

铁截子，俗称“热截子”，是截热铁专用工具，形似斧头，用来截断烧热的铁坯。铁截子种类也有多样，根据铁胚的形状和需要，可以选用不同的截子。

◀ 砸子

◀ 底砸子

# 砸子

砸子是一种缩短立面，同时使铁器断面形成直角的截断工具，有时与底砸子配合使用，也用于切割铁板。

# 铁匠铡刀

铁匠铡刀与一般铡刀有所区别，刀身没有刃，主要依靠力量铡断铁板、热铁坯等。

▲ 铁匠铡刀

# 第十五章　辅助工具

铁匠的辅助工具指的是辅助打铁的一些护具、模具或其他工具，它们也是铁匠工具中不可或缺的一部分。

▲ 铁匠砧子与砧墩

▼ 围裙

# 围裙

围裙是一种防护用具，过去铁匠围裙使用皮质或带胶帆布制作，不易燃烧，防止打铁时产生的火花溅到衣服上。打铁时光着膀子，带着围裙打铁，给人一种粗犷的印象。

▼ 锉刀

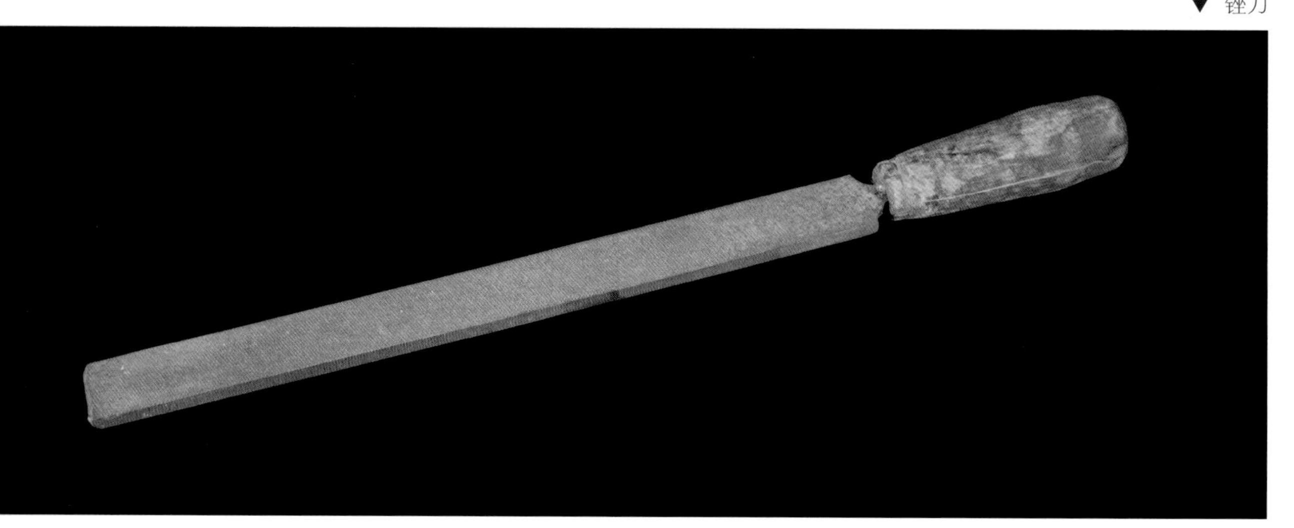

# 锉刀

锉刀是一种锉刃工具。带刃工具完成锻打后，用锉刀进行细部的打磨、找平、出刃，保证成品质量。

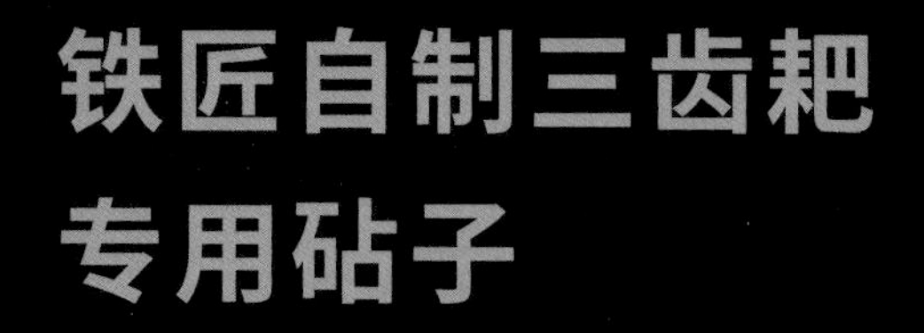

# 铁匠自制三齿耙专用砧子

传统手工匠人，有时为了作业方便，会自制一些简易工具。图即是某铁匠师傅自行打造的一种三齿镢专用工具。

# 第三篇

# 白铁匠工具

# 白铁匠工具

作为传统匠作行业之一，白铁匠出现的年代较晚，它是有了薄铁板以后，才出现的。民国初期，像“美孚行”煤油等带铁皮包装的进口货大量出现在中国市场上，废弃的包装铁皮就成为加工生产、生活用品的材料。材料带个“洋”字，如洋铁、洋油，其成品也带“洋”字，如洋桶、洋铁戳子、洋铁壶等。洋桶逐渐代替了笨重的水筲，洋铁戳子代替了柳编小簸箕，洋铁壶代替了造价较高的铜水壶。薄铁板器具的优越性显现出来，使白铁匠这一行业快速形成。白铁匠除了加工生产白铁器具外，还修补各种薄铁制品，故民间也称其为“焊洋铁壶的”。白铁匠是从铜匠、锡匠等匠作行业中衍生出来的，距今仅百年历史，而所谓“白铁”，实际指的是镀锌铁，是在铁皮上进行镀锌工艺的合金制品。用白铁制成的器具，兼具质地轻巧、不易生锈、造价低廉、结实耐用等特点，在白铁传入我国后迅速成为家庭日常用品的常见原材料。过去如洗衣盆、水舀子、花洒喷壶、簸箕、烟囱、钱箱、信箱等，许多都是由白铁制成。白铁虽然出现的较晚，但应用极为广泛，直到今天，广大农村家庭，也基本上家家都能拿出一两件白铁制成的用具。

相较于传统打铁匠而言，白铁匠的制作工序较为简单省力，大体上可以分为：设计、放样、裁剪、卡缝、砸缝、压线等几步。其制作工具可分为：放样工具、裁剪工具、压缝工具和捶打工具四类。

# 第十六章　放样工具

白铁匠在制作工具前需要先进行设计构思，根据器具的大小、尺寸及主顾的需求，在白铁上用拐尺、划规等工具划出样子，这一步叫放样。

▲ 白铁匠放样场景

▲ 拐尺

# 拐尺

拐尺，又称“曲尺”“角尺”，是传统工匠常用的画直线工具，同时能对工件的平整、垂直进行检验校准。

▼ 划规

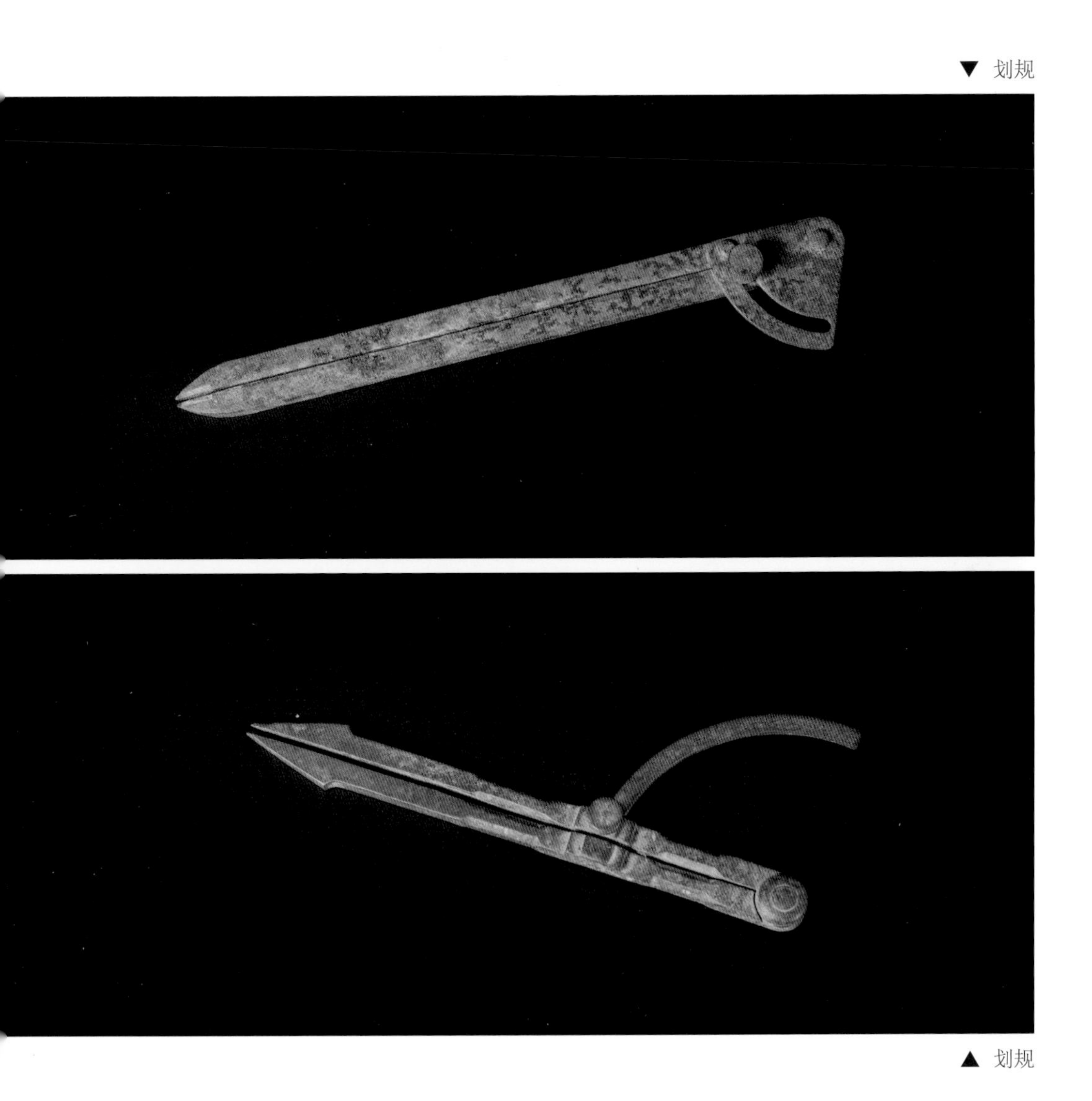

▲ 划规

# 划规

划规也被称作圆规、划卡、划线规等，常用的有普通划规、扇形划规、弹簧划规和长划规。划规的尖头质地坚硬，可以在石头、铁板等物品上，划出痕迹，是过去常用的画圆、画弧工具。

## 样子

为了制作方便，白铁匠师傅会把常用器具的大样用铁板制作成“样子”，需要制作时，只需依“样子”画图裁剪即可。图中所展示的有豆油油壶、酒提子、酒壶的“样子”。

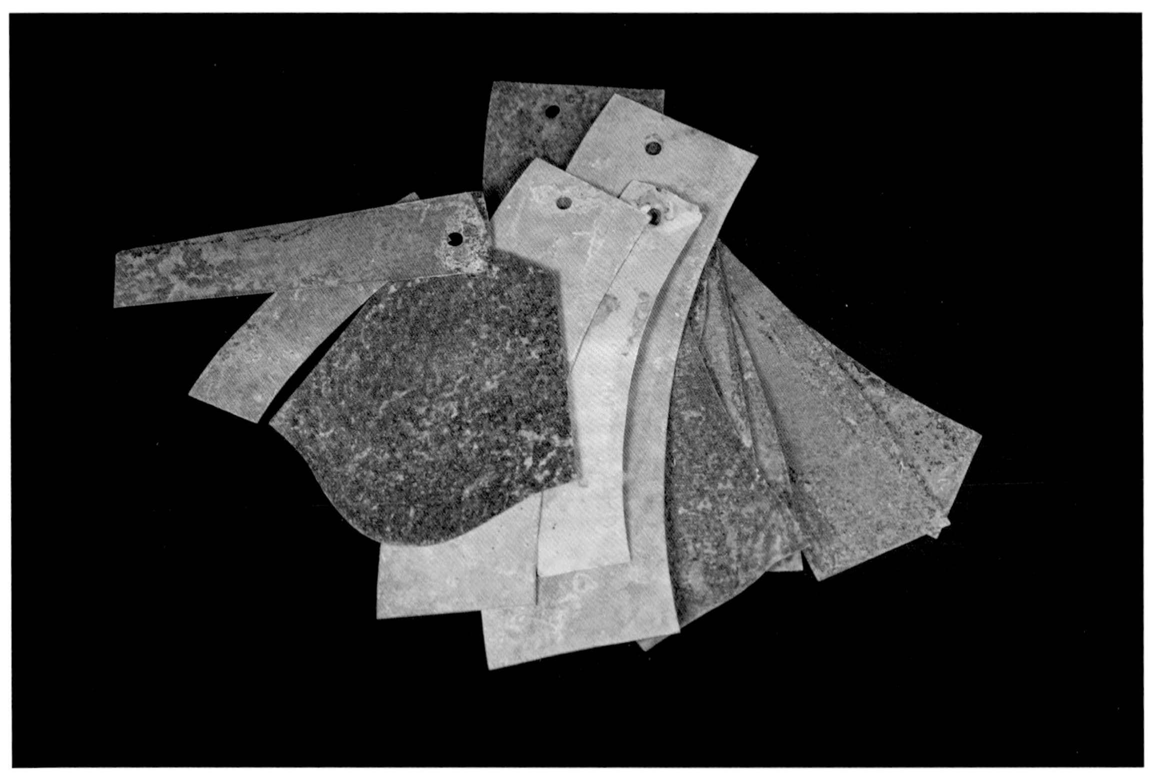

▲ 样子

## 卷尺

卷尺又称量具，用于白铁板的裁切尺量使用。

◀ 卷尺

# 第十七章 裁剪工具

白铁板经过放样后，下一步就要进行裁切。过去白铁匠有“大白铁”和“小白铁”之分，小白铁指的是那些走街串巷的白铁匠艺人，他们工具简单，主要是修补和制作一些小的日常器具；大白铁指的是拥有铺面的作坊，他们的制作工具比较全面，能制作大型器具。就裁剪工具而言，小白铁一般只有几把弯剪子，而大白铁就有剪板机等大型的裁切工具。

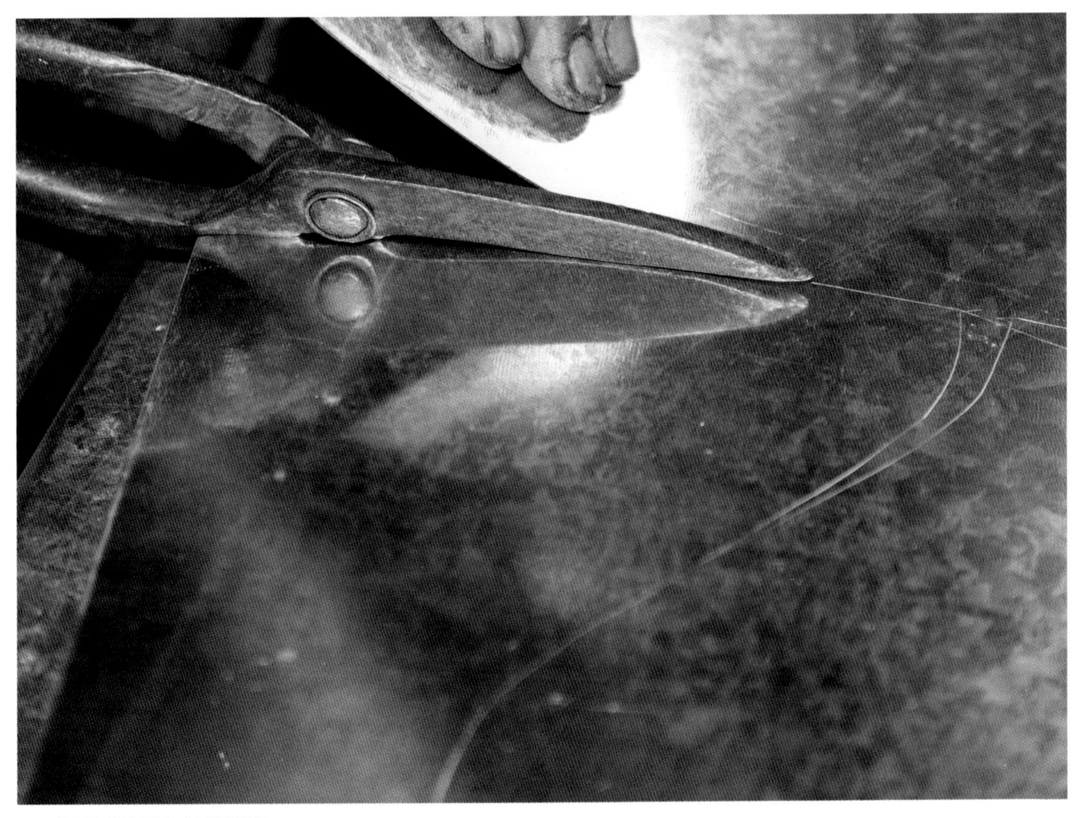

▲ 白铁匠使用弯剪子场景

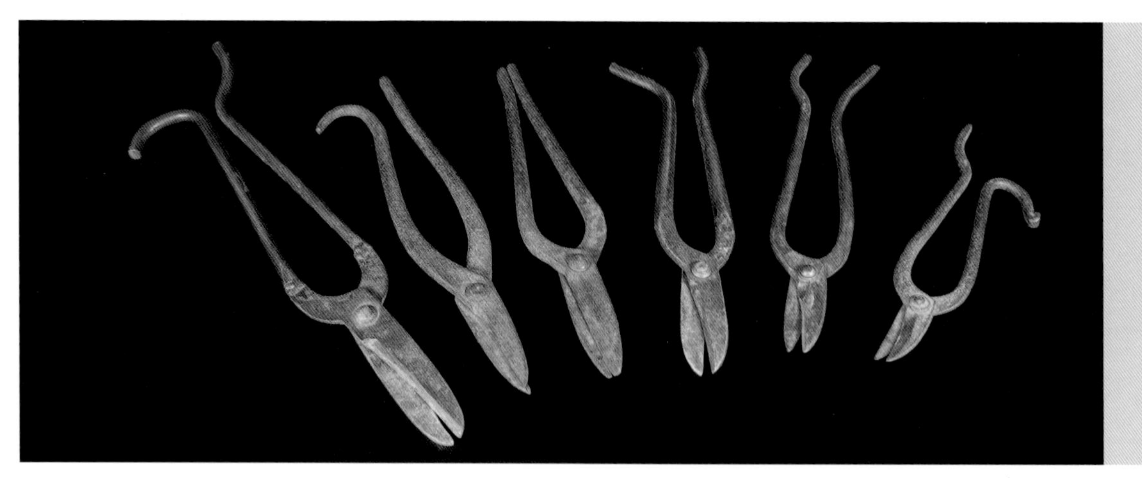

▲ 弯剪子

## 弯剪子

白铁匠用的剪子，因手柄弯曲，故得名“弯剪子”。相较于普通剪刀，弯剪子略长，且重量要重，虽看起来笨重，但刃口硬度较高，并不讲求锋利，适用于裁剪白铁板、铜板、锡板等材质。

▼ 铡剪

## 铡剪

裁剪稍大稍厚的白铁板，需要用到铡剪子，铡剪子类似铡刀，底座安放在长条凳的凳面边缘上，带刃的一端安装手柄，裁剪时用力压下，白铁板即裁为两段。

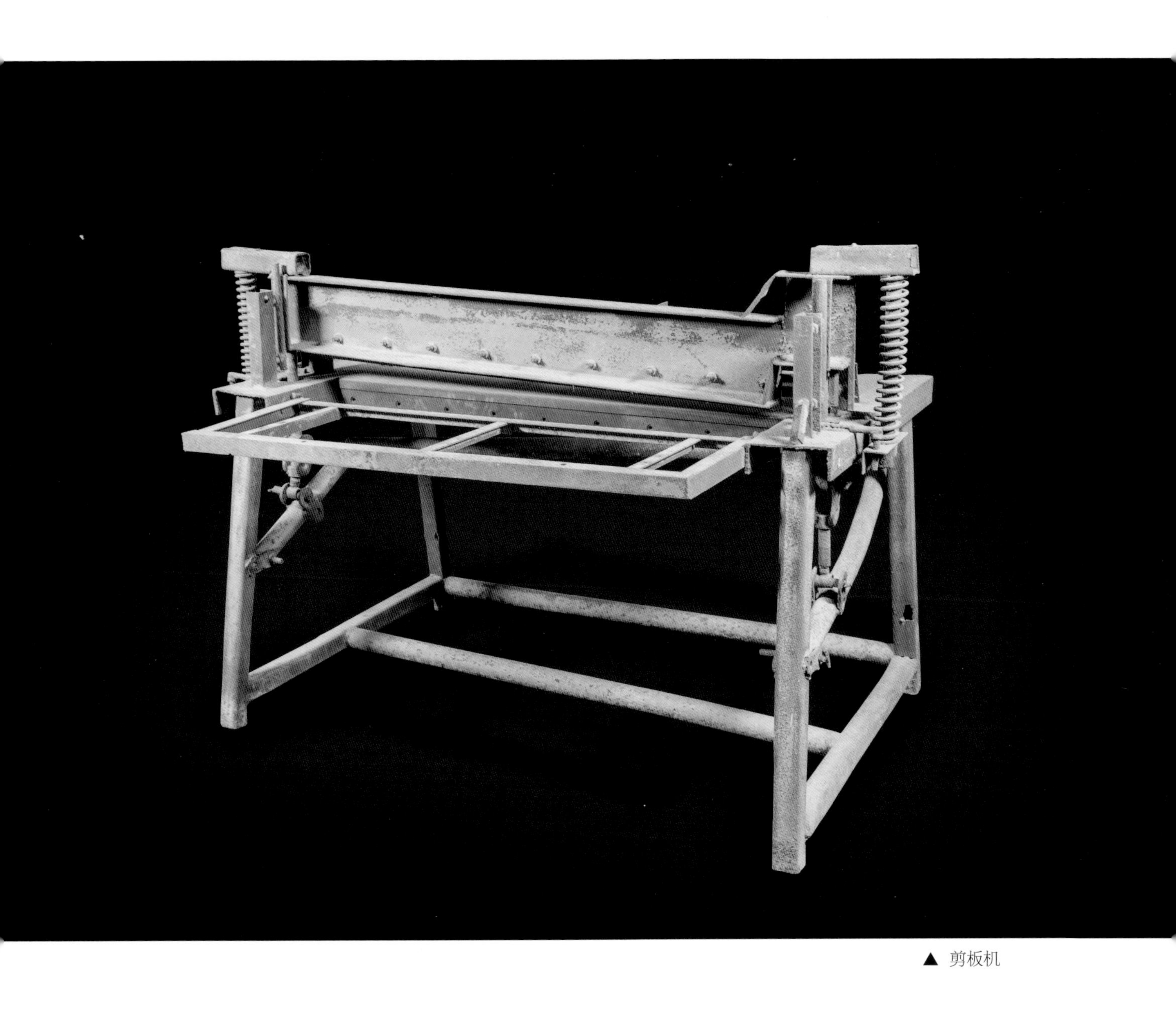

▲ 剪板机

# 剪板机

剪板机，又叫裁板机，是后来出现的一种裁剪机械设备，是一种利用杠杆原理的机械铡刀，主要由踏板、工作面、铡刀等组成，工作时将铁板放入工作面，用脚踩踏踏板，可以将整块铁板截开。

# 第十八章　压缝工具

将铁板进行折弯压缝，然后卡缝拼接，进一步需要用到压缝工具。经过卡缝拼接的器具虽无焊接铆钉但依然坚固耐用，且密封性好，如过去住平房常用的铁皮烟囱、水桶、脸盆等，一般不会发生漏水、漏烟。

▲ 白铁匠用压缝机压缝场景

▼ 压缝机

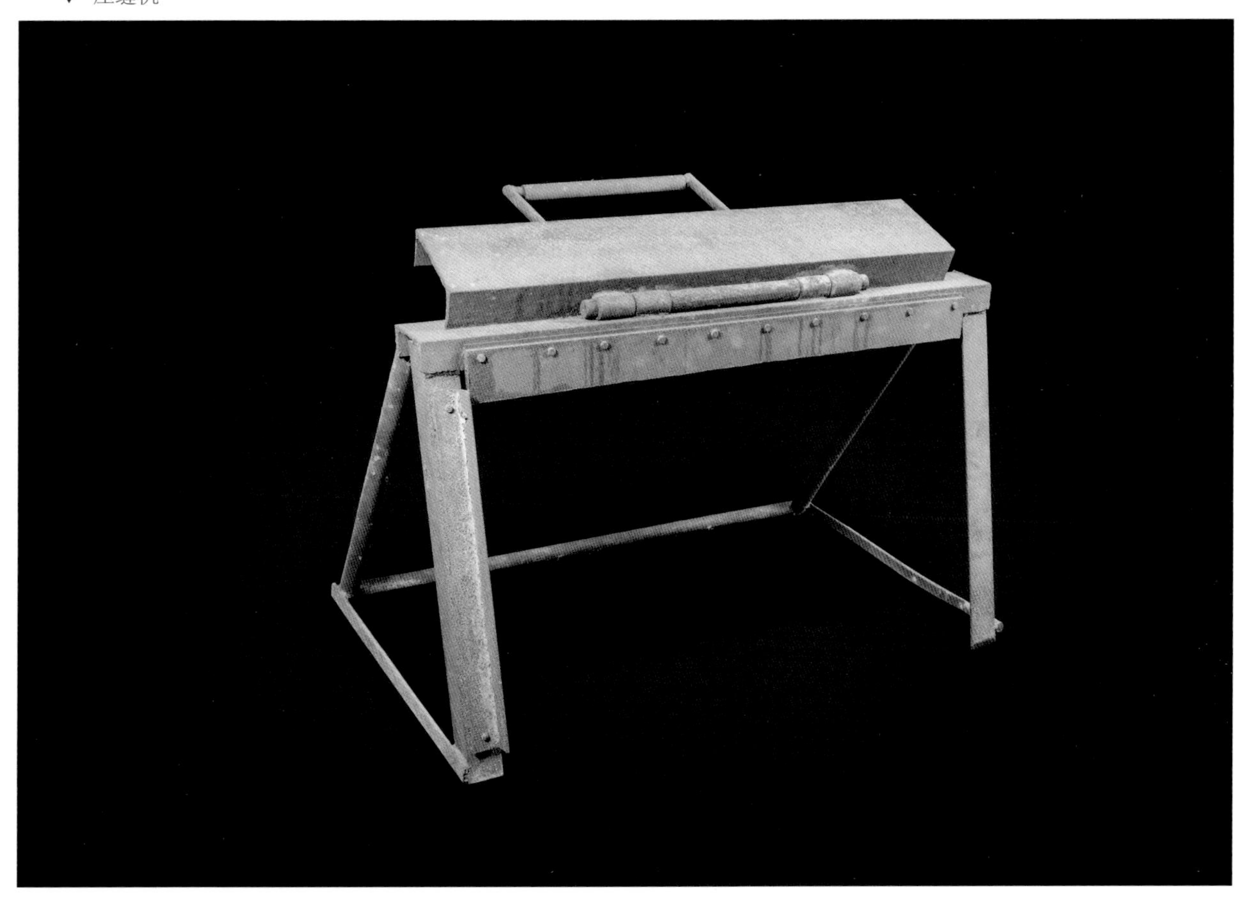

# 压缝机

压缝机由铁把手、压台、铁板卡槽、支架等几部分组成，铁板卡槽有直角、凹角之分，凹角规格有1.2cm、2cm等规格。操作方式是将裁好的铁板放置于卡槽内，手持把手，将压台重重压下，铁板取出后，就在铁板边缘形成了直角或凹槽。

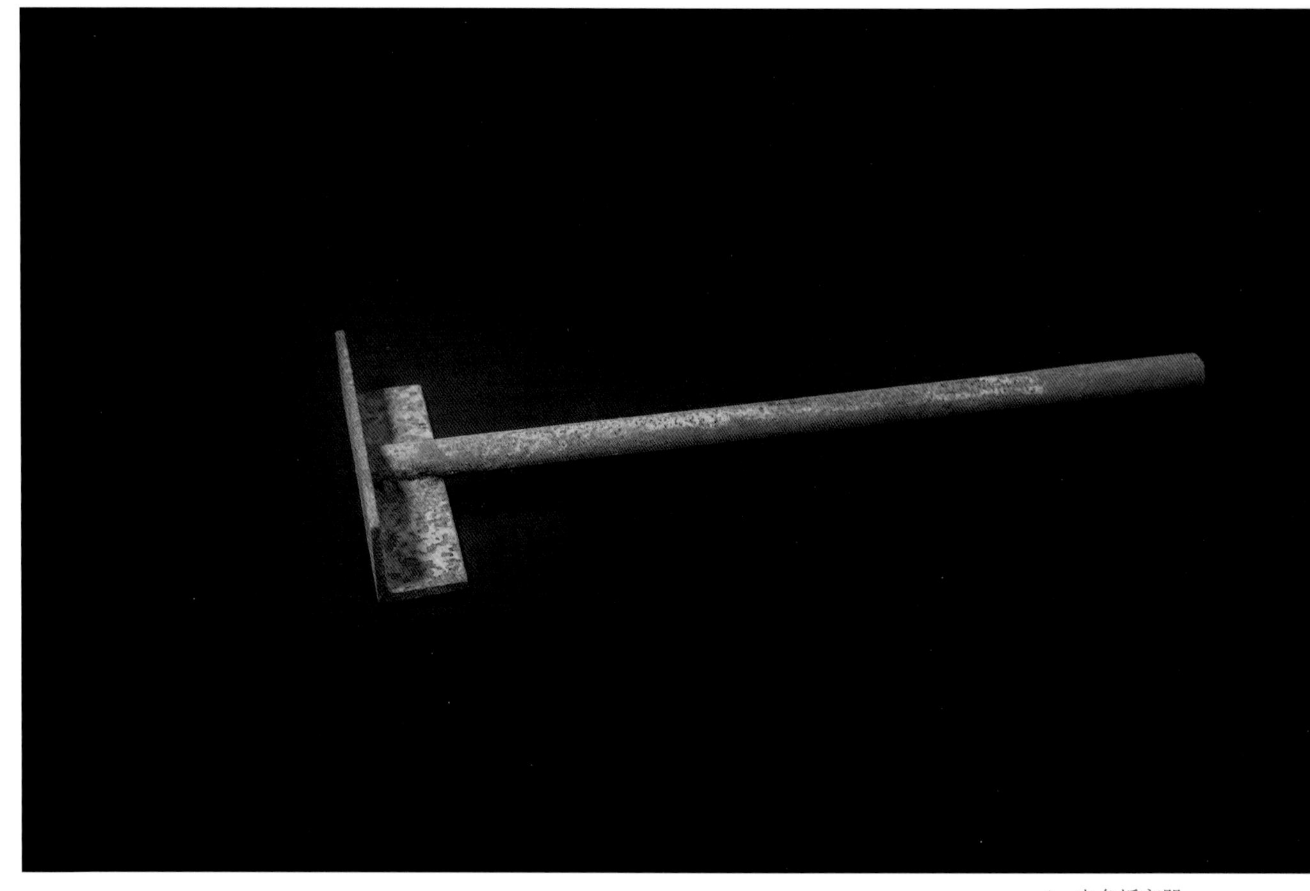

▲ 直角折弯器

# 直角折弯器

图示是一种自制的直角折弯工具，是用角铁与铁棍焊接而成，压缝机十分笨重，不易携带，自制的这种折角器除了方便携带还可以对一些小型的物件进行简单的折角。

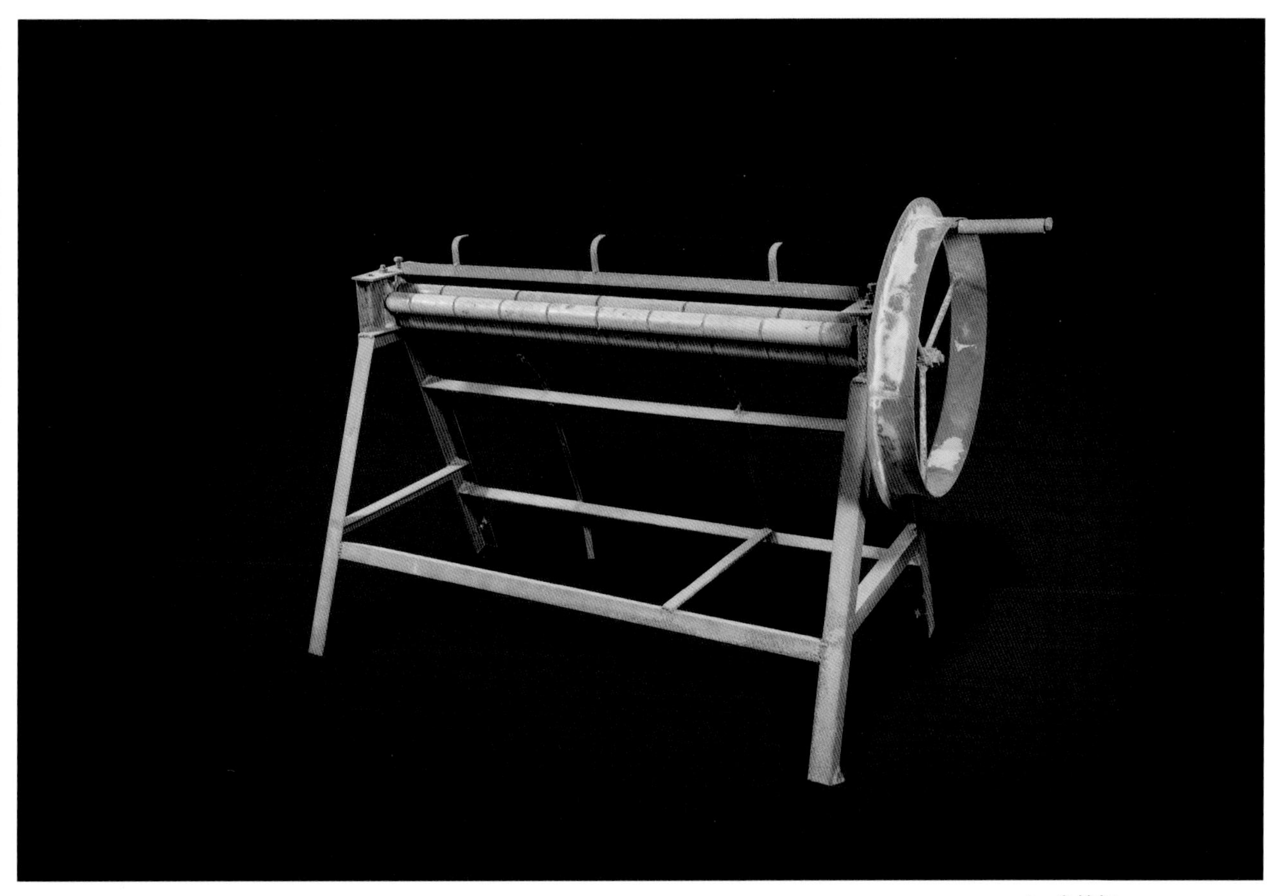

▲ 卷筒机

# 卷筒机

白铁匠制作的器具以圆柱形居多，因此需要有弧面的白铁板，这时候就要对白铁进行折弯卷筒，这种老旧的卷筒机由支架、卷筒器、手摇把、调节器构成。操作时将白铁板放入两个卷筒器之中，用调节器将卷筒紧度调节至合适程度，手摇轮轴，铁板出来后就成为弧形筒状。

## 压线机

压线机是白铁制作的压线工具，对已经成型的白铁器具进行压线，主要有两种作用，一种如铁桶的上下部进行压线，可以使接缝处更加紧实；另一种如烟囱上压凹线条，下部压凹线条，上下部在组装时更易卡紧。压线还能增加材料惯性

# 第十九章　捶打工具

白铁器具虽主要依靠卡缝拼接，但捶打也是必不可少的一环，首先，卡缝之后，需要将凸起的线条砸平；成型之后的器具要收边；有些还需要打铆钉，这就需要一些捶打开孔工具。

▲ 白铁匠捶打铁器场景

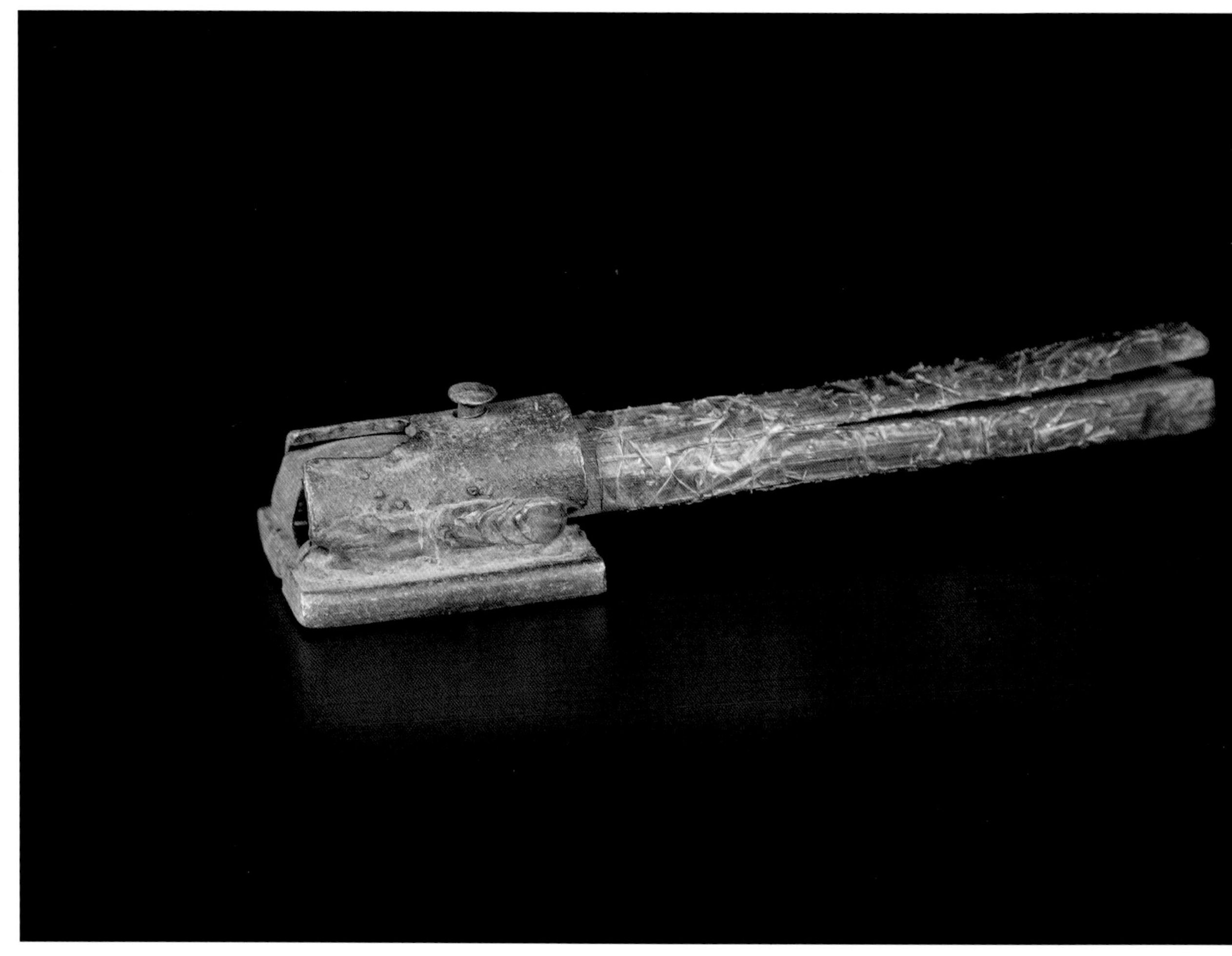

▲ 平板锤

# 平板锤（砸板子）

平板锤属于平锤的一种，俗称“砸板子”，多为自制，主要用于砸缝，经过压缝的白铁，卡缝拼接后，需要用平板锤将凸起的缝砸平。一般的平锤击打面小，平板锤击打面较大，因此更适用于白铁匠。

▲ 木砸板

# 木砸板

白铁匠师傅常用的是木质的砸板，一般由枣木制成方形木块，质地坚硬而脆，且不易变形。

▲ 卯锤

## 卯锤

卯锤，俗称“手锤”，主要用来打铆钉。白铁匠制作的某些器具仅卡缝拼接还不够，打上铆钉才更结实，例如白铁舀子，在柄把与舀子链接的地方，一般需要打铆钉。再比如，水桶提手与桶身连接处也需要铆钉固定。

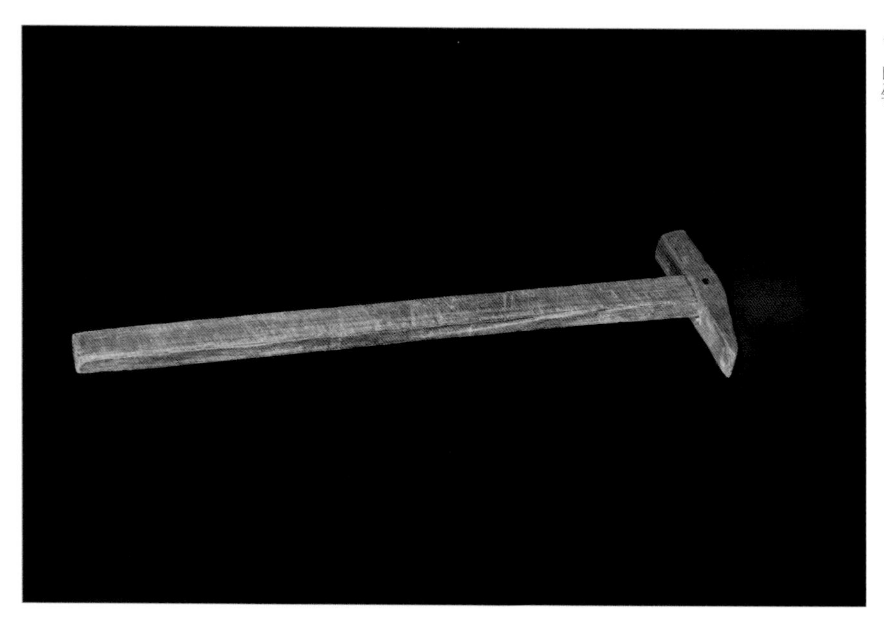

◀ 卯锤

▲ 圆头锤

# 圆头锤

圆头锤主要用来打制器具的凹面，如过去浇花的水壶的花洒头，需要用圆头锤先敲打出一个圆弧面，再在面上钻孔，白铁漏勺亦是如此。

# 羊角锤

羊角锤既可敲击、锤打，又可以起拔钉子，因一具多用，受到传统工匠师傅的青睐，白铁匠师傅一般拿来当卯锤使用。

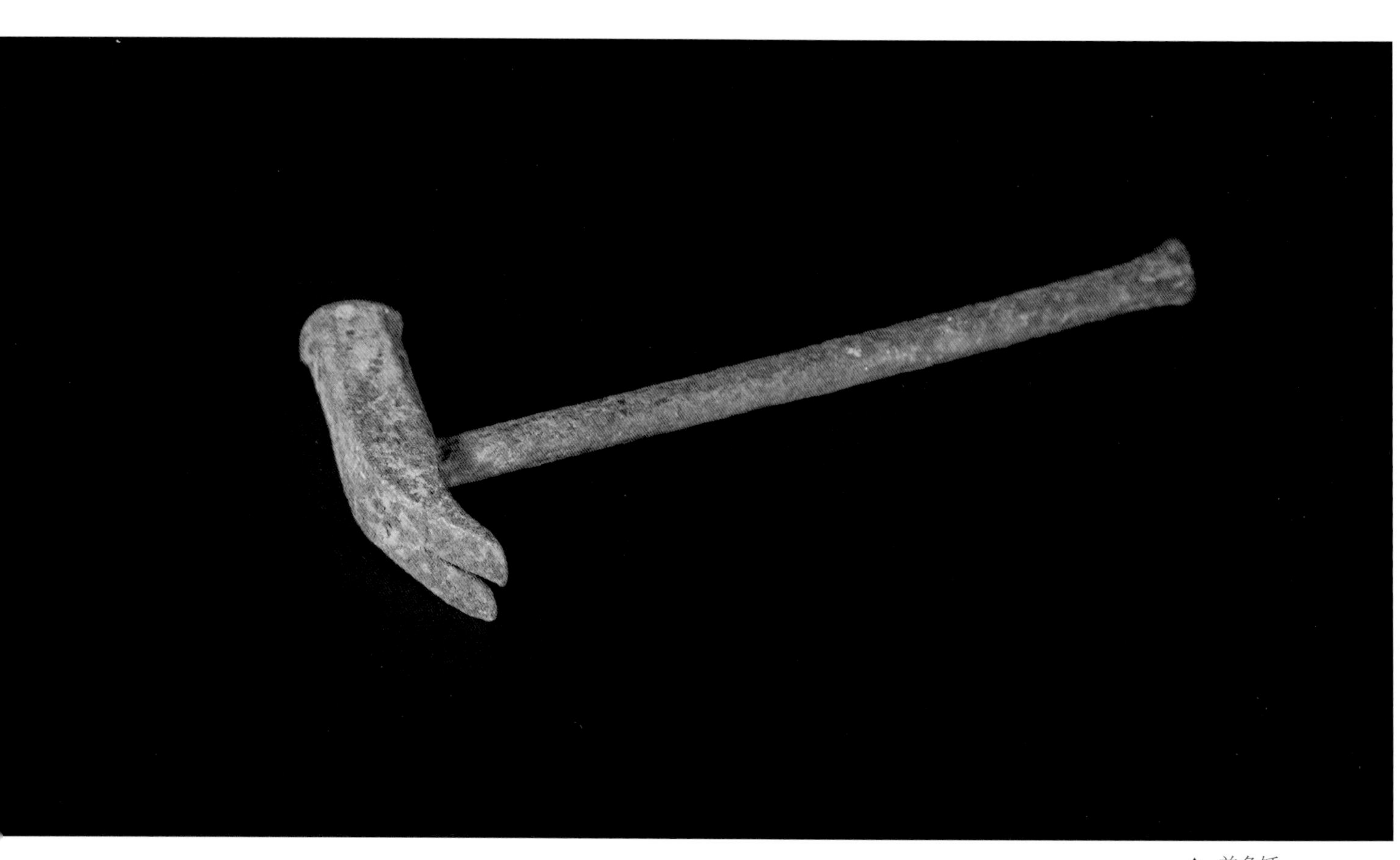

▲ 羊角锤

▲ 道轨砧

## 道轨砧

道轨砧是用火车道轨制作的一种砧子，是套圆管类器具砸缝用的，过去白铁匠常用来做烟囱的砸缝砧子。

▼ 拐砧

## 拐砧

拐砧是制作细管类的器具时，砸缝用的砧子，使用时将细管套入拐砧中，用平板锤或卯锤将凸起的拼接缝砸平。

▲ 偏口砧

# 偏口砧

偏口砧子，俗称“偏口”，砧面不大，可以用来折弯，也可做砸缝的砧子用，像一些白铁器具的开口部分，因白铁较薄，为防止使用起来割伤，还需要将开口进行卷边处理，使其平滑无刺，这道工序叫“收边”，这时候就需要用到偏口砧。它由一块三角形的铁、铁杆及底座组成。

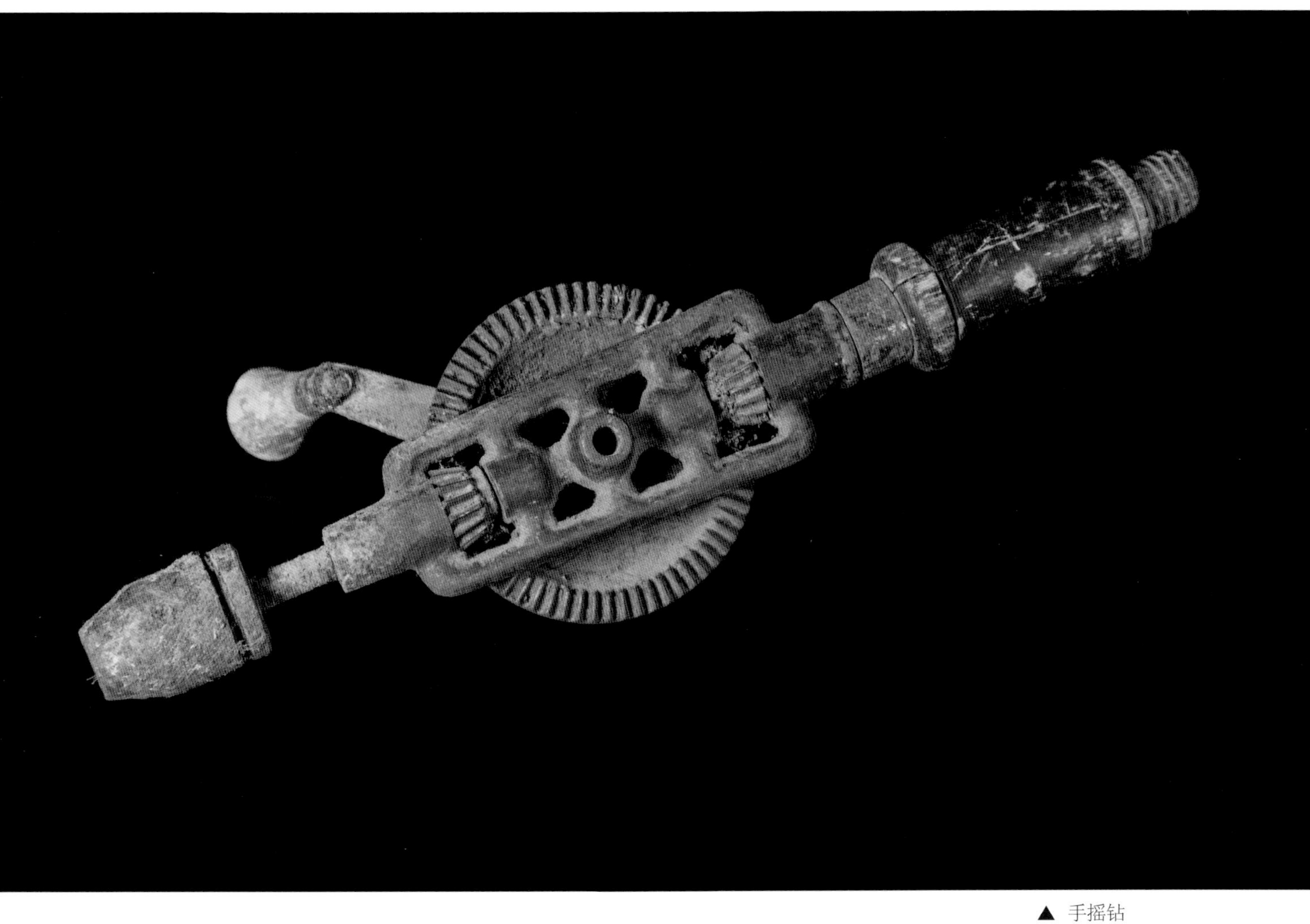

▲ 手摇钻

# 手摇钻

手摇钻主要用来开孔打眼，是近现代出现的一种利用齿轮机械原理的手钻工具。

# 第四篇

# 漆匠工具

# 漆匠工具

说到漆艺与中国建筑的关系，人们最先想到的恐怕是“雕梁画栋”这个词。的确，“雕梁画栋”是豪华奢侈的象征，它代表着华美、繁复，既是中国古典建筑装饰的法则，也是辨明等级的礼制，但这是明清以后的事。王世襄在《中国古代漆器》一书中认为：“在人类物质文明发展史上，天然漆的利用，最初应该是用于生产工具的粘连、加固，然后才发展到漆制日用品和工艺品。”早在新石器时代，人们就发现大漆具有高度的黏合性，用漆液髹整的木器，不仅能防渗漏，还便于保存与清洗。到了商代，建筑装饰已经十分发达，大漆一般是于墙面上涂刷彩绘，于木结构上施加漆饰。到了汉代，富贵人家住宅的壁、柱、丹墀、殿门、门户等皆髹漆彩绘。那时的人们已普遍认识到了纻与漆相结合的牢固性，并发明了一种用夹纻做法的漆瓦。官式木构建筑以红色朱漆为基调也是从汉代开始，此后历朝历代沿用，到唐宋时期，朱漆大门也被一些豪门大户所用，这才有了“朱门酒肉臭，路有冻死骨”的诗句。

明清时期，油漆和彩画出现了明确分工，官式做法已有“油作”与“画作”之分，凡用于保护构件的油灰地仗、油皮及相关的涂料刷饰被统称为“油饰”，而用于装饰建筑的各种绘画、图案线条、色彩被统称为“彩画”。故宫所有的柱子采用麻棕缠裹，在麻棕上面覆盖着厚厚的油漆，这样做的目的不仅是为了美观，更重要的是对木质柱子起到防潮的功能。

在木构件表面涂刷油饰色彩以利防腐并装饰建筑，是中国古建筑的传统做法。中国古建筑多是木质结构，由于木料不能经久，所以中国古建筑很早就采用在木材上涂漆和桐油的办法，以保护木质和加固木构件使用榫卯结合的地方，同时也达到实用、坚固与美观的作用。后来由于封建统治阶级追求豪华奢侈的享受，在建筑上“雕梁画栋”蔚然成风，彩绘也成了古建筑文化的重要组成部分。我们大体从中国古建漆艺与彩绘、中国传统家具与大漆、漆器工具来展示工具。

# 附：中国古建漆艺与彩绘

在古代建筑中，古建彩绘是其重要的组成部分。彩绘就是俗称的丹青。中国古建筑中的大部分装饰，最初是出于构造的需求，后来逐渐演变为审美的诉求。建筑彩绘也不例外，它起源于材料防护和建筑审美的双重因素。最初是为了保护木材的经久耐用，也为了掩盖木材表面的节疤、斑痕以及纹理、色泽的不均等自然缺陷，人们开始在木材表面涂以厚重的红色或黑色油漆，具有显著的实用意义。后来，随着生产力的不断提高，人们对美的需求不断增加，建筑彩绘也由最初的简单朴实日趋复杂华丽，其审美意义更加突出。

中国古建彩绘自明清开始有了严格的工艺流程及制作规范，尤其是官式做法，其制作工艺大体可以分为：基底处理、油灰仗地、扎谱子（起谱子）、拍谱子、沥粉、铺底色（刷大色）、包黄胶、做晕色（上过渡色）、画白活、修饰调整等几大步骤。其纹样花式也有璇子彩绘、和玺彩绘、苏式彩绘等几种，其中以和玺彩绘最为高级，用于宫殿、坛庙等大建筑物的主殿。按照传统古建彩绘的工艺流程，我们可以把漆艺彩绘工具分为：基底处理工具、绘图放样工具、设色涂刷工具三大类。

# 第二十章　基底处理工具

对建筑物的基底处理，现在一般有两种情况，第一种是对传统古建的修缮，这些古建往往年代久远，且多是木结构，所以一般采用传统修复方法，也就是“油灰地仗”；第二种情况是对仿古建筑的基底处理，现代的仿古建筑大多采用现代建筑工艺，一般为砖瓦、水泥结构，所以一般的砖瓦匠工具即可。这里我们简要向大家介绍传统的“油灰地仗”工具。

▲ 建筑物基底处理场景

# 附：油灰地仗

地仗是一种中国传统土木工程技法，即在木质结构上覆盖一种衬底，以防腐防潮，然后在上面进行油漆彩绘等。这种做法大约成型于明代。所用涂料是以发酵的动物血液、桐油、面粉、砖灰等混合而成，操作时在木构表面分层刮涂，为防止涂层龟裂剥离和增强地仗的拉力，过程中通常还会通过披覆麻布的方式来进行加固，干燥后的涂层称为“地仗”。大型建筑对地仗工程有着严格的要求，如北京故宫的地仗即有“二麻六灰”一说。清代早期以前的地仗做法比较简单，一般只对木构件表面的明显缺陷用油灰做必要的填刮平整然后钻生油（即生桐油，使之渗入到地仗之内，以增强地仗的强度韧性及防腐蚀性能）。清早期以后，地仗做法日益加厚，出现了不施麻或布的“单披灰”，包括一道半灰、两道灰、三道灰乃至四道灰做法，更讲究的则有“一布四灰”“一麻五灰”“一麻一布六灰”，甚至“二麻六灰”和“二麻二布七灰”等做法。讲究的四合院木构地仗，重点构件要做到一麻五灰，其余构件大多做单披灰地仗。王府建筑的地仗可厚于一麻五灰。

▲ 对柱子进行油灰地仗作业

# 树棕毛刷

树棕毛刷是用椰棕树的纤维毛制成的刷类制品，是用来清扫的工具，在油灰地仗的工艺中主要用来刷浆。

## 麻轧子

麻轧子是用来轧麻的一种工具，形似小烙铁，古法地仗批灰工序有十几道，其中有一道叫“砸麻”，简单地说就是用麻将需要彩绘的建筑木构件包裹严实，这时就要用到轧麻刀或麻轧子。

▲ 木桶

▲ 粗瓷碗

# 木桶与粗瓷碗

木桶是仗地时用来盛装浆、漆、桐油一类的工具，现代多用塑料桶，过去也有白铁皮制的桶，古代木桶多为带把木桶，或桶边有竖钉木柄。汁浆、开浆、踏灰时均要用到。

粗瓷碗，类似瓦匠的托灰板，主要是配合油灰刀捉灰、检灰、溜灰、拈腻子用。

▼ 油灰刀

# 油灰刀

油灰刀也叫“刮刀”，是刮刀的一种，使用简单方便，可以刮、铲、涂、填，因此用途广泛。

▲ 刮板

▲ 塑料刮板

# 刮板

刮板，也叫油漆刮板，是刮涂油漆的一种工具，在油灰仗地中主要用于捉灰、找灰、刮灰。过去的刮板多用铁片制成，漆器及家具的大漆工艺中则常使用牛角刮刀。刮板或者刮刀一般质地坚韧且刮涂的一端有刃部。油漆的质地比较黏稠，用此类刮板刮涂一是可以涂抹得比较平整光洁，二是可以掌握油漆的厚度，因此在传统匠作中刮刀、刮板是无法用刷子取代的。

# 第二十一章　扎谱与放样工具

基底处理完成后，即可测量尺寸，绘制图样。先准确量出彩画绘制部位的长宽尺寸，然后配纸，通常使用优质牛皮纸。彩画图案呈对称状，可将纸对折，先用炭条在纸上绘出所需纹彩图案，再用墨笔勾勒。大样绘完后用大针扎谱，针孔间距2～3mm。扎孔时可在纸下垫毡或泡沫等，如遇枋心、藻头、盒子等有不对称纹样时，应将谱纸展开画。放样前，用砂纸将生油地仗满磨一遍，用水布擦净。接着定出构件的横竖中线，将纸定位摊平，用粉袋逐孔拍打，使色粉透过针孔印在地仗上，则彩画的纹样便被准确地放印出来。

▲ 彩绘放样场景

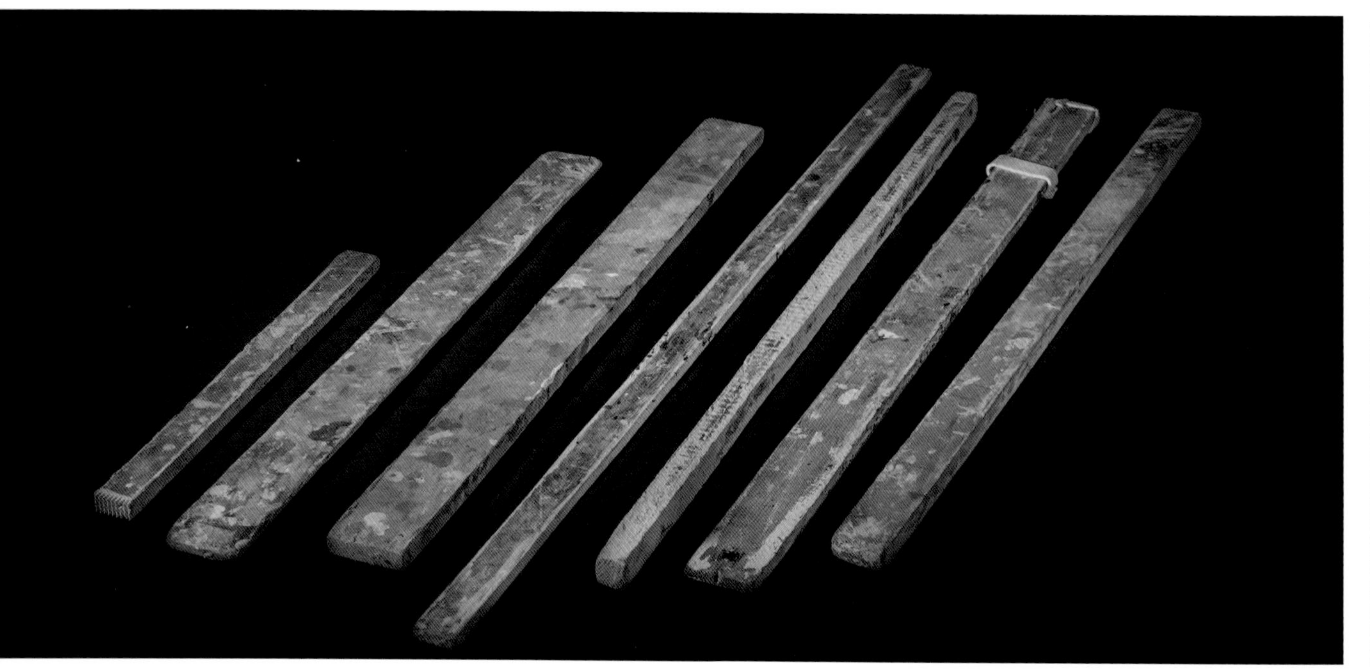
▲ 靠尺

## 靠尺

靠尺是用来检测仗地平整度、垂直度的一种工具，一般由竖直的木材制成，有的带有刻度，也有的不带，根据所做建筑部位的不同，靠尺也有多种型号，但大多不长。

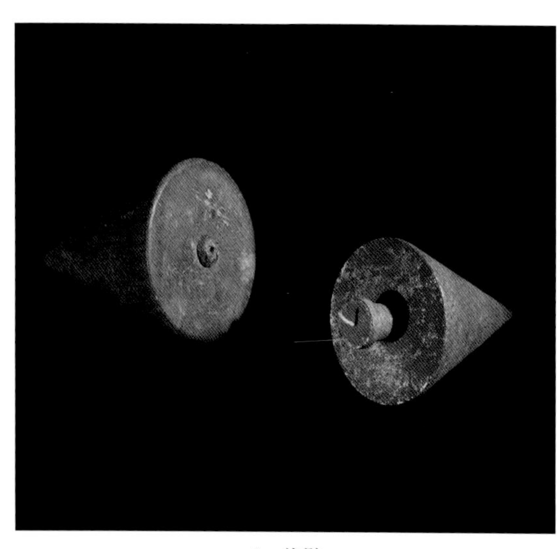
▲ 线坠

## 线坠

线坠在地仗工艺中，主要配合靠尺使用，用来检测水平、垂直等。

▲ 扎谱子针（木把锥子）

# 扎谱子针

所谓扎谱子，就是将需要绘画的建筑构件量好尺寸后，在优质的牛皮纸上画好图样，沿图样纹饰的纹路按照一定的距离，用大头针或钢锥扎上密密的小孔。这一步叫“扎谱子”，也叫“起谱子”。

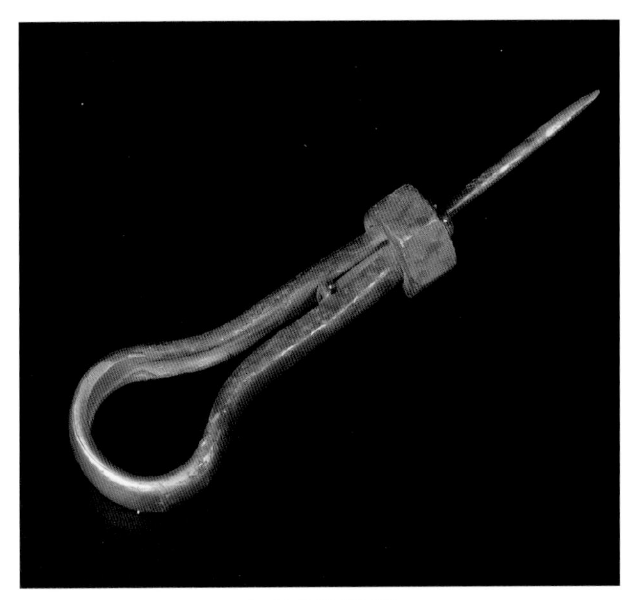

▲ 铁把扎谱子针

# 拍谱子粉袋

▼ 拍谱子粉袋

▲ 建筑装饰场景

将起好的谱子按中线与构件对正摊实，然后用粉袋循谱子轻轻拍打，使构件上透印出纹样粉迹。拍打时要用力均匀，使线路衔接连贯，粉迹清晰。一些特殊部位的图案不能用谱子拍出时，可将粉笔削尖，直接在构件上描绘清楚。拍谱子时粉迹不清或变形处，也应在摊找零活时描绘清楚。

# 第二十二章　着色与涂刷工具

传统彩画是程式化的图案，其设色有一定的规律。一般以明间为基点、上青下绿、青绿相间为原则。水平方向是：明间上青下绿，次间上绿下青，再次间又是上青下绿，以此类推。和玺彩画、旋子彩画和苏式彩画的设色规律基本相似，新式彩画则没有固定的设色规定。彩画着色是一项关键的工序，不能有半点差错。工匠们为不同颜色设定了代号，一米色、二淡青、三香色、四硝红、五粉紫、六洋绿、七佛青、八石黄、九紫色、十黑烟、十一红等。将代号直接写在地仗上，然后根据色号将各种色料对号入座，涂刷着色一两遍，待干后再刷一遍光油罩光，以起保护作用。彩画所用色料一般均为各色成品油漆，古代则为传统矿物颜料。

◀ 建筑彩绘场景

▲ 中国传统矿物颜料

# 附：中国传统颜料

古人常以“丹青”作为绘画的代称，“丹”即朱砂、丹砂，矿物学名称辰砂；“青”即石青，矿物学名称蓝铜矿，它们都是重彩画中常用的矿物颜料。作为一个历史悠久的文明古国，中国有大量的古代壁画、彩塑、漆器、雕刻等艺术品文物流传下来，这些艺术品文物中使用了大量天然的矿物颜料。矿物颜料即是无机颜料，是无机物的一类，属于无机性质的有色颜料，它的来源主要有两类：一类是用天然矿石经选矿、粉碎、研磨、分级、精制而成，主要用于绘画、工艺品、仿古、文物修复等；另一类是由天然矿产品经过一系列化学处理加工而制成的化工合成颜料。绘画历史上常用来做颜料的矿物有辰砂、赤铁矿、褐铁矿、雄黄、雌黄、金、孔雀石、氯铜矿、蓝铜矿、青金石、石膏、高岭土、方解石、文石、云母、滑石、石墨、软锰矿等。这些矿物在制成颜料过程中，有其严苛的制作工艺和繁复的工艺流程，现在这种手艺已经面临着失传的危险。这些矿物颜料往往含有剧毒，古代匠人在使用时极为小心，而且这些颜料造价昂贵，取材制作不易，但用此种颜料也是保证中国古建千年不烂、百年不腐，不被虫咬蚁蛀的奥秘所在。

▲ 建筑彩绘场景

中国传统色彩观，最重要的是五色系统，即青、赤、黄、白、黑，唐以前中国彩画以暖色调为主，多用红、朱、赤、黄色，宋以后逐渐以冷色调为主，例如碾玉装彩画，是以青绿为主，而青绿叠晕棱间装彩画也是全素绿图案。

为什么早期彩画是暖调子？因为当时在极其落后的生产工艺下，获取石青、石绿、金箔这几种主要材料还是相当困难的，而极易获得土红色、土黄色、白色、黑色，于是装饰彩画所用颜色总体色调自然是暖色调。随着生产工艺的不断发展，宋代以后可用于建筑彩画的石青色、石绿色、白色，特别是装饰性较强的金箔工艺不断丰富，使彩画可用的颜料选择性多了，在当时，人们审美的喜好认为冷色调的彩画效果要比暖色调好，于是冷色调变成宋以后彩画的基本色调。清代中期后，西方工业化带来西洋颜料快速发展，大量出口我国，彩画在颜料上更为丰富。中国传统颜料、西洋颜料两种颜料并存，促使彩画朝着金碧辉煌、五颜六色发展。

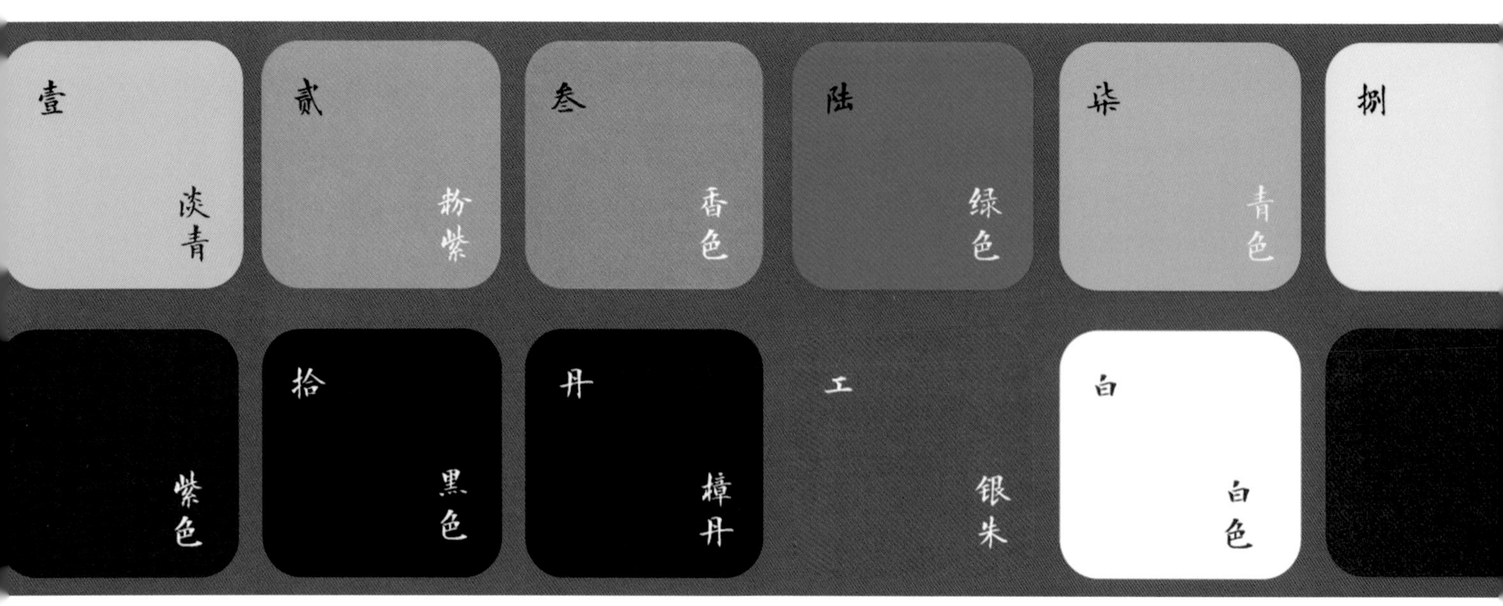


▲ 中国传统色

# 附：中国传统色

谱子全部打好以后，将各部位要刷的颜色按规定代号写在构件上，以防刷错色。中国古建彩绘自清代以来，官式建筑用色尤其严格，匠人们为了便于施工，设色准确，往往以数字代表各种颜色。

▲ 棕捻子

## 棕捻子

棕捻子是用棕树纤维制成的棕刷，也叫棕老虎，在字画装裱时常用于宣纸的托裱，在油饰彩绘中用于拉油线、打金胶、扣油齐边、掏小油地等。

## 排笔

排笔是由平列的一排毛笔或几只毛笔做成，过去常用于绘画、粉刷、裱糊及油漆等，现代多用尼龙刷代替。

排笔的笔头一般用羊毛制成，笔锋柔软，吸水吸料性强，20世纪八九十年代在外墙和室内装饰中还常能看见，现在已不多见，只有传统裱糊行业中还在使用。

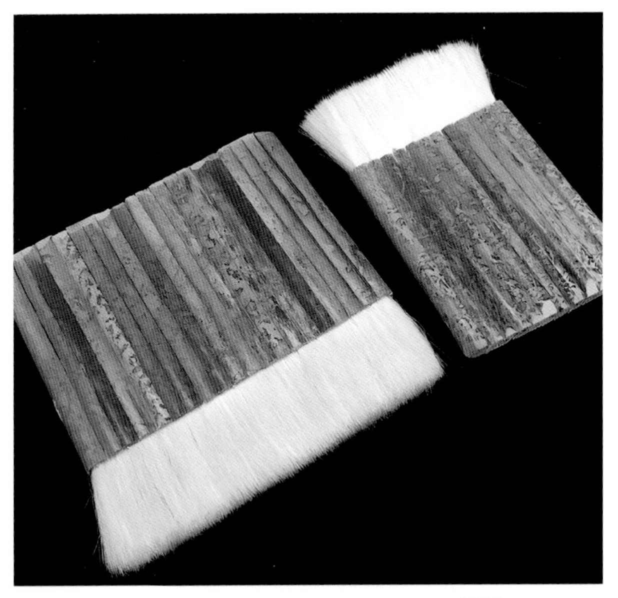

▲ 排笔

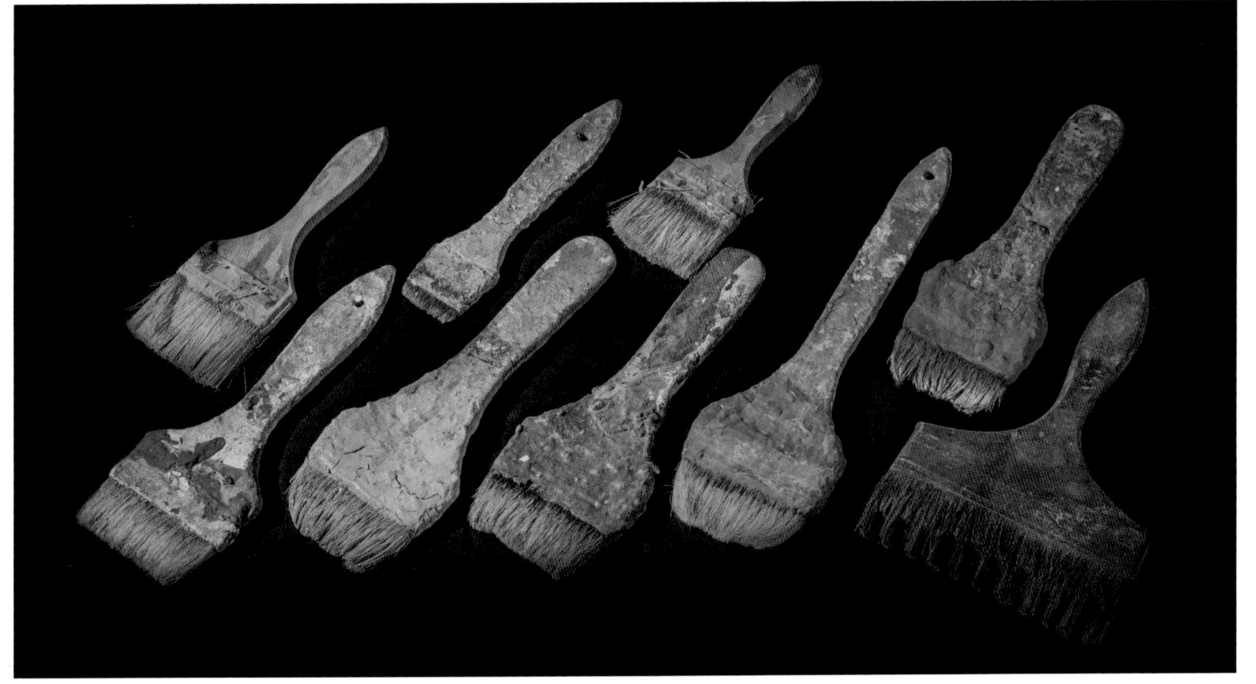

▲ 刷子

## 刷子

刷子是古建彩绘中常用到的工具，过去多用棕刷或毛刷，现代的刷子多为尼龙刷，刷子用于刷油、上漆、涂色、粉涂等，用途广泛，是建筑油漆工和古建彩绘匠人不可或缺的工具之一。

▼ 沥粉尖子

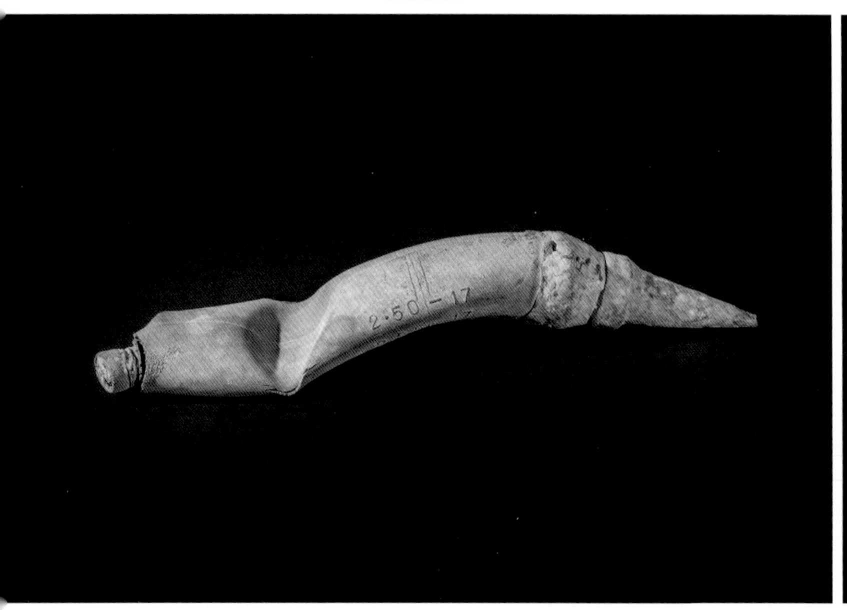


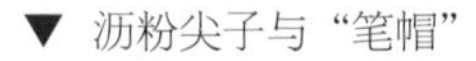
▼ 沥粉尖子与“笔帽”

# 沥粉尖子

沥粉尖子是沥粉的专用工具，所谓沥粉，是把胶水加上石粉调成一种糨糊状东西装在囊里面，囊前面加上一个铁质的“笔帽”，前边是一个孔，通过手的挤压，囊里面的土粉子成线状落到装饰画面上，当它固化以后，成为一条半圆形贴覆在画上。根据不同线路要求选择相应的粉尖子，按照打出的谱子图案操作。

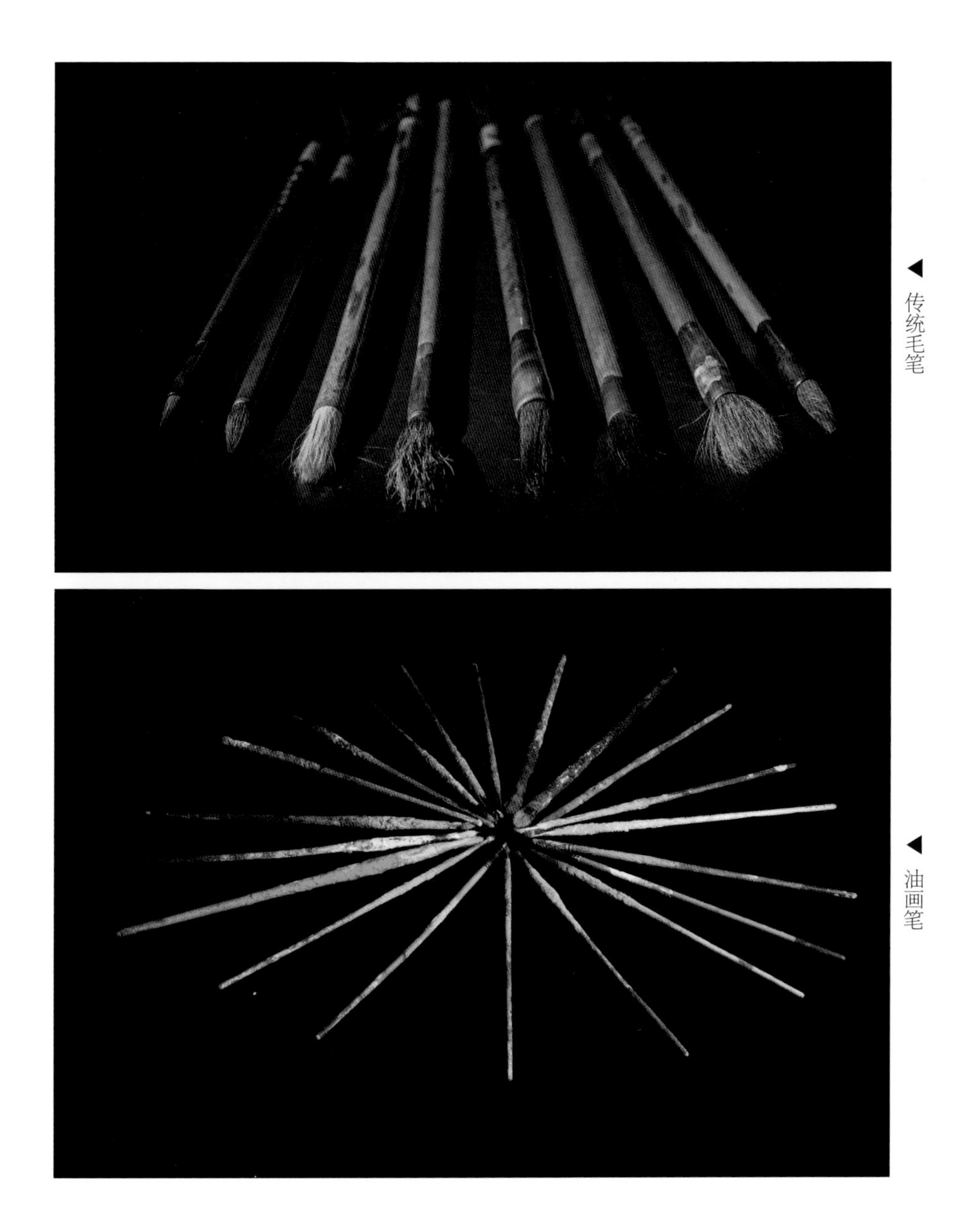

传统毛笔

油画笔

## 彩绘画笔

西洋画笔指的是现代西方画作常用的油彩笔、水粉笔等。西洋画笔与西洋颜料（油彩颜料、丙烯颜料等）大约从清朝中期传入我国，此后便常用于建筑彩绘，现代古建修复和仿古建筑的彩绘大多用这种西洋画笔。毛笔是中国传统书写、绘画用笔。过去建筑彩绘、油作都是用毛笔进行绘画。与漆器工艺相比，建筑彩绘要用到的毛笔种类和型号较多，根据所画部位和内容的不同，其型号有大中小等不同，笔锋硬度也有狼毫、羊毫、白云等分别。

# 金夹子

金夹子实际上是一种竹制的镊子，之所以叫“金夹子”是因为这种夹子主要用来夹取金箔，用以贴金。

▶金夹子

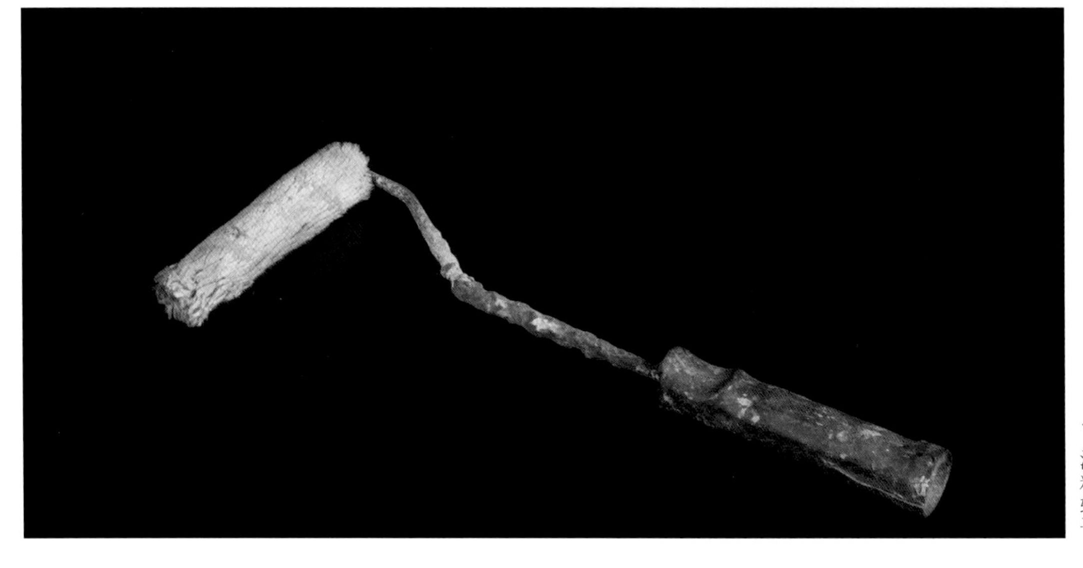

◀涂料辊子

# 涂料辊子

涂料辊子，也称“油漆辊子”或“辊子”，但一般都写作“滚子”。这种辊子曾经广泛应用于建筑立面、内室墙壁及其他部位的涂料粉刷和油漆，也是涂料油漆工人的常用工具之一。

▶北京故宫一角

中国古建彩绘中用到的牛角刮刀、发刷、粉筒等，因与传统漆器制作的工具基本相同，这里我们就不再赘述了。说起来，古建筑传统油灰地仗及油漆彩画工艺，无论从材料上还是在操作方法上均与新建油漆工艺有所不同，新建油漆涂料层一般最多只能保持几年。而古建油漆地仗工艺则至少保持十几年或几十年，有些地方甚至能保持上百年还比较完整。如故宫的乾清宫在1975年进行修缮时，其原来的旧油漆和地仗有很多地方还保存得比较完整，据史料记载距上次修缮已有二百年左右。古建筑油漆彩绘工艺从最初的只在木构件上刷一些油漆开始，经过千百年的改进与完善到清朝末年已经形成了比较完善和统一的一整套操作工艺流程，直到现在，在古建修复或仿古建筑中仍有重大意义。

# 附：中国传统家具与大漆工艺

漆艺家具是我们最常见的一种漆工艺产品，相较于“雕梁画栋”的中国古建和“千文万华”的中国漆器，以红木家具为代表的大漆家具广泛地存在于现代生活中，并仍然有着广阔的市场。但我们今天所见到的这些大漆家具与古代家具的漆工艺是有差别的。中国目前考古发现最早的漆艺家具是在战国时期，那时漆艺家具的制作生产已经有专人管理，到了汉代设置了专门的管理机构，唐代漆艺家具可以作为税收实物，可见当时漆艺家具的价值，此后在一千多年的发展过程中，漆艺家具受到历朝历代统治者的重视，民间漆艺家具也迅速发展。明代以前的家具漆工艺是在刷漆前裱一层麻或布，然后用砖灰和猪血调制成的“腻子”在家具表面找平，这道工序史称“披麻挂灰”。与中国古建彩绘中的“油灰仗地”和漆器制作时的“裱布批灰”基本类似。这样做的目的是既保证了家具木材的平整光洁，又很好地保护了家具木材本身。明代开始“披麻挂灰”很少用，主要是因为平推刨子的发明，刨子的广泛使用提升了木材平整度和光洁度，所以不再需要如此繁复地为其找平；此外木材的变化也是一个重要原因，中国传统家具明代以前，多是用榉木、榆木、松木、楠木等中等硬度的木材，自明代郑和下西洋开始，瓷器和丝绸换回了紫檀、黄花梨、鸡翅木等“红木”，这些木材不仅质地坚硬，且木材本身就具有很好的防腐防虫作用，本来因其沉重作为压舱之物，却被能工巧匠获得后，成为制造家具的良材。用这样的木材制造家具，自然大漆工艺就简化了许多。

◀ 擦漆工艺

中国早期的大漆家具大多是黑色的，这种漆色，被称为“乌漆”，也叫“玄漆”。其制作方法主要有两种：一种是加入墨烟，使其色黑，缺点是有杂质；另一种是将铁锈水加入，待氧化反应后搅拌均匀，刷在家具上，其色黝黑如墨。战国时期的大漆家具也出现了红色的漆面，它主要是在大漆里面掺进了朱砂，行业内称为朱漆家具。在同一件漆木家具上面既使用乌漆又同时使用朱漆的称为彩漆家具。 宋代到明代中期之间的漆木传统家具主要还是乌漆、朱漆或者彩漆这三种颜色为主。

“披麻挂灰”工艺在明代中晚期时已经用得较少，现代红木家具的擦漆工艺也是延续了明代中晚期以后的大漆工艺。

▲ 家具擦漆工艺

▲ 竹签包裹砂纸打磨家具

# 附：家具擦漆工艺

擦漆是将稀释调和过的大漆髹涂于家具的表面，待漆要干未干时，用纱布擦掉表面漆膜，擦后漆面即刻干燥，不见光泽，而木材本色则呈现出来。擦漆需进行多次，而每次都得开得极薄，如此反复操作，直到漆膜达到一定厚度要求。待漆彻底干后，还要进行打磨推光处理。传统擦漆的打磨推光很讲究，一般用一种名为“木贼草”的蕨类植物。擦漆家具要兼顾木材纹理的表现力，透明的漆下还要让木纹显现，所以髹漆较薄，擦漆家具对家具木材有纹理要求，北方最常见的是榆木擦漆家具，南方是红木擦漆家具，擦漆家具材料不一样使用工艺也不同。

传统擦漆的家具有温润如玉的感觉，是现代喷漆工艺无法比拟的，传统擦漆是一层层将生漆反复吃进木质表面的毛孔内与木质混为一体，不但保护功能更胜一筹，而且可防腐蚀、耐酸碱，耐火耐高温的性能也得到了提升，随着时光推移还会越来越光滑。

▼ 竹签

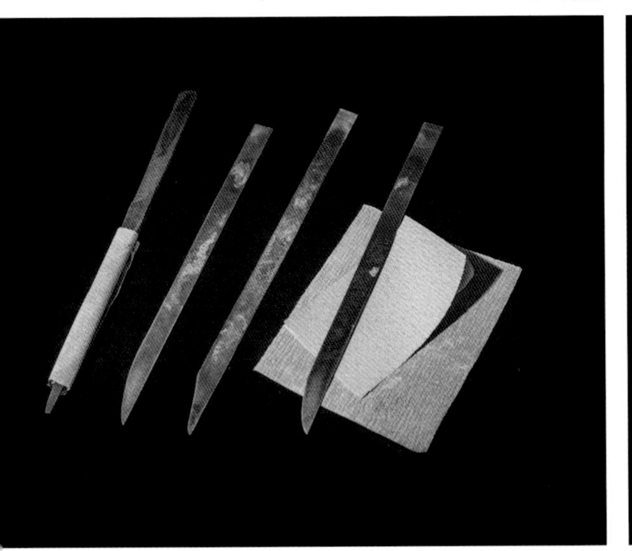

▼ 手持抛光机

## 竹签

竹签是对细部进行打磨的工具，用砂纸将其包裹，可以深入家具的孔缝处进行打磨抛光。

## 手持抛光机

手持抛光机是利用手钻高速旋转的原理，利用质地较软的抛光头，对物品、工件进行打磨抛光的电器工具。

▼ 熟漆工具组合

## 熟漆工具

熟漆是经过日照、晾晒、搅拌，并掺入桐油经过氧化后的漆。生漆的颜色是灰白色，与空气接触后变成栗壳色，干后呈现褐色。

家具大漆工艺中的晒漆工具，主要有漆桶、漆勺、搅拌用的木棍等，过去都是木制，后来以塑料制品居多。

▲ 红木家具

传统的家具大漆工艺来源于传统漆器制作工艺，是漆艺的重要组成部分。明代以前家具大漆工艺遵循古法，与生活器具中的“漆器”制作工艺极为相似，明代以后家具大漆工艺逐步走向较为独立的发展道路，但两者之间相互借鉴，交相辉映。如漆器制作中的剔红剔彩就被运用到家具漆艺制作中，极为华贵；再比如戗填工艺也常被运用到家具的嵌银中，山东省潍坊市临朐县出产的红木嵌银家具及其工艺品就曾闻名遐迩。一种工艺被广泛地运用于建筑、家具、生活用具中，这是老祖宗的智慧，也是历代匠人创新求变的结果。

▼ 嵌银文房用品

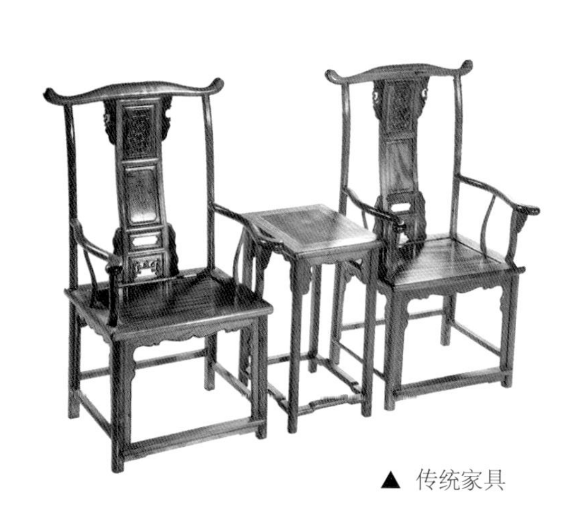

▲ 传统家具

# 附：漆器工具

“漆”是一个象形字，古代的漆字没有旁边的三点水，写作“桼”，一木一人一水，人从木中取水，即为漆。漆是从漆树上割下来的天然汁液。漆树是我国的著名特产，而漆是一种天然的优质涂料，即使在科学技术高度发展的今天，也很难找到一种合成涂料能在坚固度、耐久性等主要性能方面超过它。因此，天然的生漆也叫大漆、土漆、国漆，生漆因此有“涂料之王”的美誉。

中国是世界上最早制作和使用漆器的国家。漆与器的完美结合，可以追溯到新石器时代，7000多年前的浙江余姚河姆渡遗址中，就出土了朱漆木碗、漆绘陶器等陪葬品。这一时期的漆器主要是生活器皿。夏商周时期，漆器有了很大发展，周代更是出现了镶嵌漆器，生漆也成为贡品，受到极大重视。春秋战国时期是漆器空前发展的阶段，漆树实现了大面积人工种植，并成为与桑麻同等重要的经济作物，中国古代伟大的哲学家庄子就曾做过管理漆园的官吏。这一时期，漆器的胎体由原先的单一木胎，走向多样的竹编胎、夹纻胎，漆的多种优良特性逐渐被人们认识并很好地加以利用，漆工艺广泛地应用于生活的领域。到了汉代，丝绸之路推动经济发展，漆器被应用于家具、工艺品等诸多领域，并最终在唐代呈现空前繁荣的景象，唐代漆器的纹饰呈华丽风格，制作技术偏向于富丽，漆器价格急剧上升，制作费用高昂。宋代漆器发展较为平稳，漆器技术已经趋于成熟，民间和官府均可设生产机构，漆器纹饰简朴，样式丰富，更加贴近百姓生活，且多为素色。明清两代漆器的风格更加精致华美，工艺美术十分发达，如髹饰工艺盛行，漆器的纹饰也是千变万化。

现阶段，部分城市仍在发展漆器工艺，如厦门的髹金漆丝漆器、扬州螺钿漆器、山西平遥推光漆器、安徽屯溪犀皮漆器等，漆器作为民间工艺的重要组成部分被应用在各式器具和艺术品中。

漆器艺术作为一个比较大的艺术品类，每一种技艺的工序都不同，比如有的需要裱布脱胎，有的则不需要，所以制作漆器的工序完全根据需要而定，正因如此，选用制作工具，也完全按照需要所取。但古人云“非利器美材，则巧工难为良器，故列在其首”。对漆器制作工具的研究，也是我们认识漆器及其工艺的重要一环。

在工具上，我们按照各种工具的用途，大体分为：刮刷工具、描绘工具、雕刻工具和辅助工具四类。

▲ 漆盒

▲ 古代漆碗

# 第二十三章　刮刷工具

漆器制作的第一步是“批灰裱布”，是将各种粉末状的材料与生漆调和，制成漆灰，然后在胎体表面进行涂抹，这一步用的工具就是刮刀，批灰裱布是间或进行的，刷漆用的工具主要是发刷。

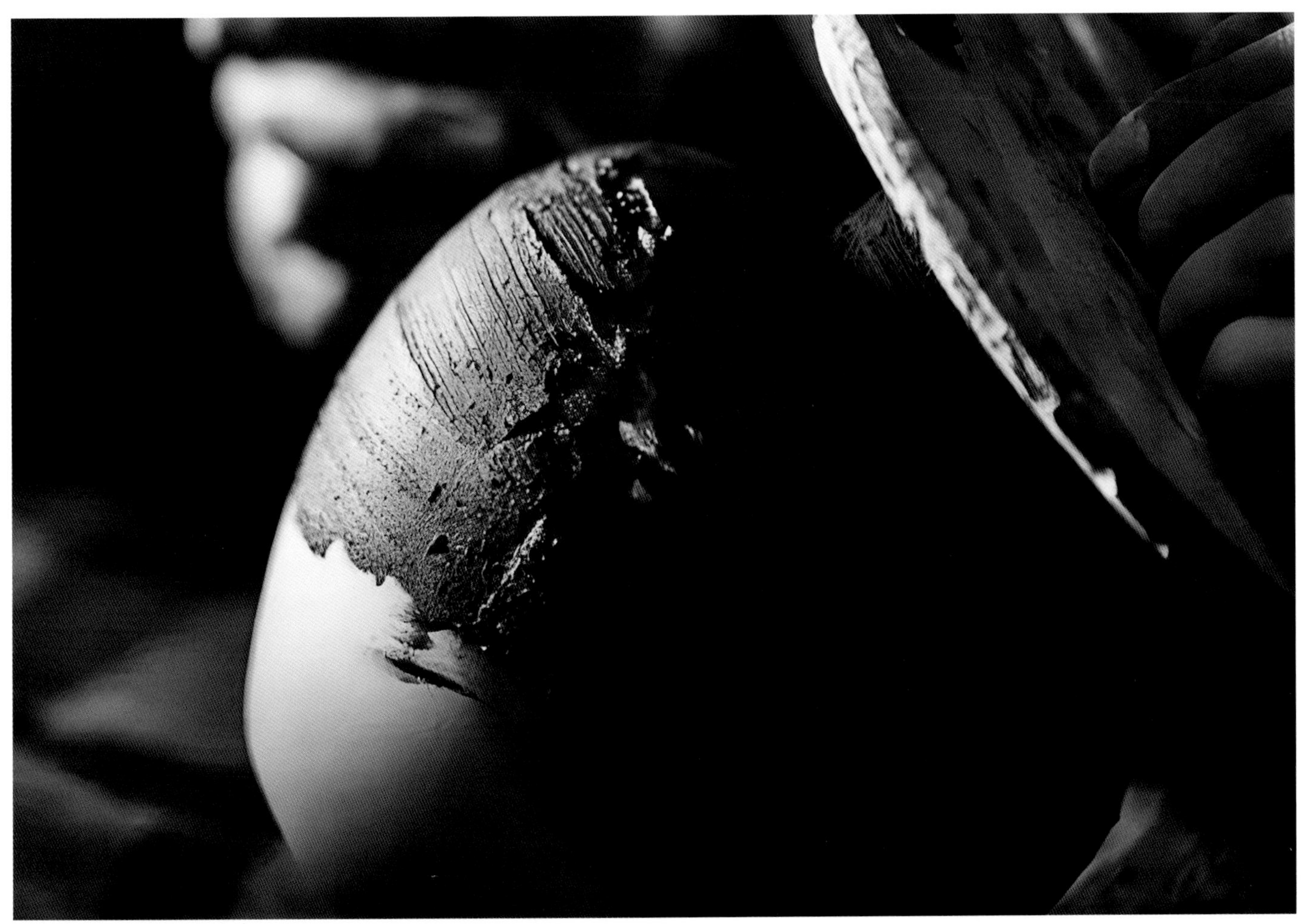

▲ 涂抹漆灰

# 刮刀

刮刀，即调漆刀，可以用于调漆、调漆灰、调色漆，也用于刮漆、刮灰，还可以像油画刀一样以刀代笔直接在漆胎上刮涂彩漆。刮刀的材质有多种。

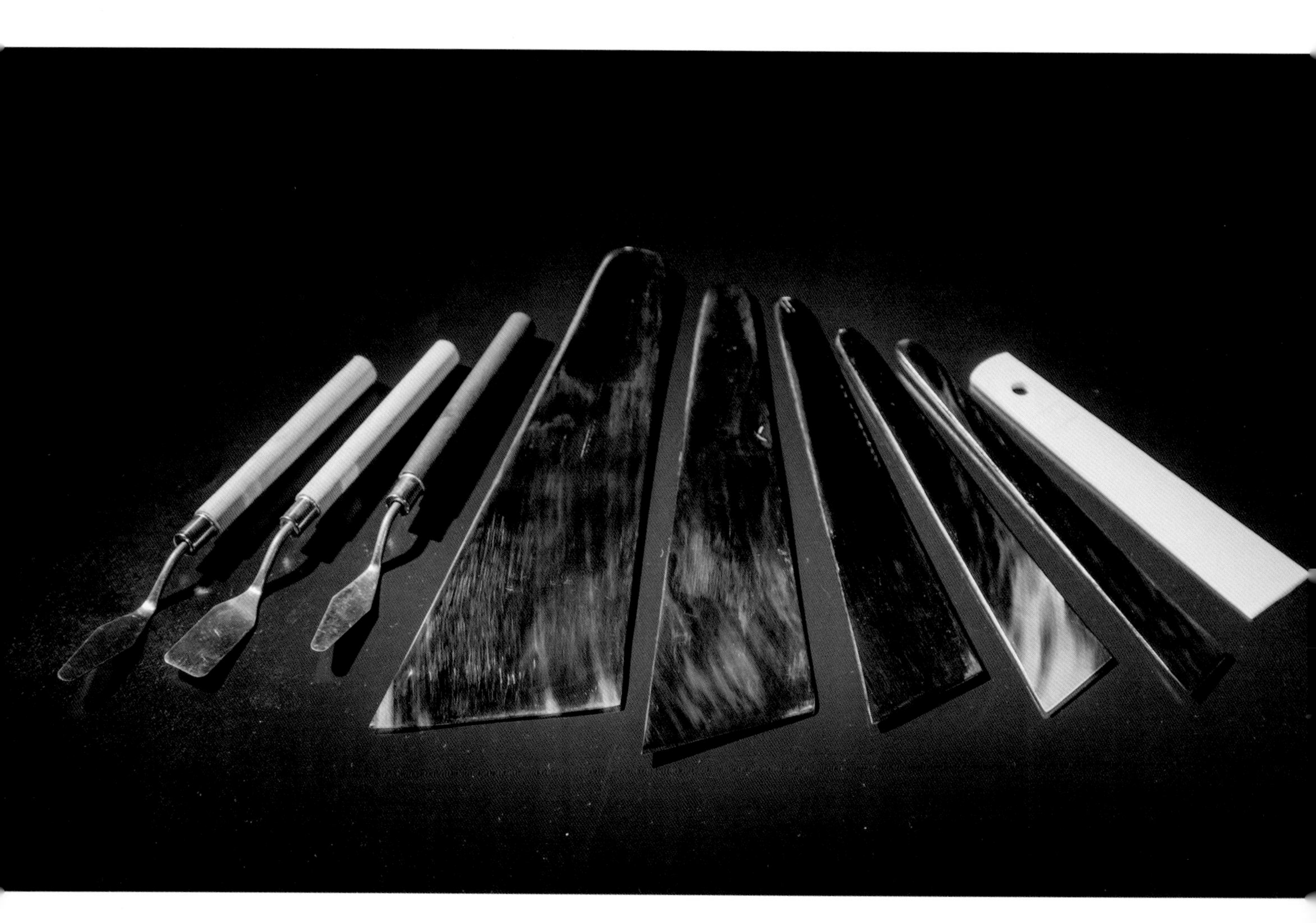

# 牛角刮刀

牛角刮刀是用水牛角制成，纹理平顺、略呈透明状者为佳，可以根据需求裁切成不同的宽窄大小，也可以磨得比较锋利，使用起来灵活方便且富有弹性。

▼ 木刮刀

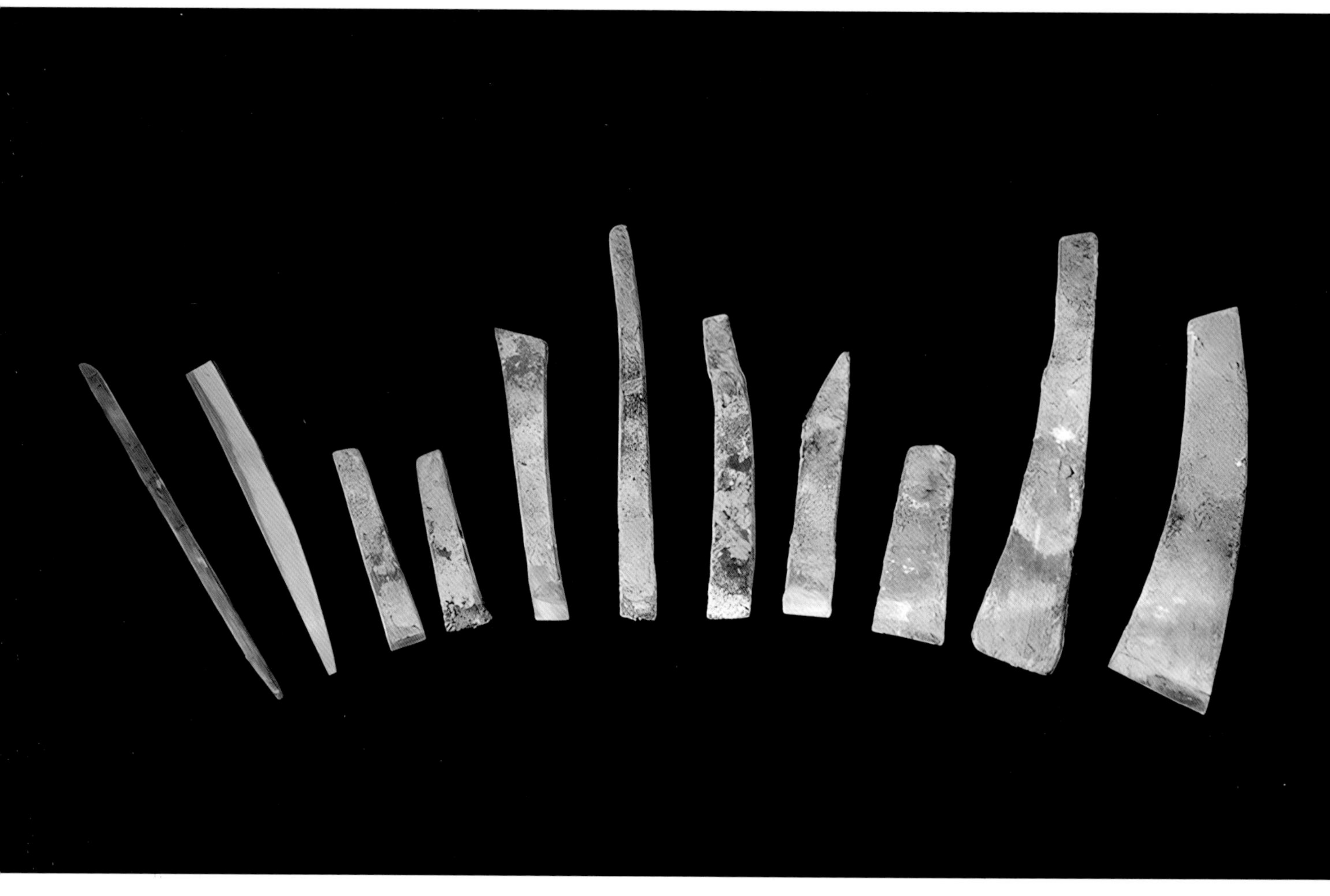

# 木刮刀

用合适的木材也可以制作出锋利的刀刃，且木材取材方便，加工简单，可以根据需要制作出不同形状且不易变形的木刮刀，所以木刮刀应用比较广泛。

# 塑料刮刀

塑料刮刀富有弹性，型号样式有多种，且造价低廉，容易取得，所以现在多用塑料刮刀代替牛角刮刀。

▼ 塑料刮刀

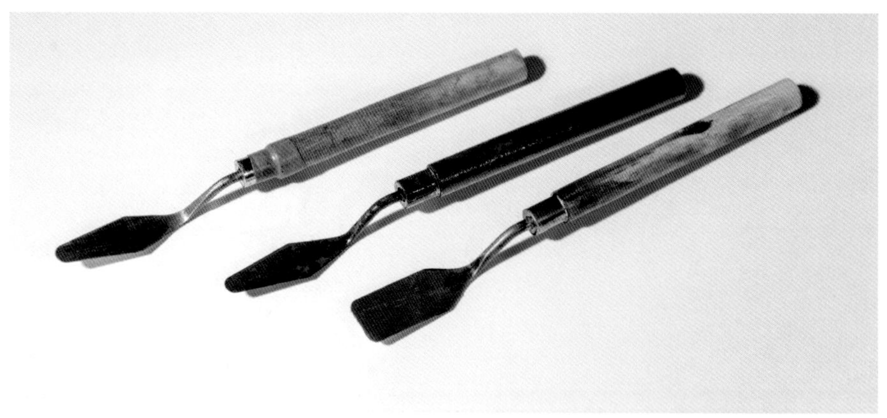

▲ 铁刮刀

# 铁刮刀

金属材质的刮刀也可用于刮漆灰。油画调色刀也可用于调漆、调色或调漆灰。

塑料刮刀和铁刮刀是后来出现的，传统漆器制作中主要还是用牛角刮刀和木刮刀，所以直到今天，很多漆器匠人还是把刮刀称为“牛角”。

# 箩筛

箩筛是用来筛制干漆粉、碳粉、瓦粉等粉类材料的工具，其规格大小和孔径粗细有多种。

▲ 箩筛

# 发刷

发刷是漆艺的特用工具，主要用于涂漆，传统的发刷是用女性的头发或牛尾毛、猪鬃、马鬃制成。发刷型号有多种，一般来说，宽刷、硬毛刷用于底胎，软毛刷多用于罩涂。

▼ 发刷组合

▶ 发刷细部

# 第二十四章　描绘工具

描绘是髹饰工艺中的一个大类，用各种笔在漆器表面绘制图案花纹，在很早的时期人们就开始这样做。描绘用的工具主要是各种画笔，中国传统漆器主要是用传统国画笔，以工笔画中的勾线笔为主，后来随着西画的引入，人们发现油彩与油漆有一定的相似性，所以油画笔也常作为画漆用笔。

▲ 描绘场景

▲ 画笔组合

## 画笔

因漆液黏稠，漆艺用笔需要富有弹性，特制的有鼠尾笔、山猫毛笔，油画笔与中国画用的狼毫、紫毫均可以用于漆器描绘。

▼ 鼠毛笔

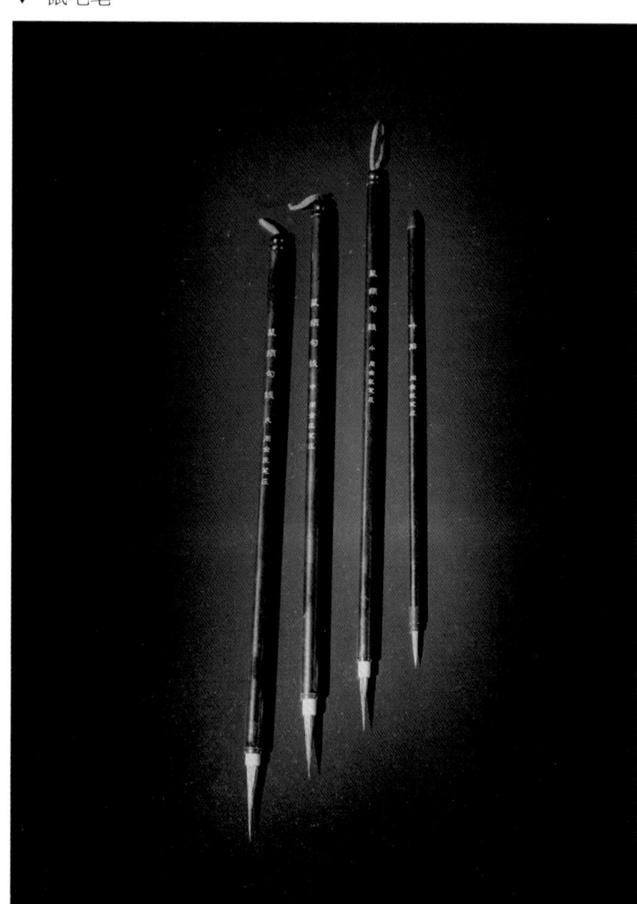

# 鼠毛笔

鼠毛笔，也称“鼠须笔”，是取大老鼠的须及背上的纵长毛制成。鼠毛笔始于汉代。据传，晋代书圣王羲之的《兰亭集序》就是用鼠毛笔写下的。鼠毛笔挺健尖锐，与鬃毫相匹敌，现在真正的鼠毛笔制法已经失传。

# 竹针

竹针过去常用竹木棍、笔杆、筷子削制而成，是雕漆时用来描绘大样或描线用的。

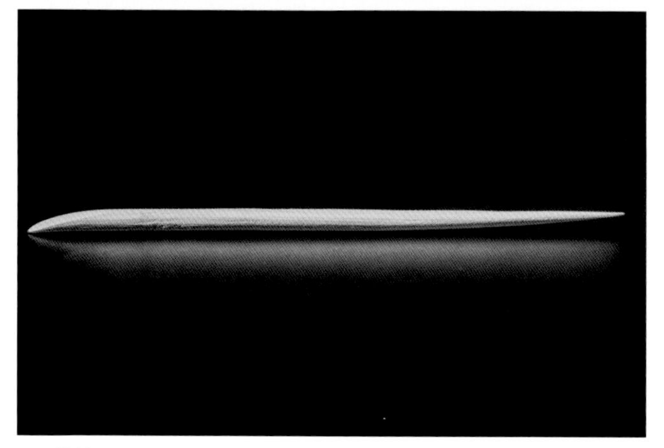

▲ 竹针

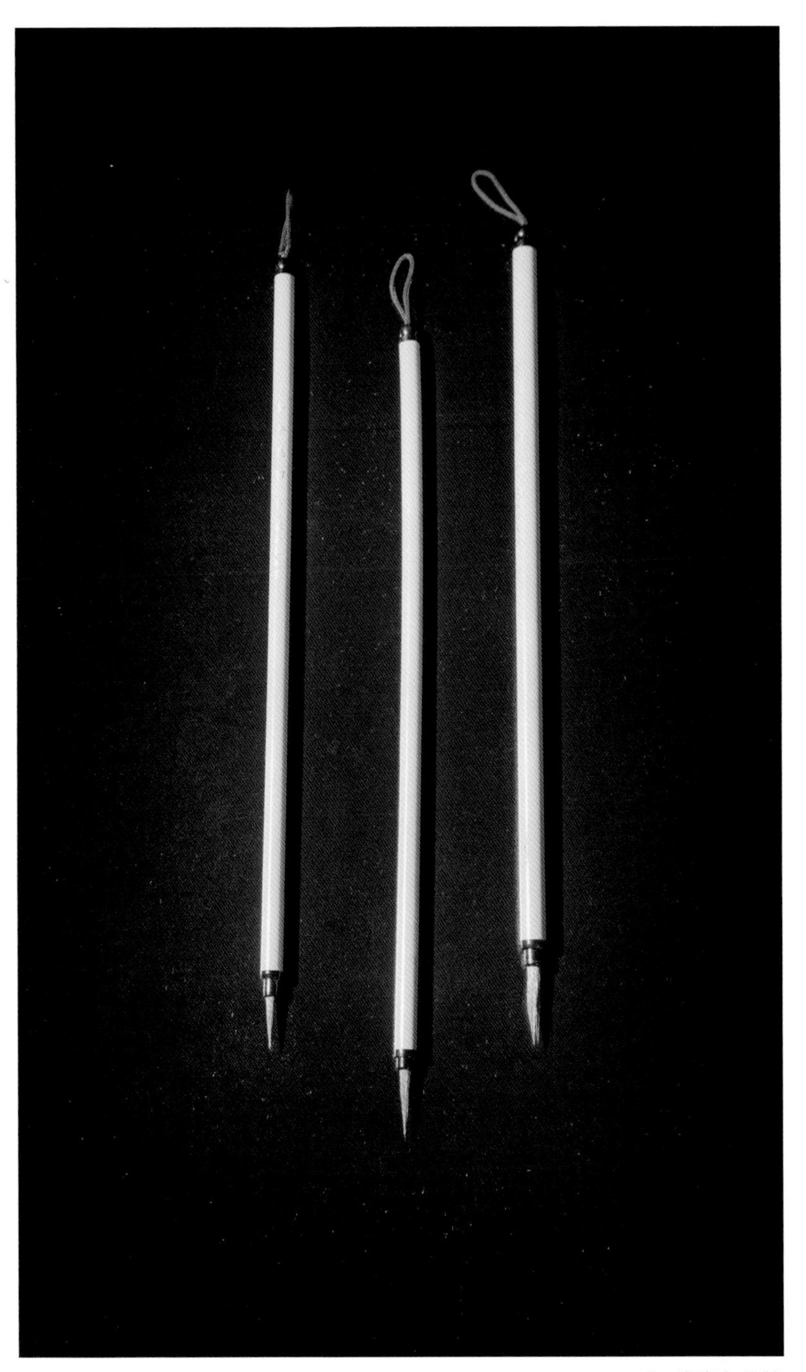

▲ 狼毫勾线笔

## 狼毫勾线笔

狼毫勾线笔属于国画笔中的健性毛笔，其多以狼、鼠、兔、鹿等毫毛制成，其笔头强健且富有弹性，笔尖锋利，勾勒出的线条爽利稳健，适合勾画一些草木花卉的茎叶。

# 叶筋笔

叶筋笔一般用于工笔画，特别适用于勾画很细的线条。其笔锋细腻，常常用来画叶。与之类似的有“花枝俏”毛笔和衣纹笔，其中叶筋笔是最细的，花枝俏笔是最粗的。

▼ 叶筋笔细部

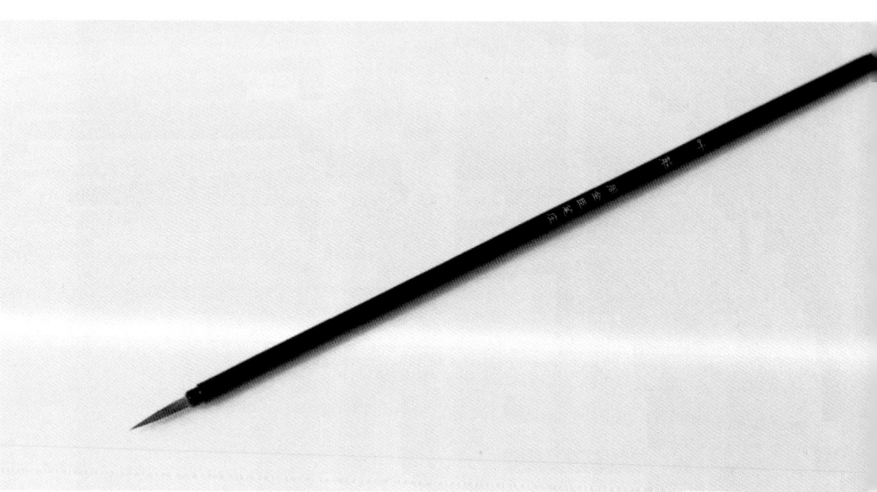

▲ 叶筋笔

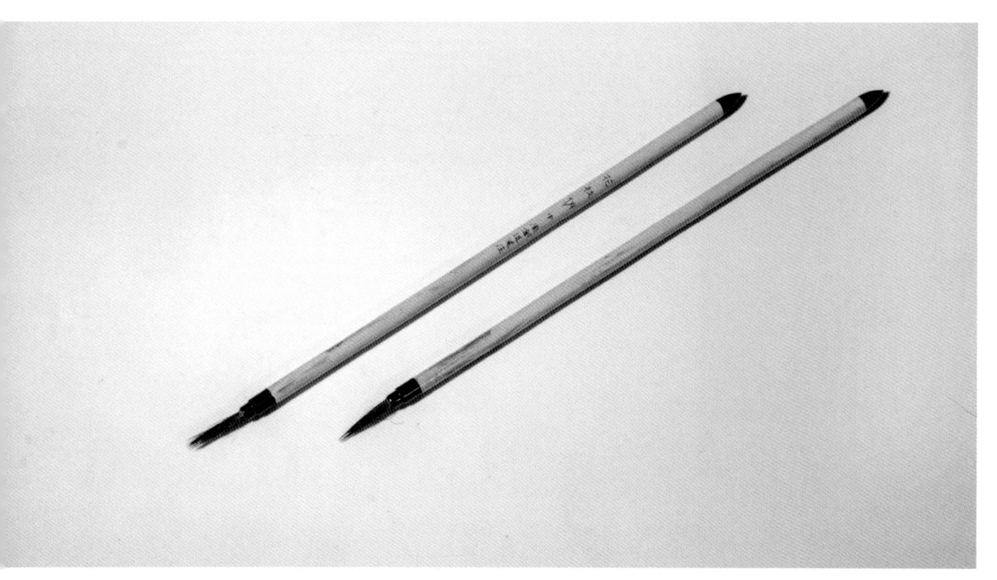

▲ 花枝俏

# 花枝俏

花枝俏，笔锋相对柔韧，描绘时富于变化，蓄水也多。用此笔画小写意花鸟，勾花、点叶会感觉得心应手。

▼ 国画笔

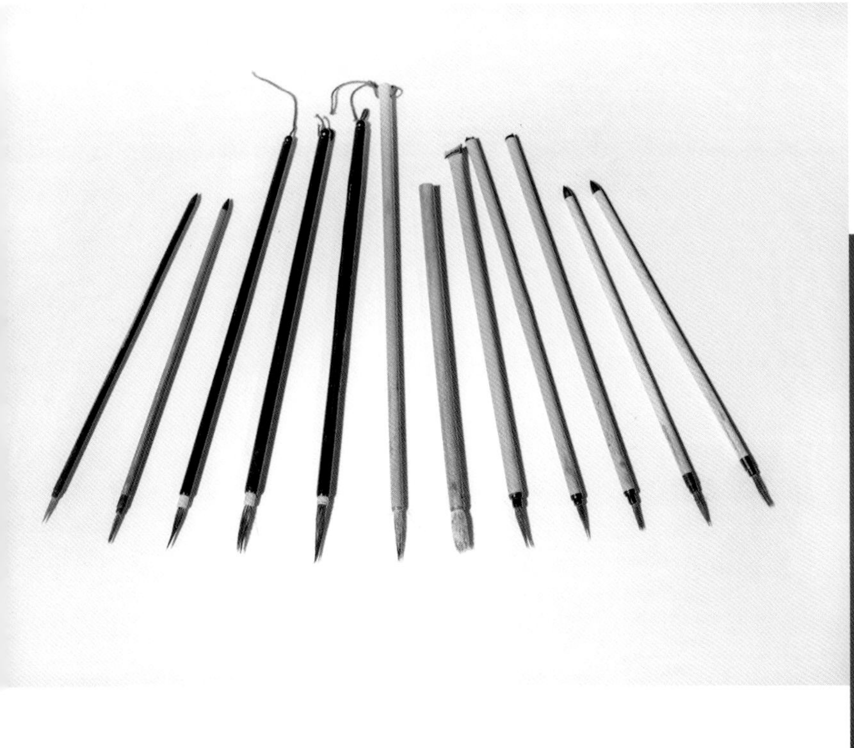

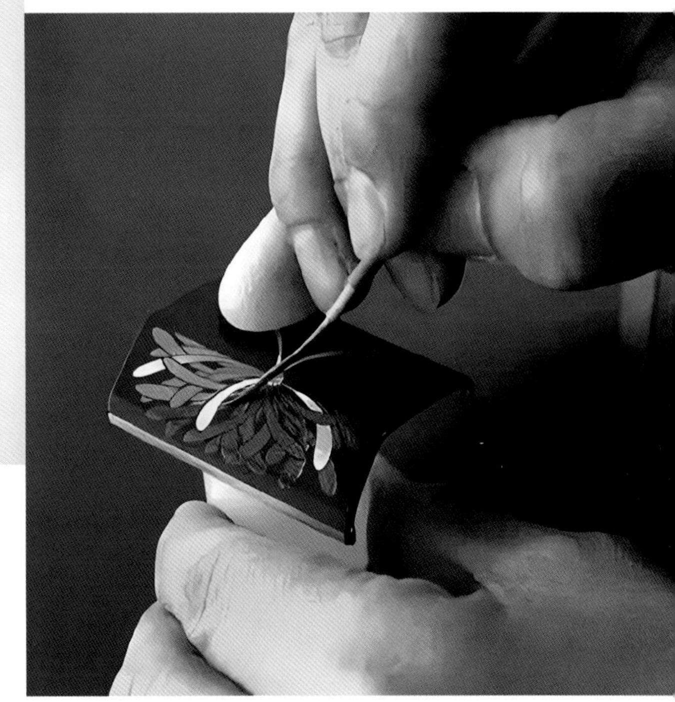

▲ 漆绘

# 国画笔

其他国画毛笔如衣纹笔、点梅笔、小红毛、须眉笔、蟹爪笔等，有的适于描线，有的适于小面积涂漆。

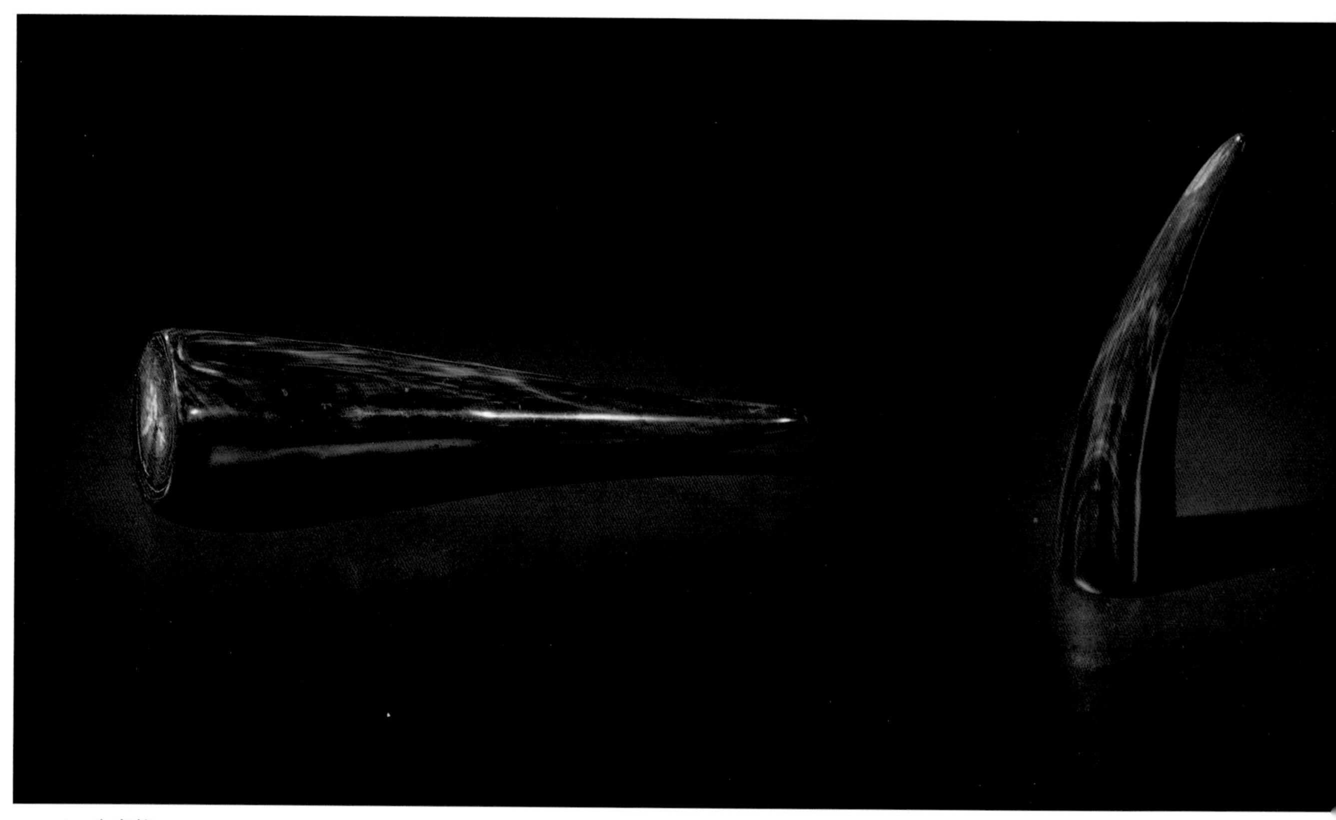

▲ 牛角杵

# 牛角杵

牛角杵，是用来研磨颜料的工具，配合调漆板使用。少量的颜料用牛角杵或牛角刮刀研磨即可，量大的可以用石臼和石杵。

## 油画笔

▲ 油画笔

漆的性质比较黏稠，与油画所用的油彩类似，西洋绘画传入中国后，油画笔也成为漆器描绘用笔。

## 调漆板

调漆板是用来调漆的工具，如同油画的调色板。调漆板以白色大理石材质为最好，一是因为白色对透明漆容易辨别，二是大理石有一定的重量，调漆时不容易来回动。

▲ 用调漆板调漆场景

◀ 调漆板

# 第二十五章　雕刻工具

无论是堆塑还是雕漆，都要用到一些雕刻的工具，漆在胎体上形成的厚度相对不大，且质地并不坚硬，所以漆器的雕刻工具材质不需要特别坚硬，但准度要高，雕刻工具以竹木刻刀、金石刀、陶艺雕塑刀为主。

▲ 雕刻场景

## 刻漆刀

竹木类的传统刻漆刀，往往是漆匠自己用筷子或竹木类的细棍，削成所需的刃口来制作，一般有月牙口、平口、斜口、圆口等。

月牙刀主要是刻漆起线；平刀主要是铲地、平地；三角刀可以刻线，与木雕三角刀作用一样；圆口刀刻圆点或弧线；斜口刀用来刻细线。

▲ 钩刀

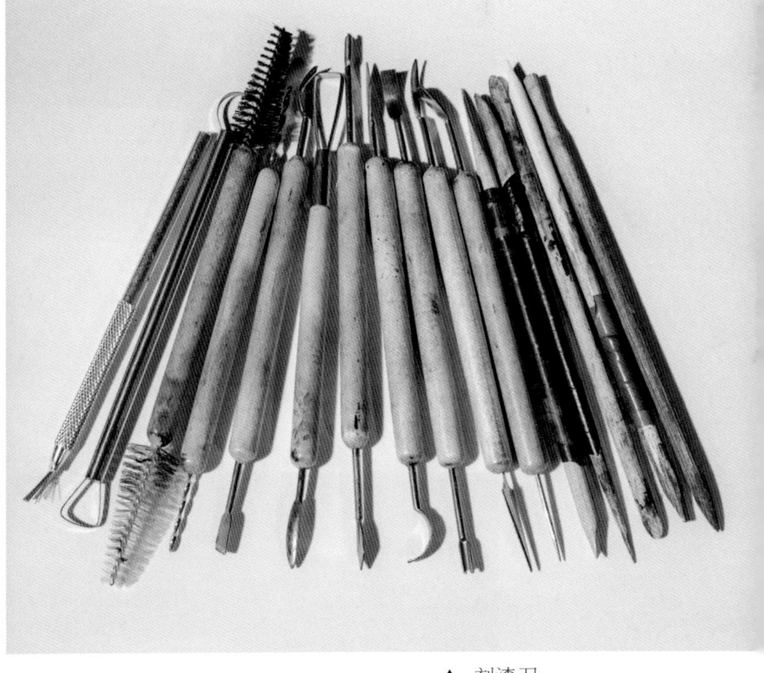

▲ 刻漆刀

## 钩刀

漆匠常用钟表上的发条、自行车的辐条或是伞骨制作钩刀，先将铁条的一端捶打成片，再弯成钩状，弯曲度可以根据需要自由掌握。钩刀可以用来刻线。北京、扬州等地的雕填工艺多用钩刀。

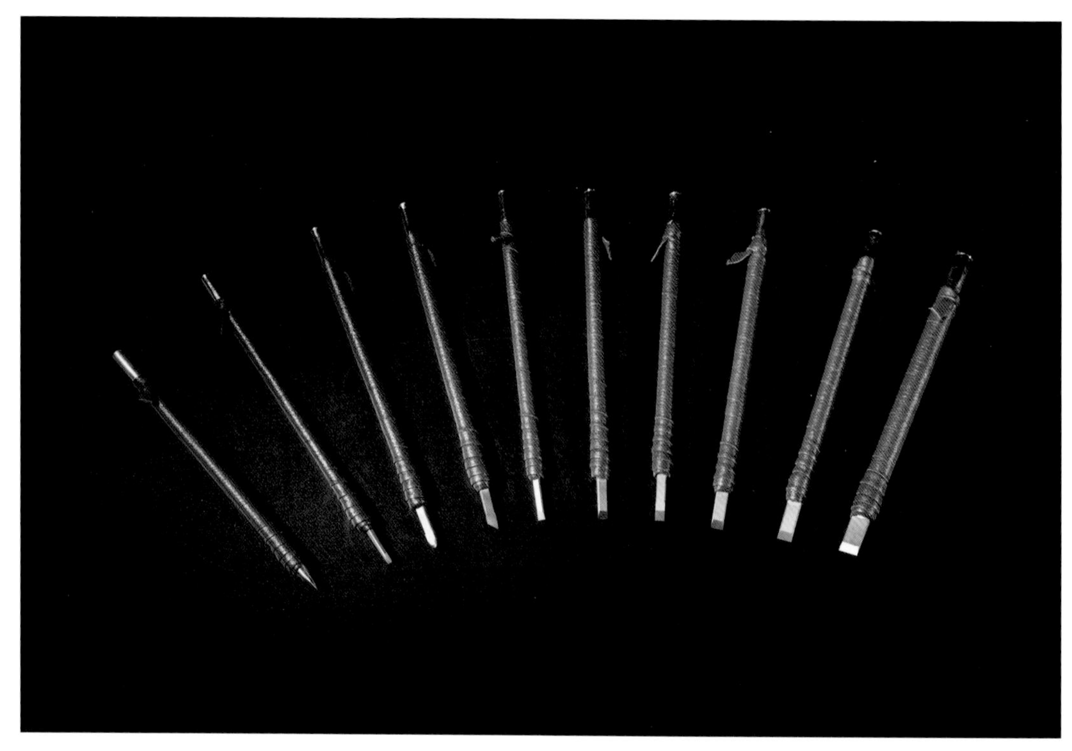

▲ 金石刀

# 金石刀

金石刀即篆刻刀，其刃口有多种型号样式，可以刻点、刻线。这种刀的特点是刀口锐利，且有一定重量，拿在手上很稳。

▼ 金石刀刀头细部

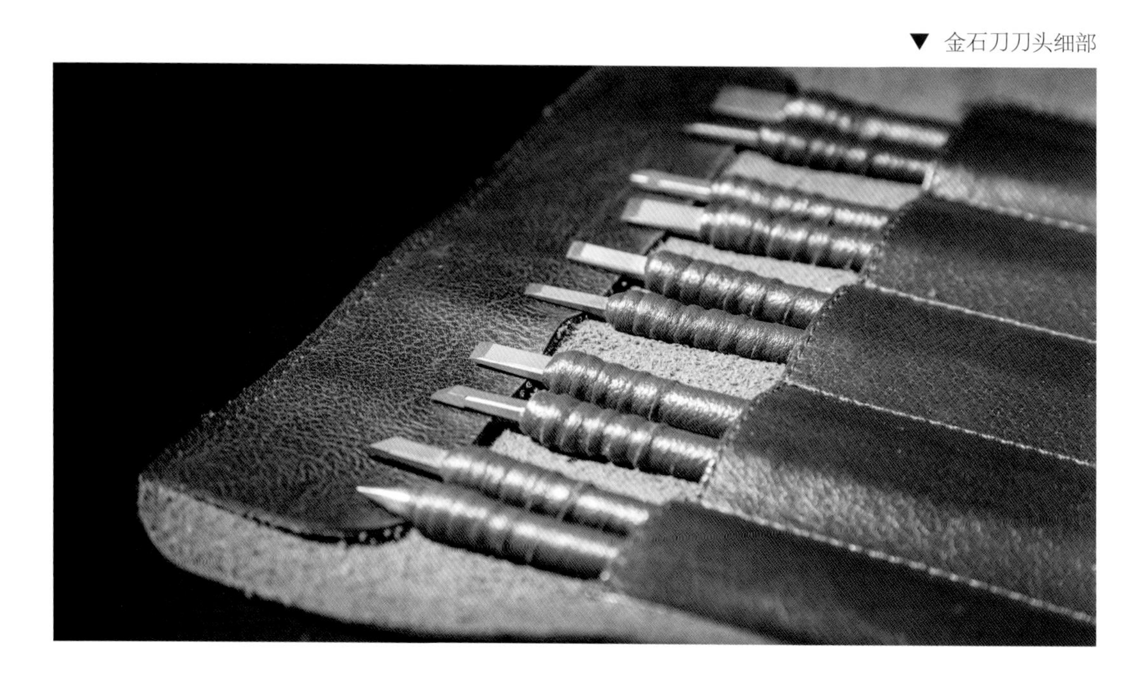

# 第二十六章　辅助工具

漆器制作是一门古老且复杂的工艺，漆器制作的每一个品类工序流程也不尽相同，所以用到的工具也不同，有些工具虽然并未直接作用于漆器本身，但也是必不可少的辅助工具，我们将其归于一类，向大家做介绍。

▲ 漆器撒粉描金场景

# 蘸子与丝瓜络

蘸子

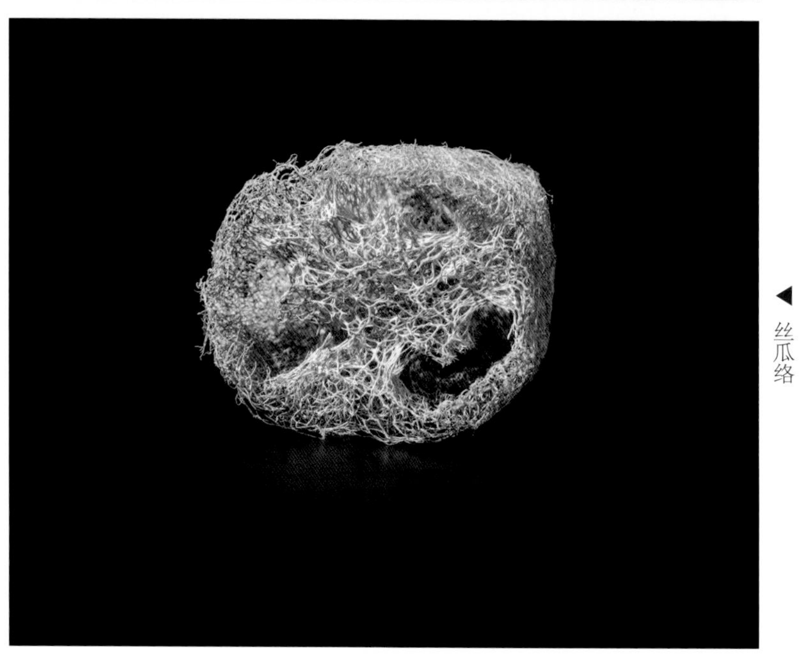

丝瓜络

蘸子是用麻布包棉花团制成。丝瓜络是丝瓜瓤子，晾晒干爽后可以使用。这两种工具主要是蘸漆起纹理用，如犀皮漆的纹理多用丝瓜络制作。

▼ 粉桶单只

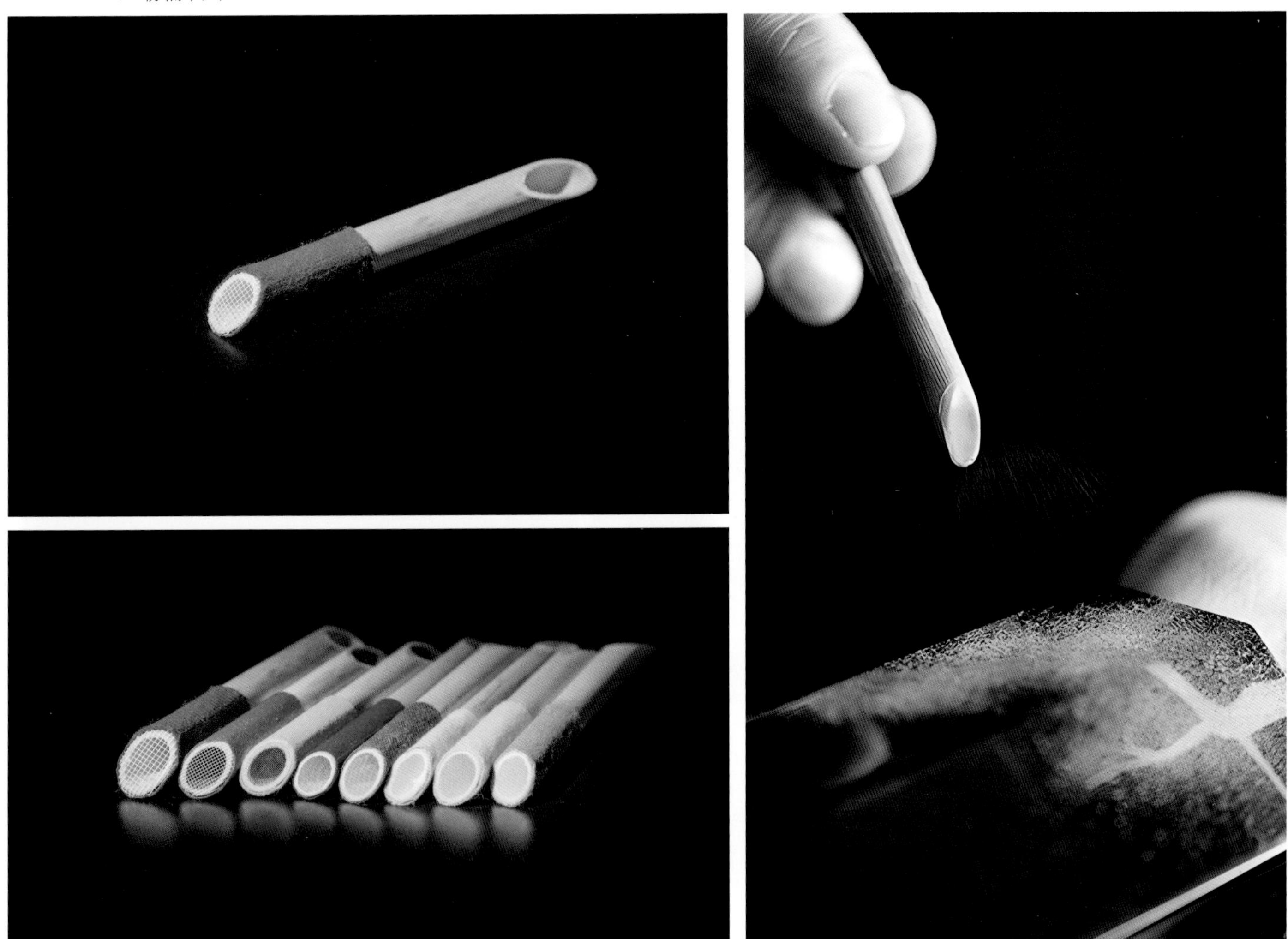

▲ 粉桶组合

▲ 粉桶使用场景

# 粉筒

粉筒可以视为一种小型的箩筛，可以用来撒金银粉、干漆粉等，一般由芦苇管或竹管制成，一头削成斜口，包上丝网，筒有粗细，丝网也有疏密。最细的粉筒有用鹅毛管或其他鸟类的羽毛管制成的。

## 马莲

马莲是一种美术工具，是木刻水印套色版画制作时用来压平的工具，特别是用来制作藏书票。漆匠师傅一般用其来压平金箔。它的底部是用苇叶或麻布缠绕包裹的木制椭圆环，在椭圆环曲度较大的两端，固定住一个用较细的麻绳缠绕的、用荆条支撑的提手。

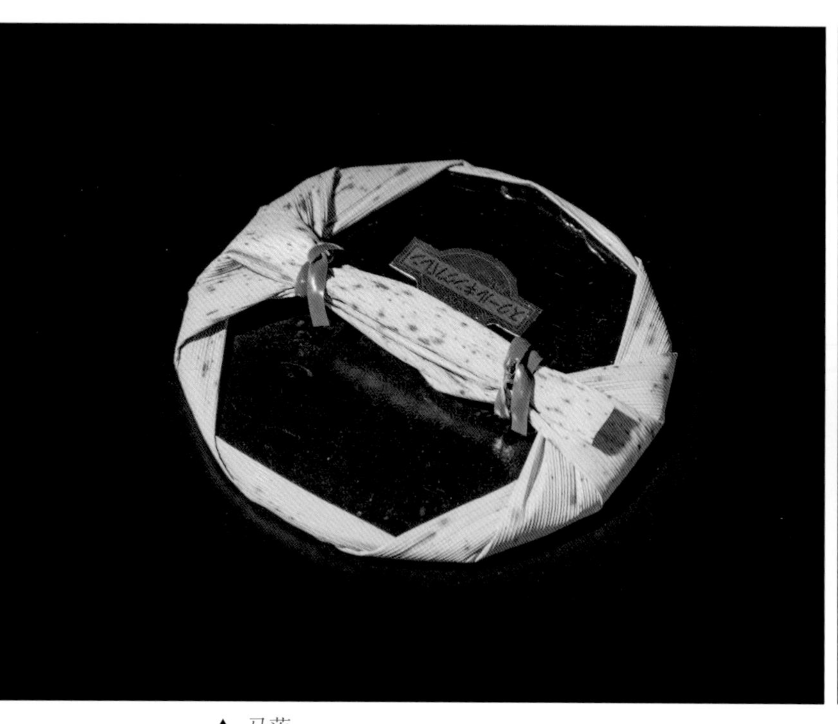

▲ 马莲

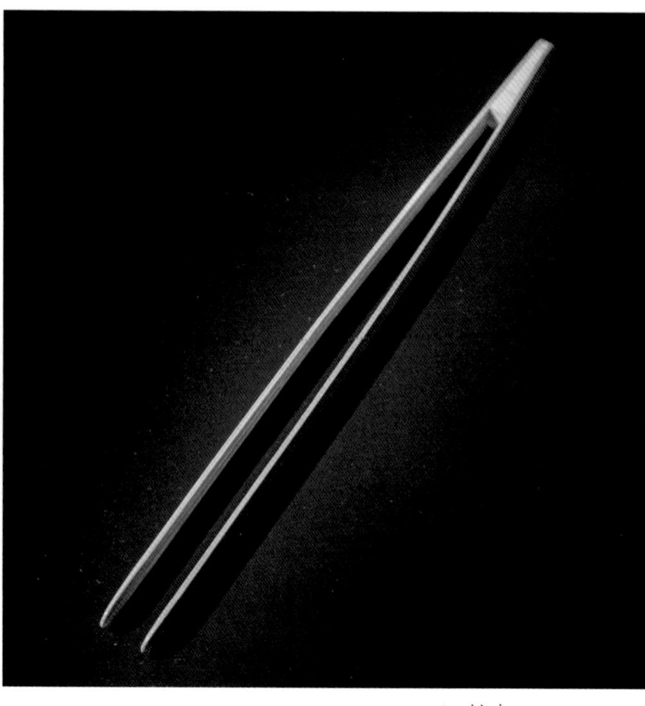

▲ 竹夹

## 竹夹

竹夹主要用来夹取金银箔纸的。金银类的箔纸易散且贴附力强，直接用手会导致部分黏附于手指，所以用竹夹一类的镊子取出后，贴附于胎体。

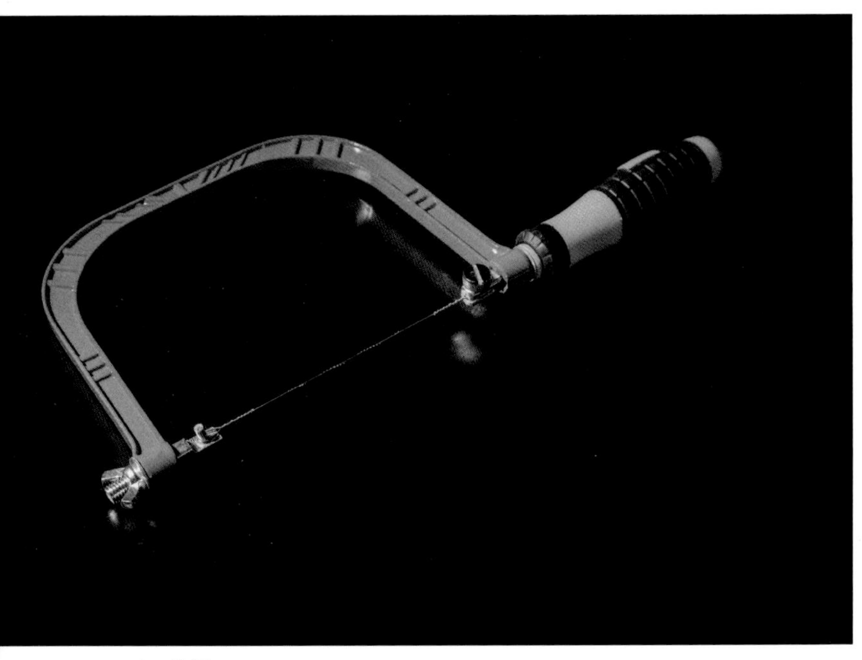

▲ 线锯

## 线锯

线锯，被称为“钢丝锯”“弓锯”，在漆器的螺钿镶嵌中，小型的钢丝锯主要用来锯割贝壳类的材料。

## 粉勺

粉勺是用来取颜料粉的一种小勺，过去常用牛角磨制，现代一般是不锈钢制品。

▲ 粉勺

## 橡胶手套

有些人在接触生漆时会发生过敏的症状，俗称“漆过敏”，防止漆过敏的方法：一是戴较薄的橡胶手套，避免直接接触；二是可以在裸露的皮肤部位涂抹乳液。在古代，已经出现过敏症状的，常用韭菜汁进行涂抹。

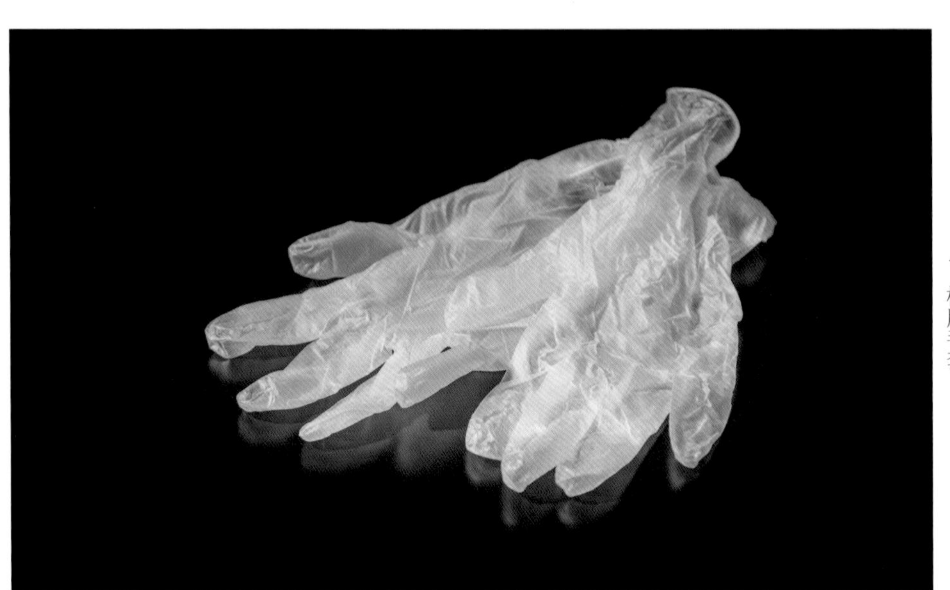

◀ 橡胶手套

## 定盘

▲ 定盘

定盘，也叫旋转台，是制作漆器底胎时，起固定支撑作用的一种支架，也是批灰、上漆时的一种工作台。

◀晒漆盆

# 晒漆盆

最简单传统的制漆方法是在太阳底下人工搅拌晾晒，这就需要盛装大漆的木盆，俗称晒漆盆。这是因为木头为天然材质，不易与漆产生化学反应。

▲ 荫室

# 荫室

荫室是用来自然阴干漆器的房间，漆的干燥需要满足温度在20℃以上，湿度在60%以上，并且温度和湿度必须保持同水准在3个小时以上。严格来讲，要想出产高品质的漆器，荫室内部的空气还要保证洁净，任何的灰尘、粉尘都会对漆器造成伤害。

## 发刷搓板

发刷用完之后可以用植物油浸泡刷毛根部，配合发刷搓板反复清洗，发刷搓板类似洗衣用的搓板，只是体型较小，是专门用来清理发刷的一种工具。

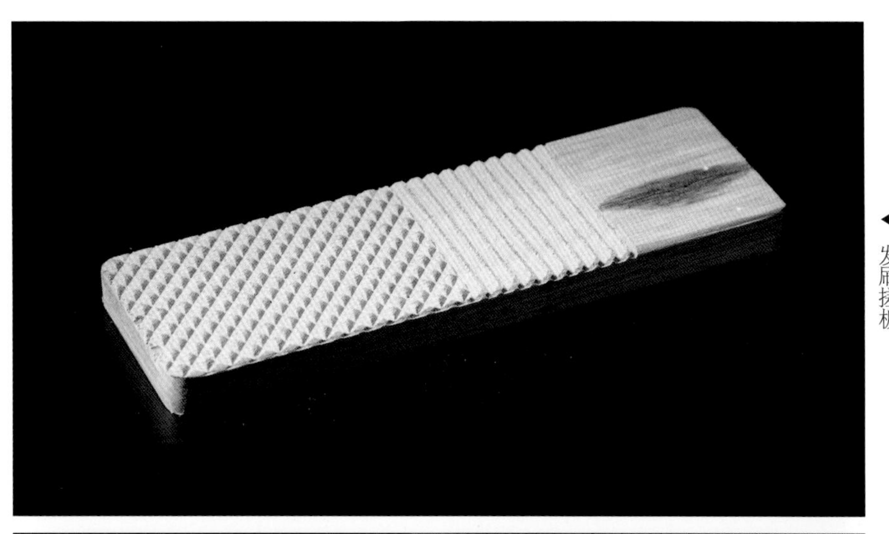

◀ 发刷搓板

◀ 砂纸

## 砂纸

砂纸是漆器制作时的研磨工具。漆器的研磨有时要贯穿整个漆器的制作过程，研磨用砂纸进行，按照步骤的不同，所选用的砂纸目数也不同，一般选用320～2000目不等，最后几步还需要用水砂纸打磨。

# 第五篇

# 钳工工具

# 钳工工具

钳工是机械制造中最古老的金属加工技术工种。19世纪以后，伴随着各种机床的发展和普及，虽然大部分钳工作业实现了机械化和自动化，但在机械制造过程中钳工技术仍是广泛应用的基本技术，一些采用机械方法不适宜或不能解决的加工，都可由钳工来完成。当机械在使用过程中产生故障，出现损坏或长期使用后精度降低，影响使用，也要通过钳工进行维护和修理。

钳工作业主要有錾削、锉削、锯切、划线、钻削、铰削、攻螺纹和套螺纹、刮削、研磨、矫正、弯曲、铆接等。根据钳工的主要工作内容，我们可以把钳工的常用工具分为：测量划线工具、錾切锉削工具、锯割钻铰工具和校直装配工具四类。

# 第二十七章　测量划线工具

钳工工作中，需要加工制造不同规格的工件，有时也涉及精密加工，因此钳工所用的量具较多，主要有钢尺、卡钳、游标卡尺、百分表、分厘卡等。根据图纸和尺寸，用划线工具准确地在工件毛坯或半成品的表面上划出加工的操作接线，这一步叫“划线”，划线工具主要是划针、圆规和元宝铁等。

◀ 钳工作业现场

▼ 直尺

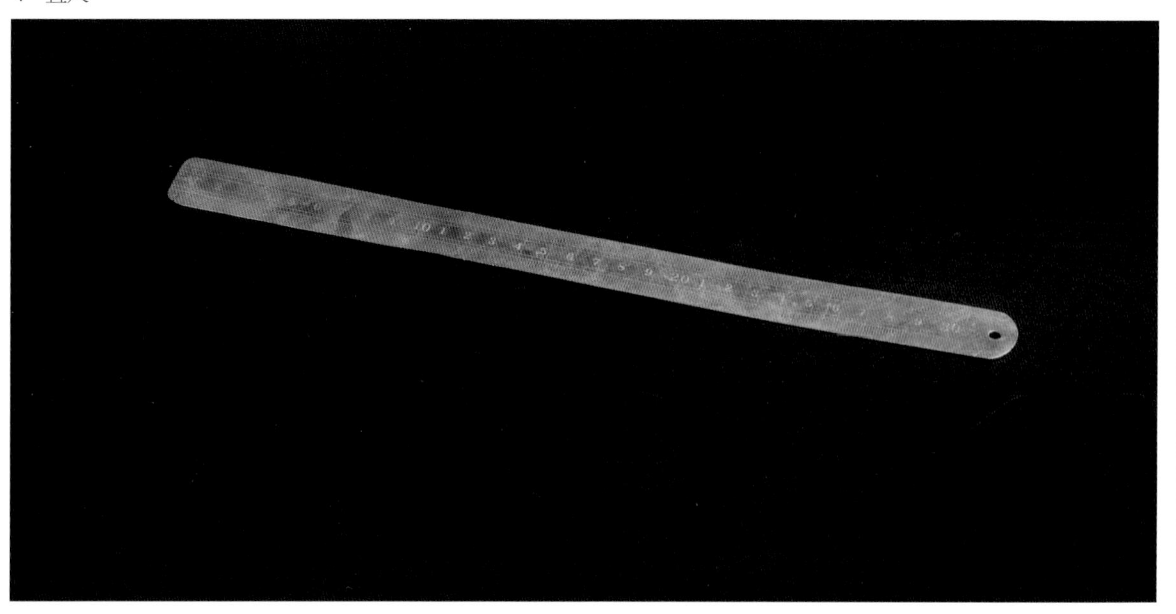

## 直尺

钢直尺是一种简单的长度量具，根据长度，一般有150mm、300mm、500mm和1000 mm四种规格。钢直尺的测量精度并不高，钳工在加工制作精度不高的工件时会用到。

## 卡钳

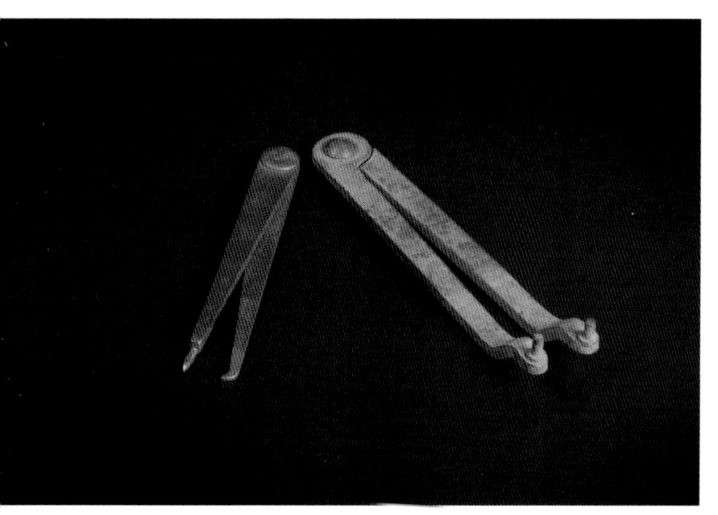

▲ 卡钳

卡钳是一种测量长度的工具，分为外卡钳和内卡钳。外卡钳用于测量圆柱体的外径或物体的长度等。内卡钳用于测量圆柱孔的内径或槽宽等。

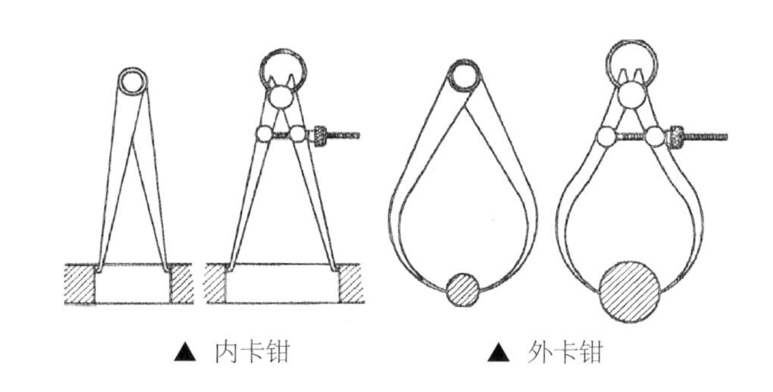

▲ 内卡钳　　▲ 外卡钳

▼ 游标卡尺

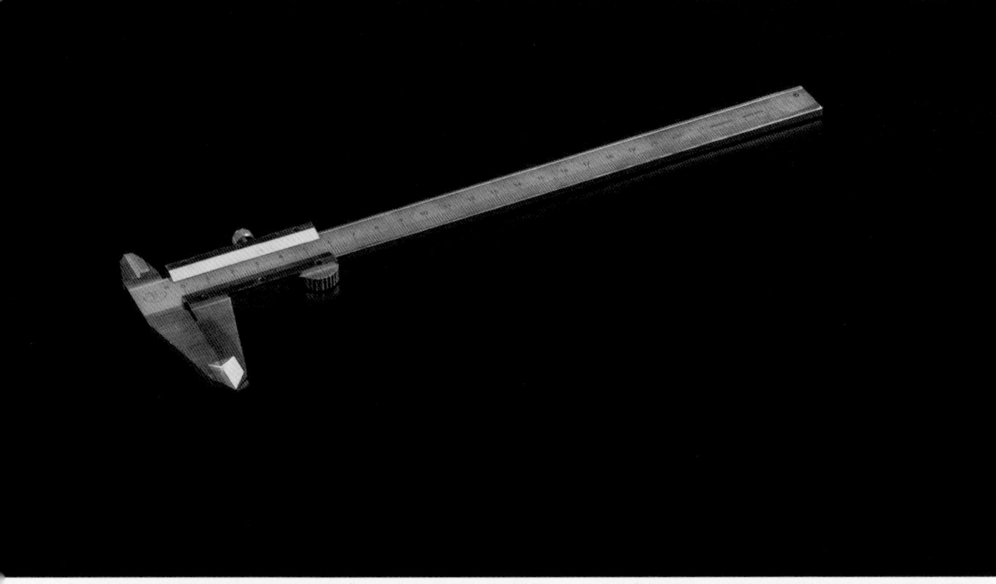

## 游标卡尺

游标卡尺是用来测量物体长度、内外径及深度的一种量具。它由主尺和附在主尺上的游标组成。钳工主要用来测量一些较小的工件。

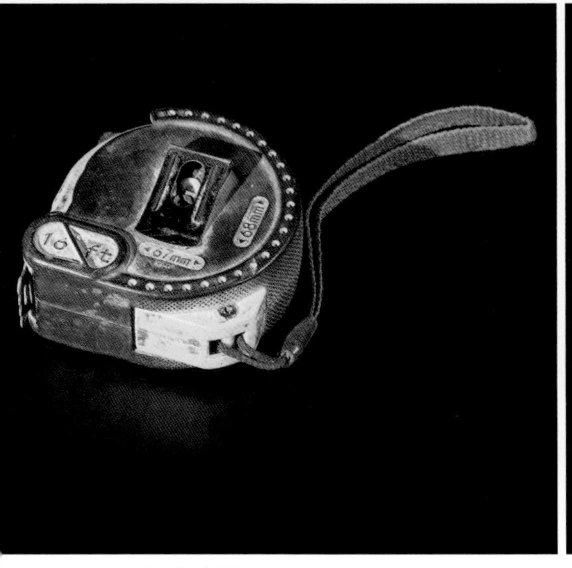

▲ 钢卷尺

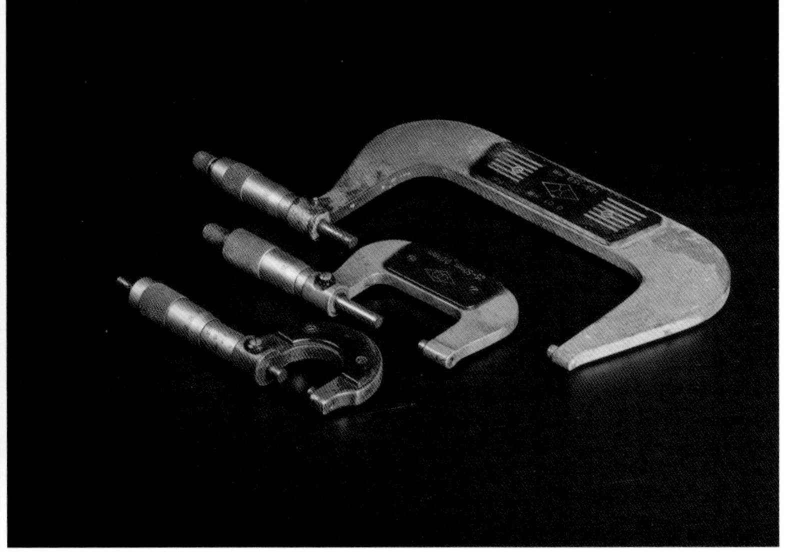

▲ 千分尺

## 钢卷尺

卷尺是一种方便实用的量具，有皮卷尺、钢卷尺、纤维卷尺等，最常见的是这种体积小巧的钢卷尺。

## 千分尺

螺旋测微器又称“千分尺”“螺旋测微仪”“分厘卡”等，是比游标卡尺更精密的测量长度的工具，用它测长度可以准确到0.01mm，测量范围为几个厘米。钳工主要用来做精度较高的测量。

▼ 百分表表盘

▲ 百分表

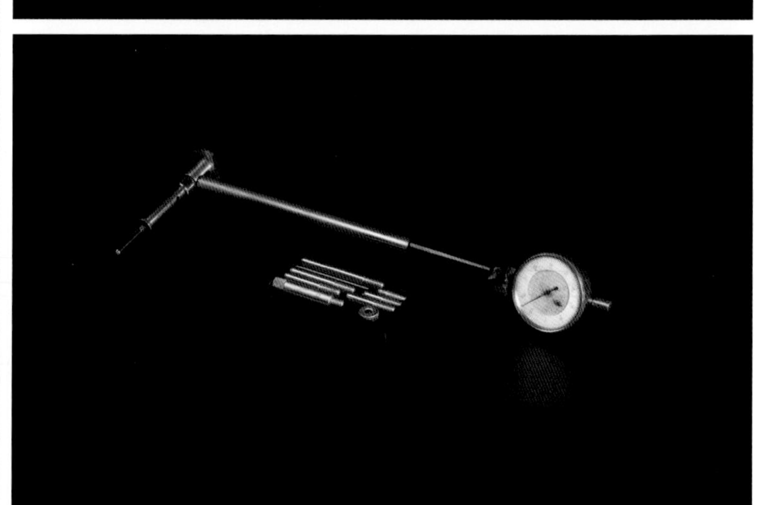

▲ 百分表表架

# 百分表及表架

百分表是一种表式通用长度测量工具，由测头、量杆、防震弹簧、齿条、齿轮、游丝、圆表盘及指针等组成，通常用来测量外圆、小孔及沟槽的形状或位置的误差。

▼ 塞尺

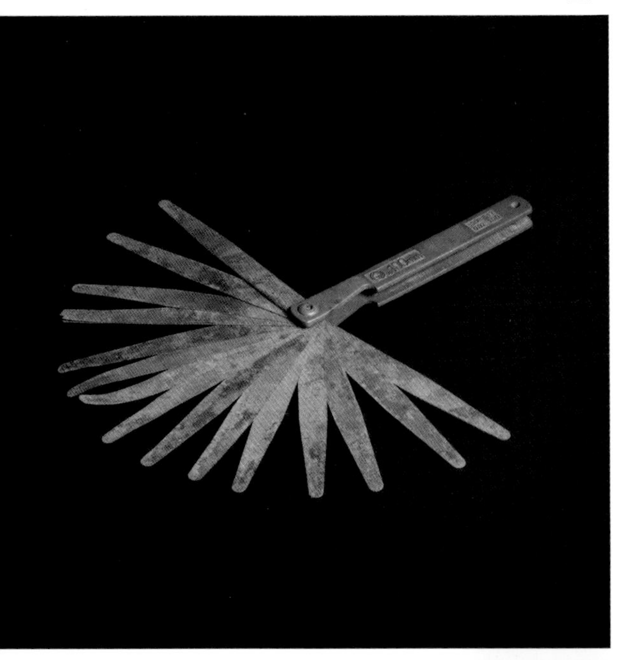

## 塞尺

塞尺，又称“测距片”“测微片”“厚薄规”，它由一组不同厚度等级的薄钢片组成，是一种用来检验间隙的测量工具。

▲ 拐尺

## 拐尺

拐尺，又称“曲尺”，是一种传统测量划线工具，除此之外也能检测工件的垂直度。钳工用的拐尺多为钢、铁或其他合金材质。

▼ 万能角尺

## 万能角尺

万能角尺又被称为“角度规”“游标角度尺”“万能量角器”，是利用游标读数原理来直接测量工件角度或进行划线的一种角度量具。万能角度尺适用于机械加工中的内、外角度测量，可测0°～320°的外角及40°～130°的内角。

▲ 水平尺细部

▲ 水平尺

## 水平尺

水平尺是利用液面水平的原理，以水准泡直接显示角位移，测量被测表面相对水平位置、铅垂位置、倾斜位置偏离程度的一种计量器具。

# 划线盘

划线盘是用来划线或找正工件位置的工具。划线盘的结构组成主要由底座、立柱、划针和夹紧螺母等组成。划针两端分为直头端和弯头端，直头端用来划线，弯头端常用来划正工件的位置。

## 方箱

方箱，也叫“铸铁方筒”“划线方箱”“检验方箱”“T形槽方箱”等，主要用于零部件平行度、垂直度的检验和划线。

◀ 方箱

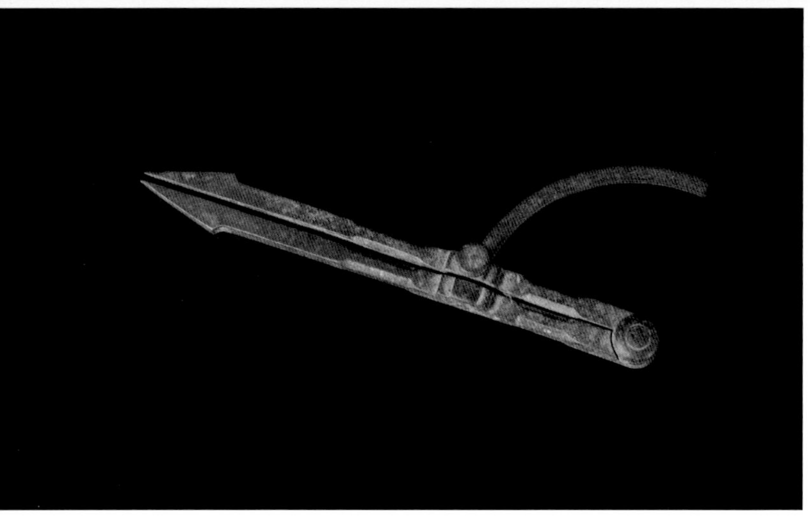

▲ 普通圆规

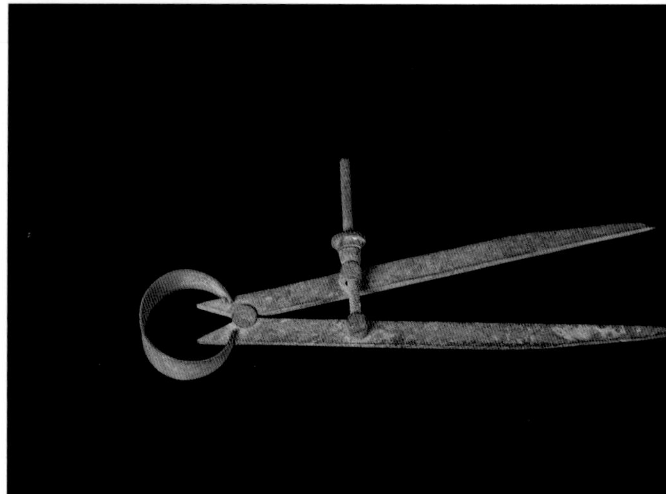

▲ 弹簧圆规

## 圆规

钳工用的圆规一般分普通圆规和弹簧圆规。弹簧圆规调节尺寸方便，但钢性不如普通圆规。画圆时，圆规两尖脚要在同一平面上，否则会发生误差。

▼ V形铁

## V形铁

V形铁俗称“元宝铁”，用于轴类检验、校正、划线，还可用于检验工件的垂直度、平行度等，主要用来安放轴、套筒、圆盘等圆形工件，是工件的支撑工具。

▼ 千斤顶

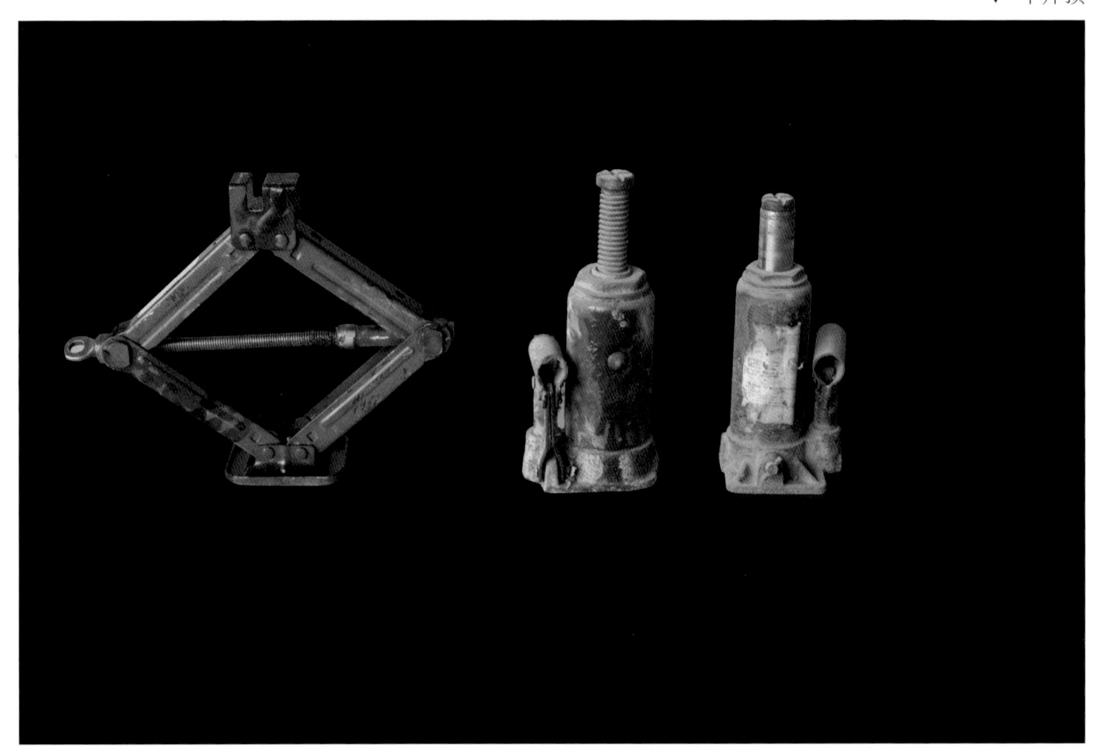

## 千斤顶

千斤顶主要用于起重、支撑工作，其结构简单、操作方便、轻巧坚固、灵活可靠。

▲ 绞丝千斤顶

## 绞丝千斤顶

在较大或形状不规则的工件上划线时，钳工通常用三只绞丝千斤顶把工件顶起来，有时也配合其他垫铁使用。

# 第二十八章　錾切锉削工具

用手锤敲击錾子，在工件上錾去多余金属的冷加工作业，叫作錾切。錾切应用于两种情况：一是錾切，二是分割。用锉刀从工件表面上锉掉一层金属，使工件达到所要求的尺寸、形状和表面的光洁度，这种加工方法叫锉削。錾切和锉削是钳工作业中最常用到的两用方法，也是钳工的基本技术。

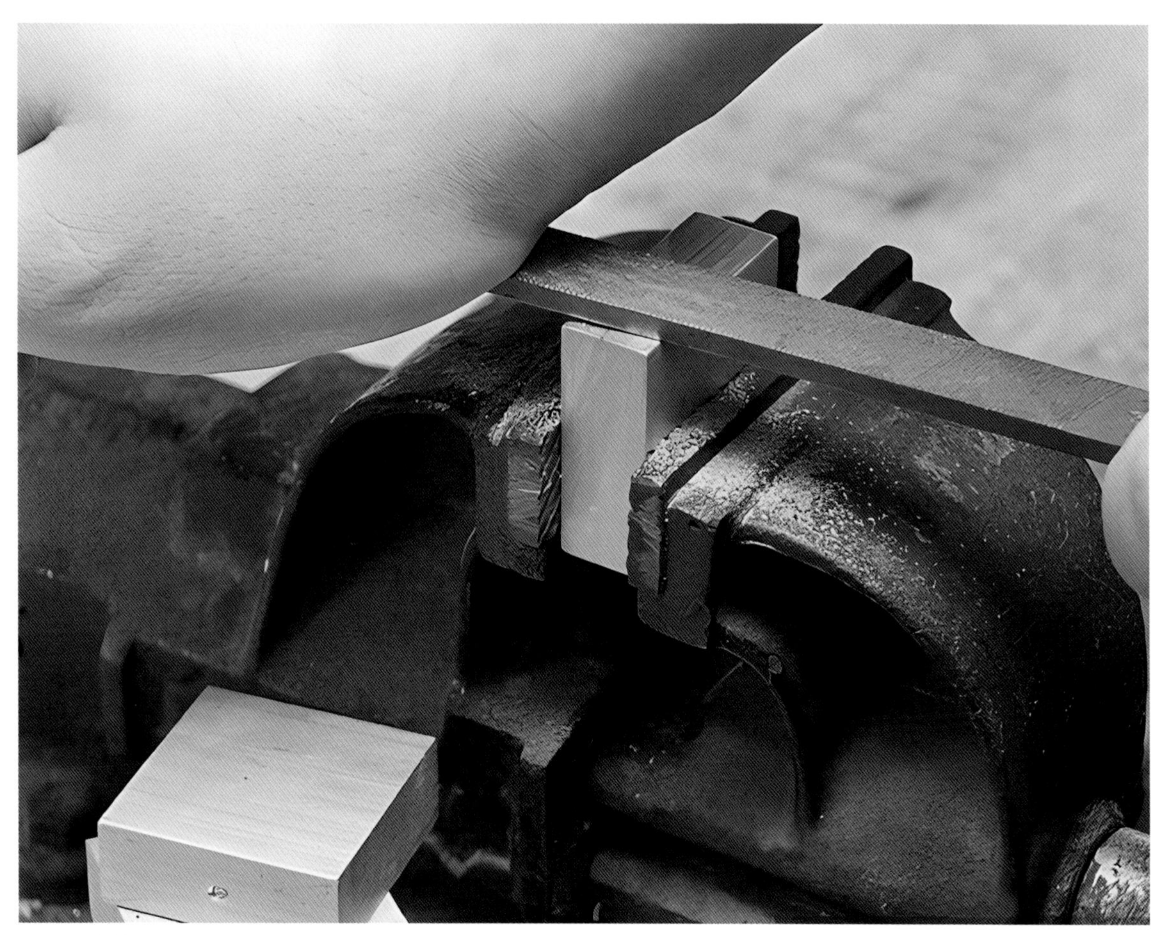

▲ 锉削场景

▼ 钳工桌

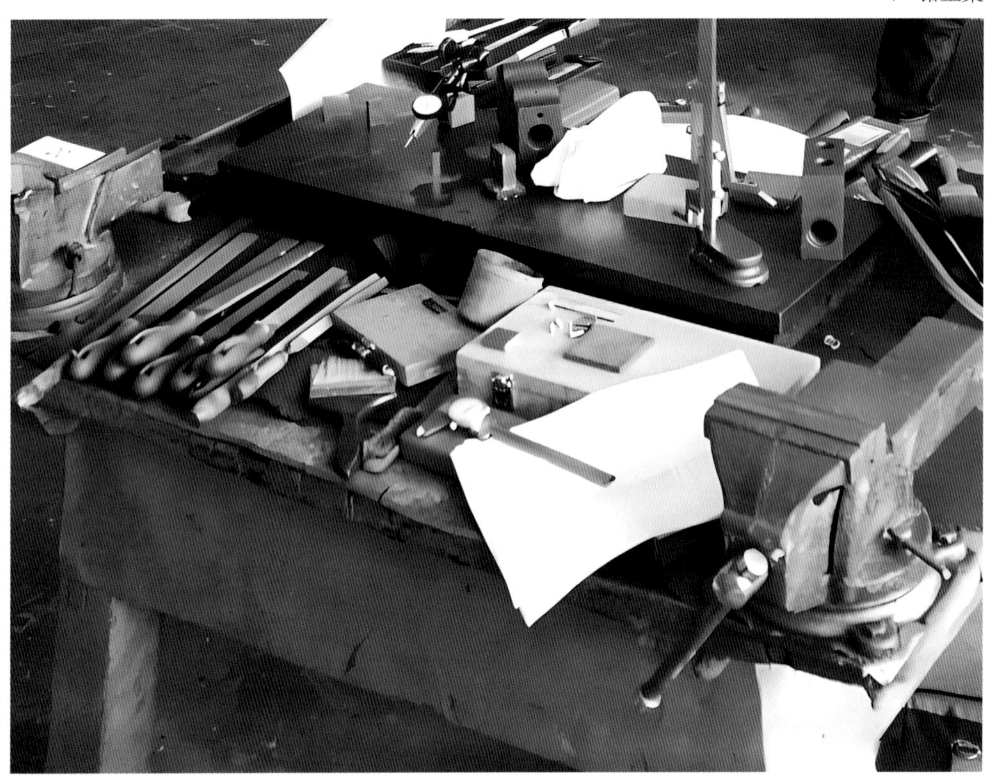

▲ 钳工桌与台虎钳

# 钳工桌

钳工工作台，俗称“钳桌”，是钳工的必要设备之一。

桌虎钳

大力钳

# 桌虎钳与大力钳

桌虎钳，是可桌台两用的虎钳，用来夹持、紧固工件，方便钳工进行錾切、锉削等。大力钳俗称“手虎钳”，是一种介于台钳与手钳之间的夹持工具，它比台钳灵活，可以手持；因为有螺栓紧固装置，因此比手钳夹持更为紧固。

# 台钳

台钳，又称“虎钳”“台虎钳”。是用来夹持工件的通用夹具。一般装置在工作台上，用以夹稳加工工件，为钳工车间必备工具。转盘式的钳体可使工件旋转到合适的工作位置。

台钳是钳工的基本工具之一，錾削、锯割、锉削、钻孔、攻丝，套扣、矫正、弯曲等都要用到它。

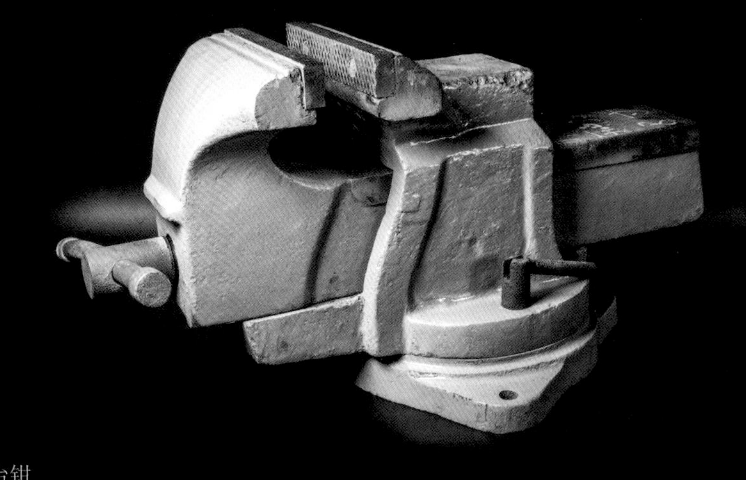
老式台钳

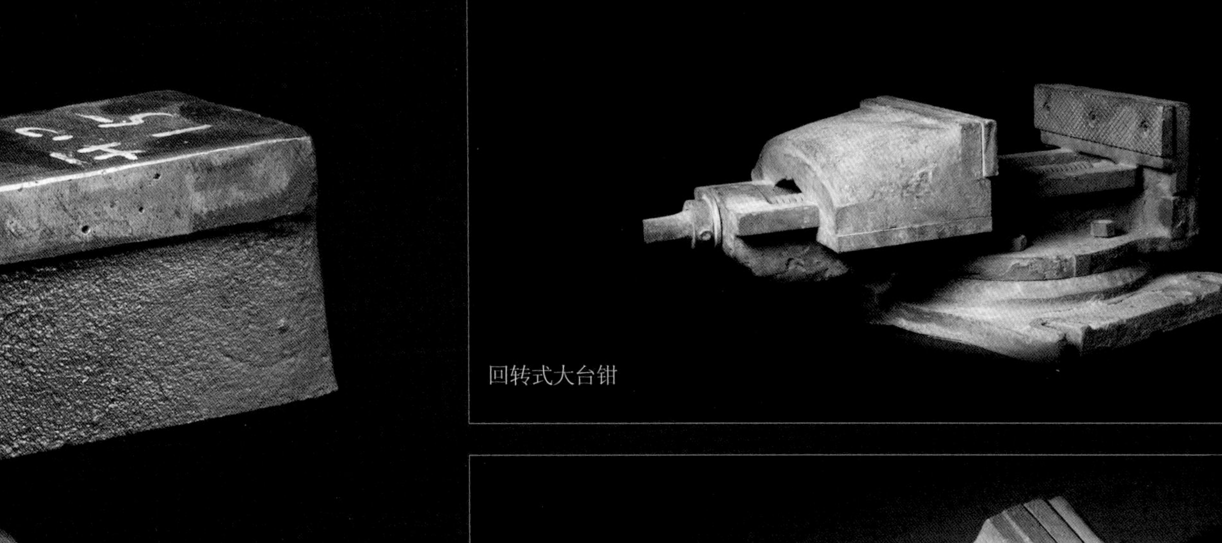
回转式大台钳

日本老式台钳

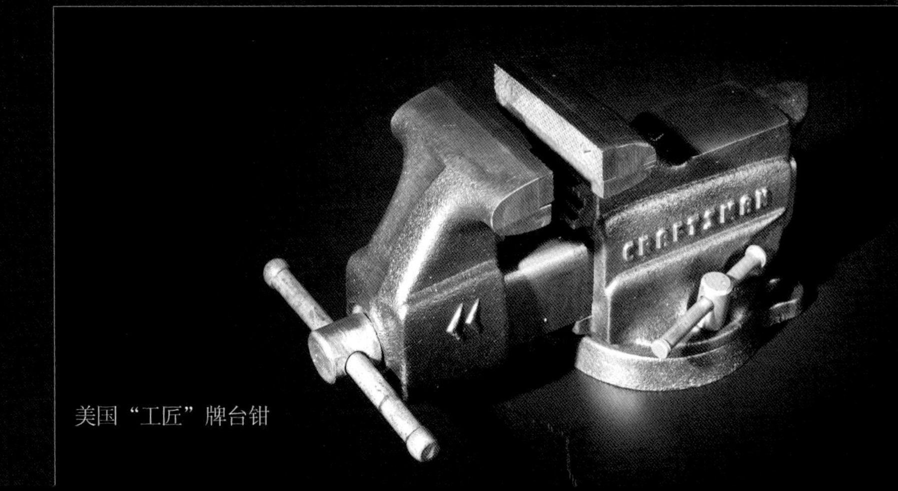

美国“工匠”牌台钳

▲ 圆头锤

▲ 小型八磅锤

# 手锤

手锤俗称“榔头”，形制、种类较多。用作錾切的大多是圆头手锤。校直、錾削、维修和装卸零件等操作中都要用手锤来敲击。

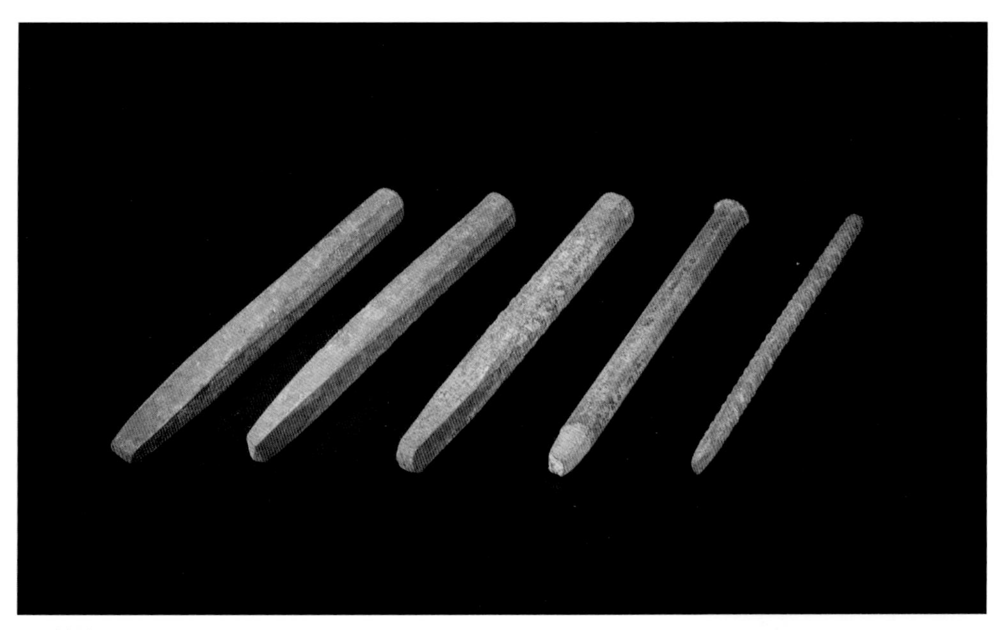

▲ 錾子

▼ 小錾

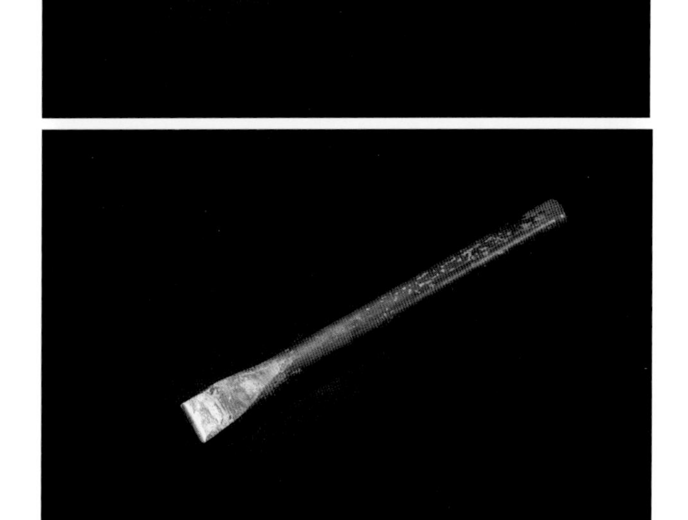

▲ 扁錾

# 錾子

錾子是一种简单的刀具，它的种类很多，根据用途不同，主要有扁錾、尖錾和油槽錾三种。钳工作业中，扁錾主要是用来錾切平面和分割材料；尖錾主要用来錾槽及切割曲线型的材料；油槽錾用来錾圆形和V形油槽。

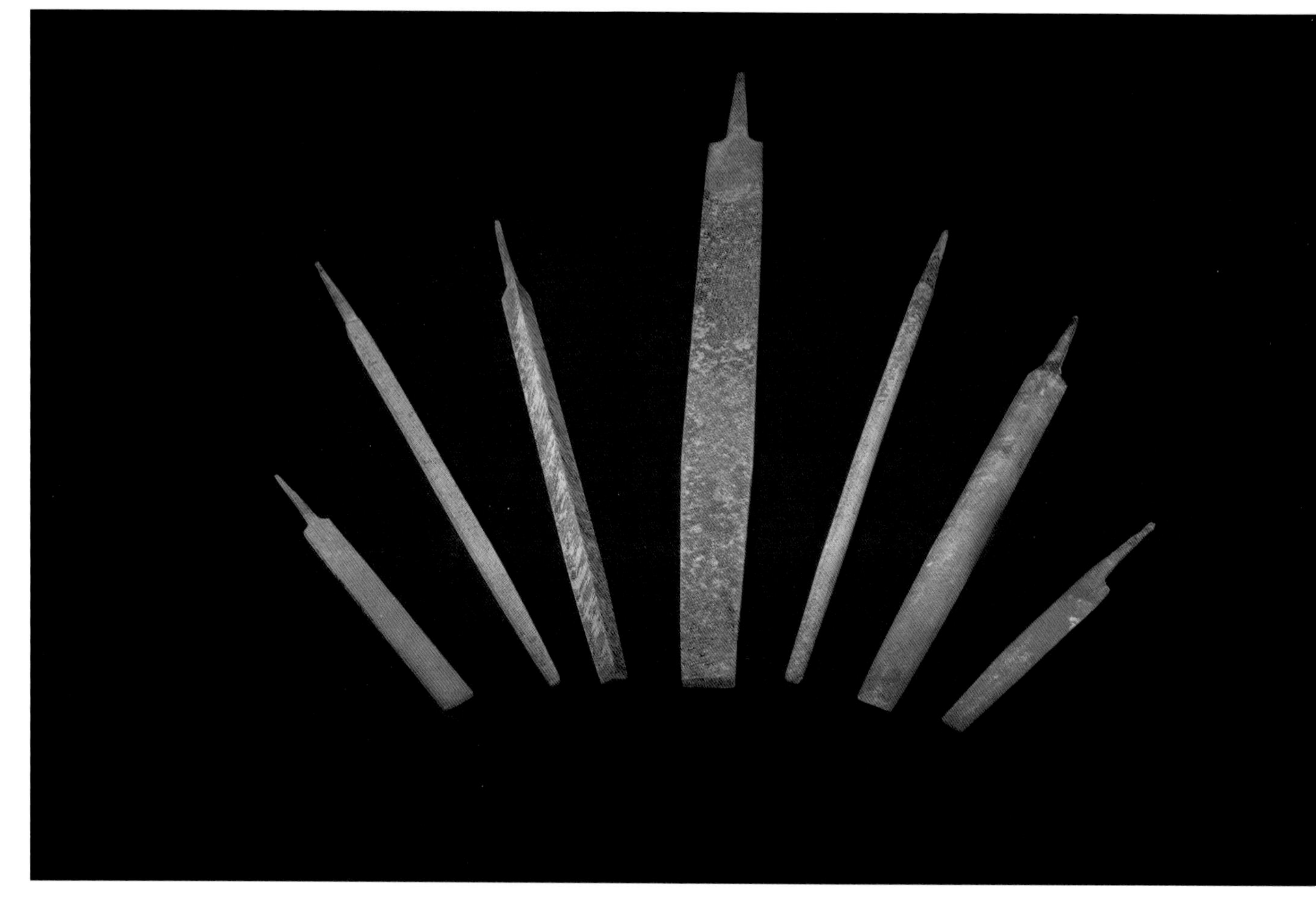

▲ 锉刀组合

# 锉刀

锉刀的应用很早，已发现的世界上最古老的锉刀是公元前1500年左右的埃及青铜制锉刀。锉刀表面上有许多条形、细密的齿角，用于锉光工件的手工工具。

▼ 圆锉 ▼ 方锉

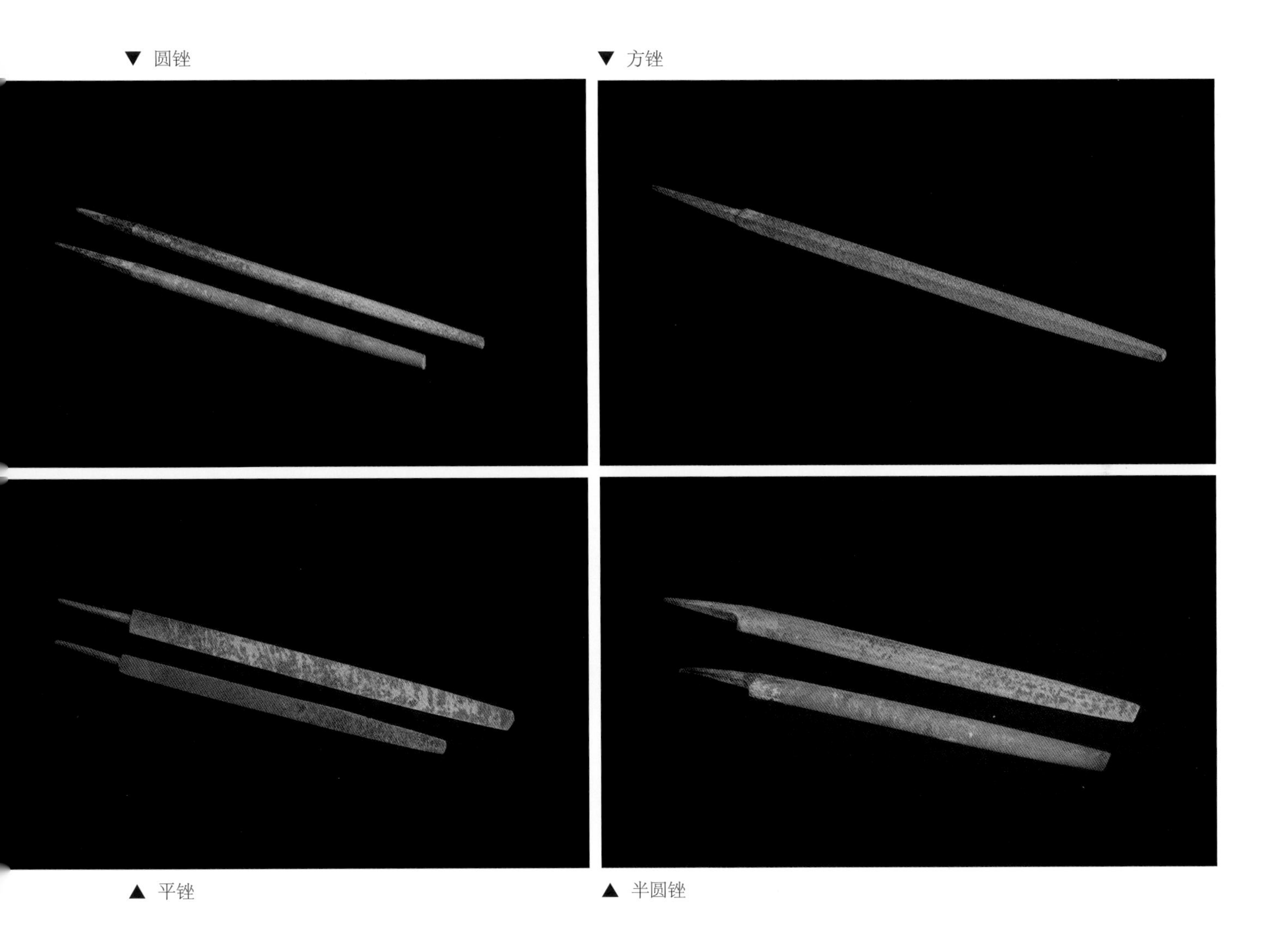

▲ 平锉 ▲ 半圆锉

现代的锉刀一般采用碳素钢经轧制、锻造、磨削、剁齿和淬火等工序加工而成。锉刀用于对金属、木料、皮革等表层做微量加工。其按锉面分有：板锉（平锉）、方锉、圆锉、三角锉、半圆锉、刀锉等。

▲ 什锦锉组合

## 什锦锉

什锦锉的尺寸较普通锉刀小，一组什锦锉有6～12把不同，其锉面形状与普通锉刀基本相同，根据组锉数量不同，也有普通锉所没有的锉面形状。什锦锉刀适用于锉修精细的工件，或用于普通锉刀不能进行加工的部位。

▲ 显示剂

## 显示剂

常用的显示剂有红丹粉和蓝油。

在校验工件误差时，往往在工件刮削面或标注工具上涂上一层颜料，然后将工件与标准工具互相摩擦，这样突出处就被磨起黑色，这种颜料就叫显示剂。

▼ 平刮刀

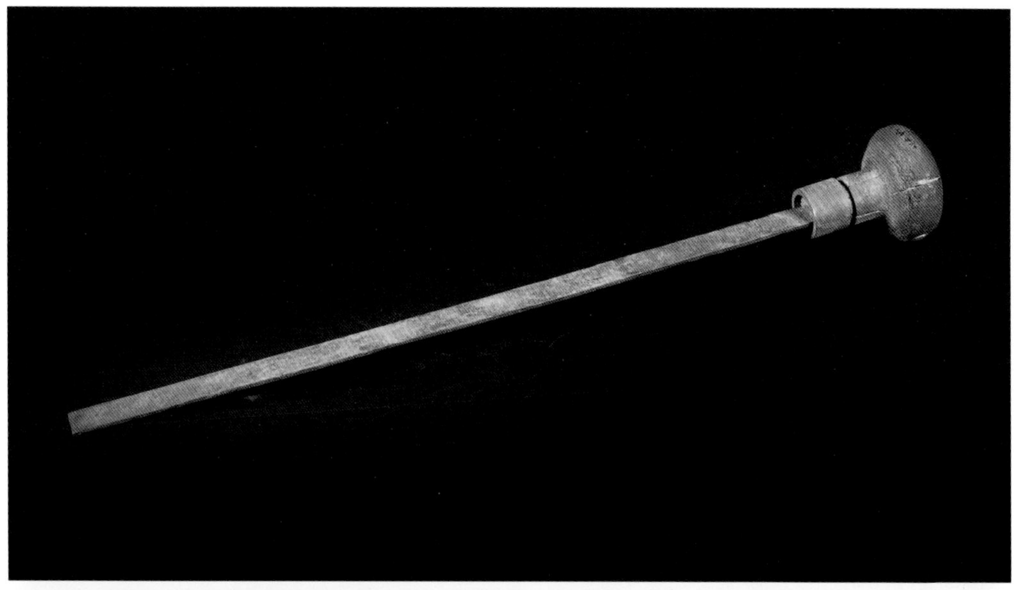

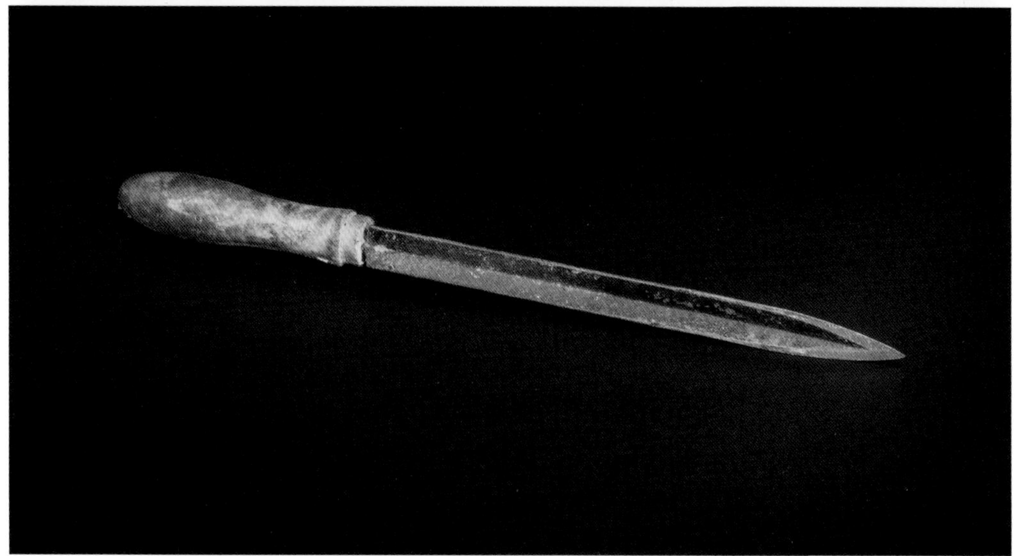

▲ 三角刮刀

## 刮刀

刮刀，古称“削刀”“削”，是一种古老的刮削器。根据不同的刮削表面，刮刀可以分为平刮刀、三角刮刀和月牙刮刀三大类。

平刮刀主要用来刮削平面，如平板、平面轨道、工作台等，也可用来刮削外曲面；三角刮刀是刮轴瓦常用的工具之一；月牙刮刀主要用来刮削内曲面，如活动轴承内孔等。

# 砂轮机

砂轮机是一种机械磨具，在多个行业都有应用，用来磨制刀具的刃部，使其锋利，便于削切。在钳工行业中，砂轮机主要用来磨削錾头，因此是一种辅助工具。

▲ 砂轮机

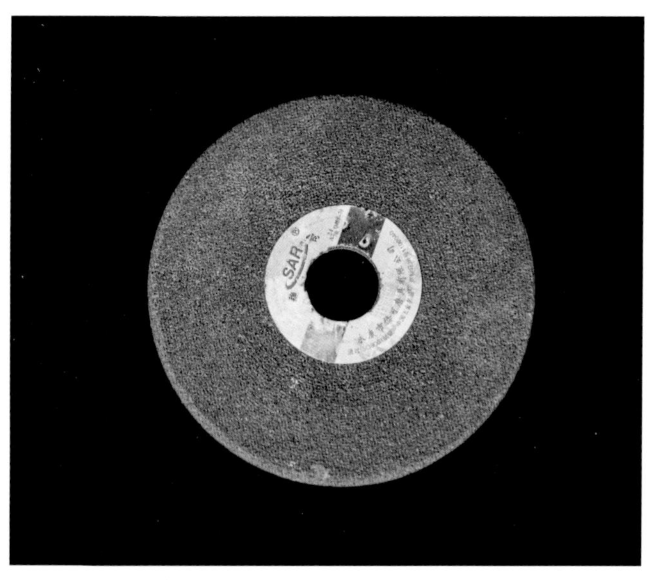

▲ 砂轮

# 砂轮

砂轮是由胶粘剂将普通磨料固结成一定形状（多数为圆形，中央有通孔），并具有一定强度的磨具配件。按照胶粘剂分类，常见的有陶瓷砂轮、树脂砂轮、橡胶砂轮。

# 淬火槽

淬火槽是盛装淬火介质的容器，一般是冷水，也有用盐水或油来作为淬火介质的，是铁匠和石匠的必备工具，钳工在铉錾子时需要对錾子进行淬火处理。

▼ 淬火槽

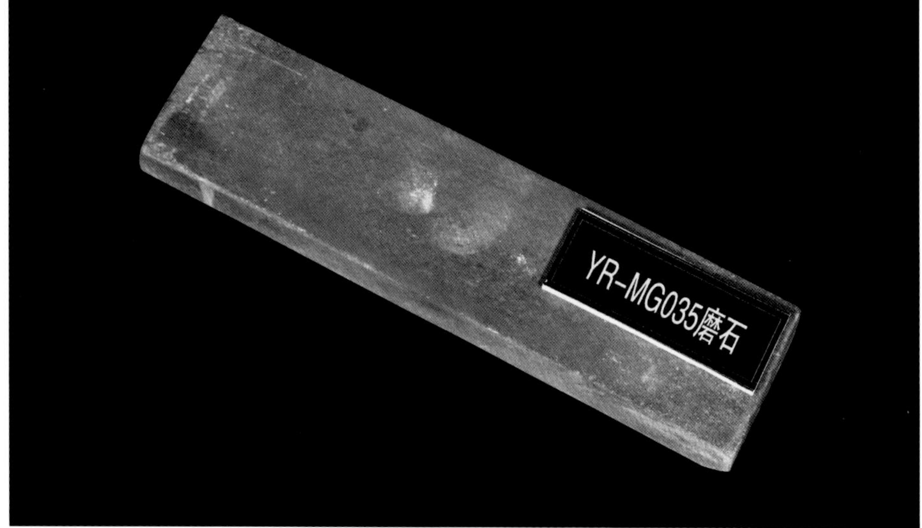


▲ 磨石

# 磨石

刀口经过砂轮刃磨后，刀刃还不够平整锋利，必须经过油石研磨后才能使用。所谓的油石就是磨石，一般在使用前需要浸泡在水中或煤油中，所以俗称“油石”。

# 第二十九章　锯割钻铰工具

用锯条把原材料或工件分割成几个部分，叫作锯割。钻孔、铰孔，指的是钻、铰定位销孔，钻新换零件的螺纹底孔，以及铰各种轴承孔等。攻螺纹和套螺纹是加工螺纹的一种方法，用螺纹锥加工内螺纹称为攻螺纹；用板牙铰制外螺纹称为套螺纹。

▲ 钻孔作业场景

## 小钢锯

小钢锯可分为固定式和可调式两种，由架弓和锯片组成，使用起来方便简单，锯片可以更换，可以对大部分金属工件进行锯割。

▼ 小钢锯

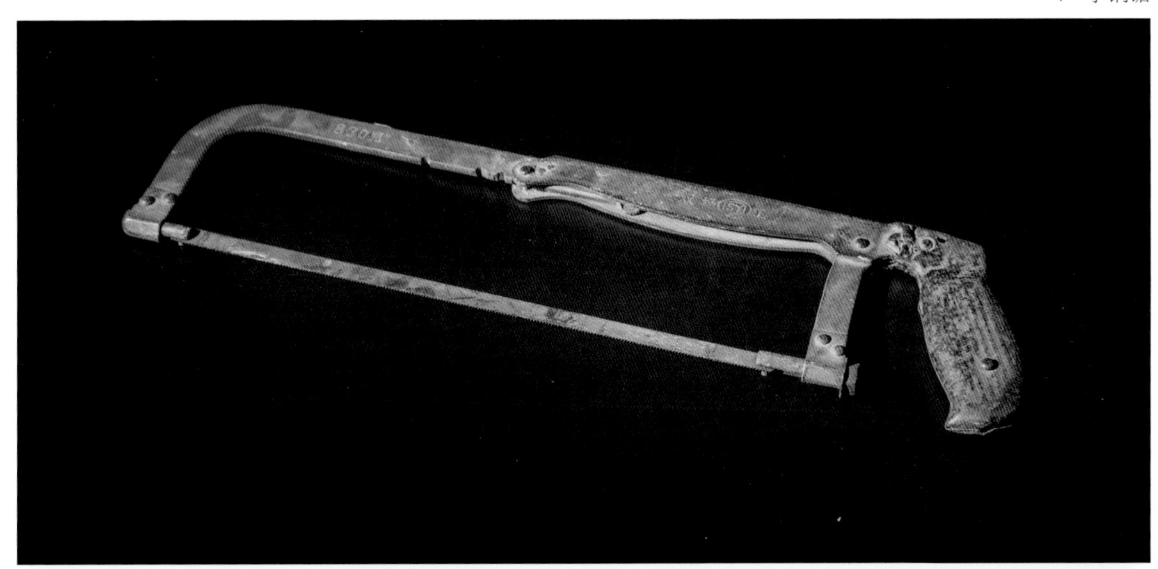

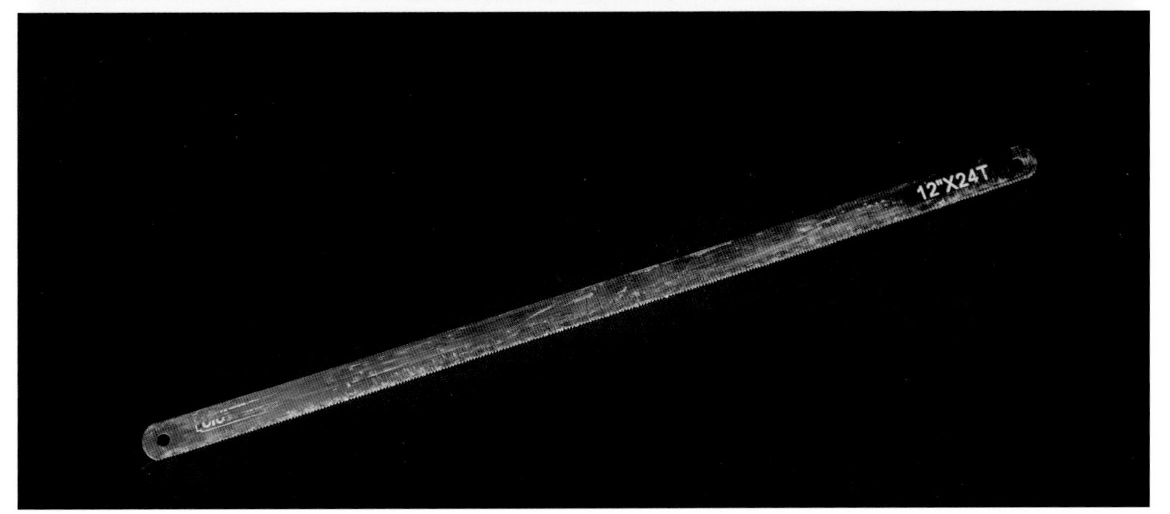


▲ 锯条

## 锯条

锯条的锯齿按一定形状左右错开，称为“锯路”。锯路有交叉、波浪等不同排列形状。锯路的作用是使锯缩宽度大于锯条背部的厚度，防止锯割时锯条卡在锯缝中，并减少锯条与锯缝的摩擦阻力，使排屑顺利，锯割省力。

## 台钻

台式钻床简称“台钻”，是一种可安放在作业台上，主轴竖直布置的小型钻床。台式钻床钻孔直径一般在13mm以下，最大不超过25mm。其主轴变速一般通过改变三角带在塔型带轮上的位置来实现，主轴进给靠手动操作。

▼ 手电钻

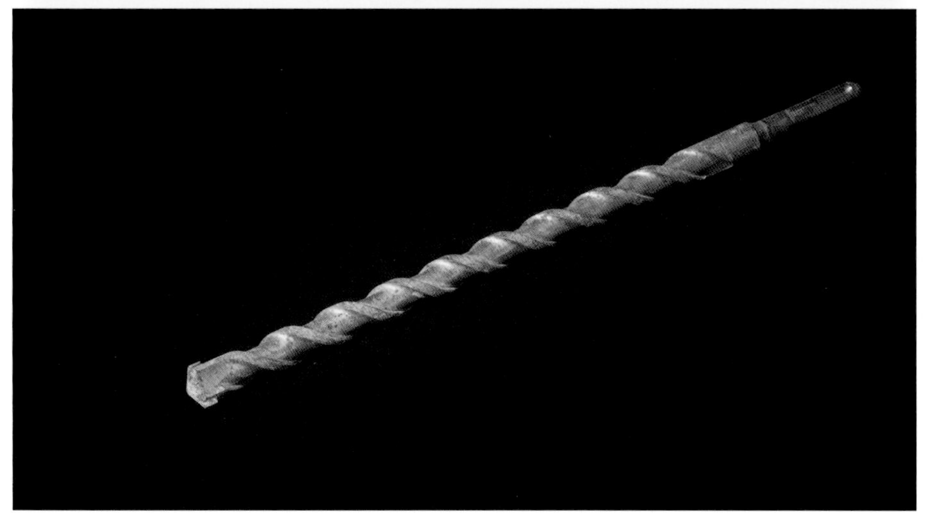

▲ 钻头

# 手电钻与钻头

手电钻是一种携带方便的小型钻孔工具，由电动机、控制开关、钻夹头和钻头等几部分组成。手电钻一般配备多种型号、功用的钻头，以适应不同的工作需要。

▼ 铰刀

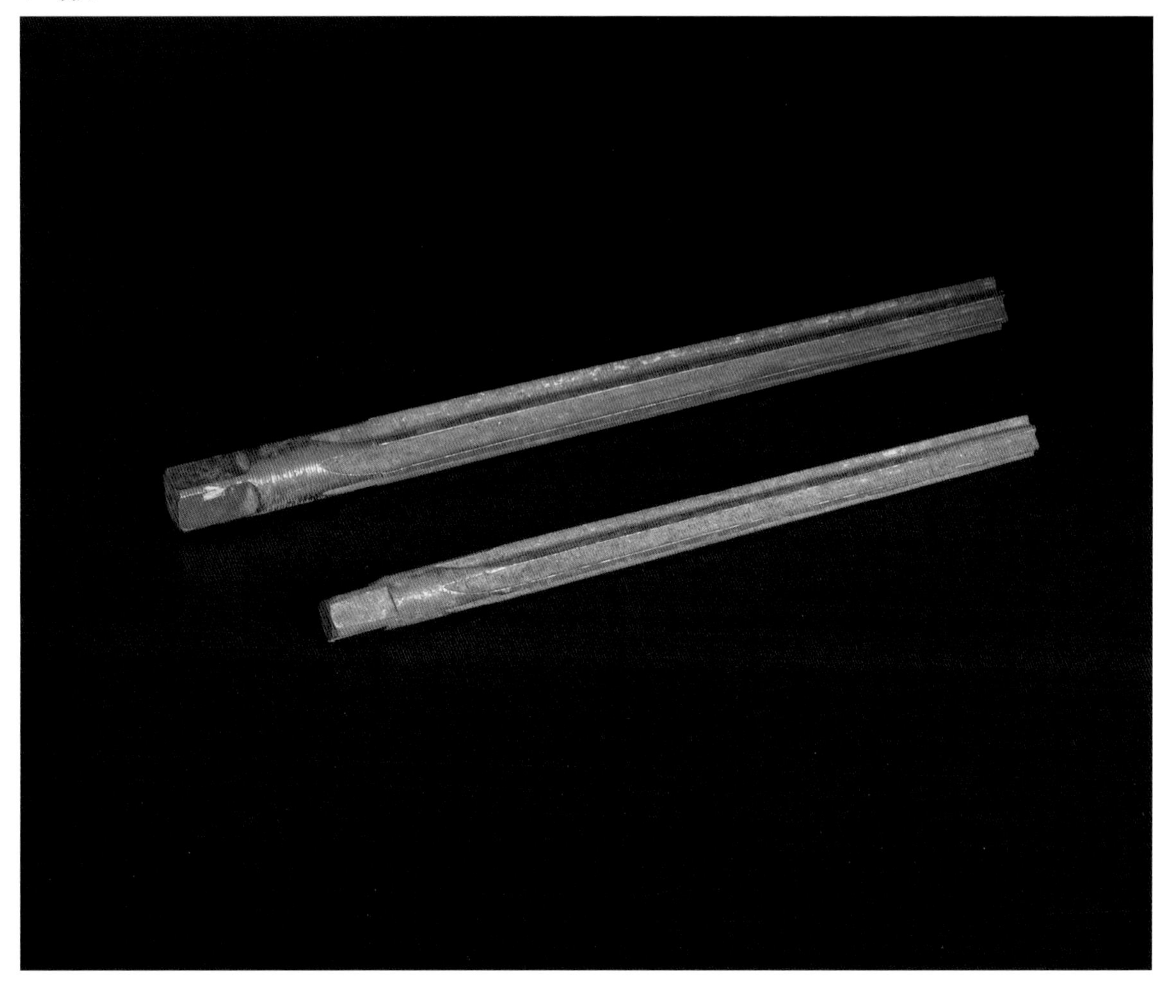

# 铰刀

铰刀用于铰削工件上已钻削（或扩孔）加工后的孔，主要是为了提高孔的加工精度，降低其表面的粗糙度。

用来加工圆柱形孔的铰刀比较常用，用来加工锥形孔的铰刀比较少用。

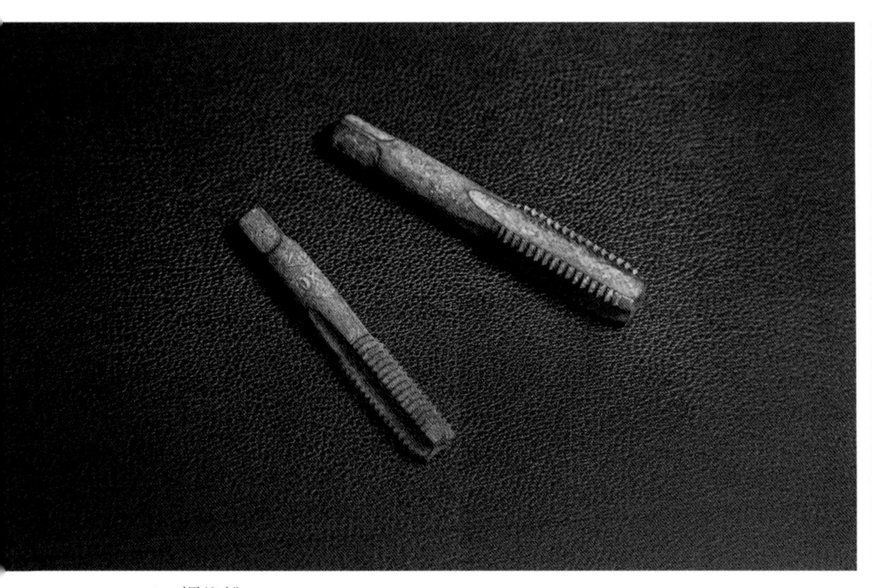

▲ 螺纹锥

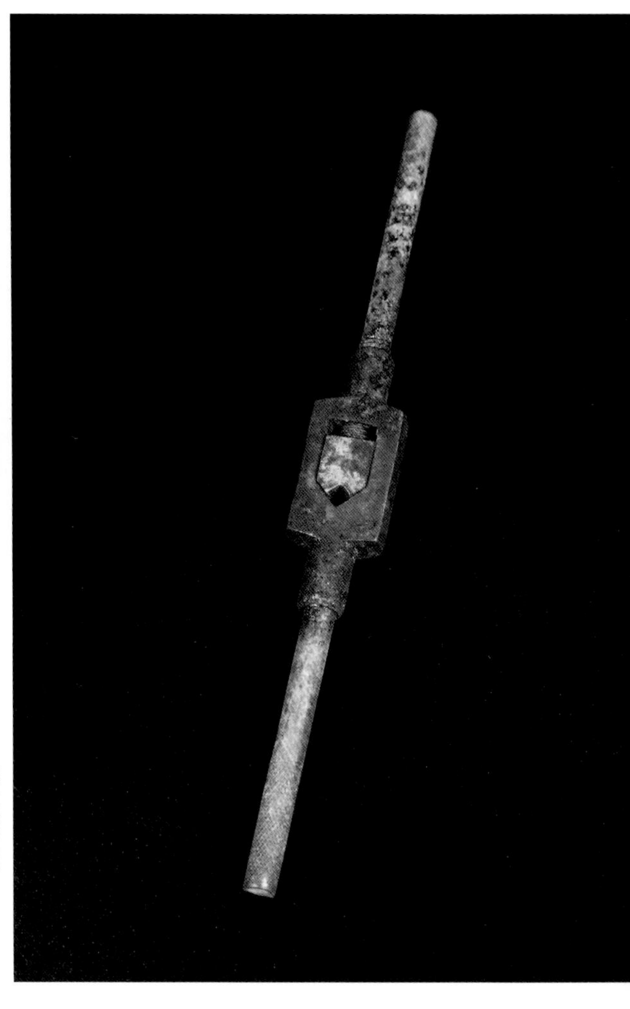

▶ 螺纹锥扳手

# 螺纹锥与螺纹扳手

螺纹锥是一种加工内螺纹的工具，按照形状可以分为螺旋槽螺纹锥、刃倾角螺纹锥、直槽螺纹锥和管用螺纹锥等。螺纹锥是制造业操作者在攻螺纹时采用的主流的加工工具。

螺纹锥扳手能提高工作效率，是攻螺纹的必要工具。装上螺纹锥即可使用，其使用调节范围大，一种型号螺纹锥扳手适用于多种规格的螺纹锥。

# 板牙与扳手

板牙是一种加工外螺纹的工具，它相当于一个具有很高硬度的螺母，螺孔周围制有几个排屑孔，一般在螺孔的两端磨有切削锥。板牙按外形和用途分为圆板牙、方板牙、六角板牙和管形板牙，其中以圆板牙应用最广。板牙可装在板牙架中用手工加工螺纹。板牙加工出的螺纹精度较低，但由于结构简单、使用方便，在单件、小批量生产和修配中仍得到广泛应用。

▶ 板牙与扳手

▼ 管子台虎钳

# 管子台虎钳

管子台虎钳，又叫管子压力钳、龙门钳，是常用的管道切割工具。

# 第三十章 校直装配工具

将变了形的零件，用塑性变形的办法，使其恢复到原有的平正状态，这一步工序被称为“校直”，如传动轴、罗拉、锭子等弯曲的校直。

钳工的装配则主要有铆接装配、螺纹装配、传统装置装配等。

▲ 工人校直现场

## 校直机

所谓校直机，就是用来对轴杆类零部件进行校直的机器，通过校直以便获得理想的直线度要求或回转精度要求，保证零部件能够达到装配精度或获得下道工序最小切削加工余量。

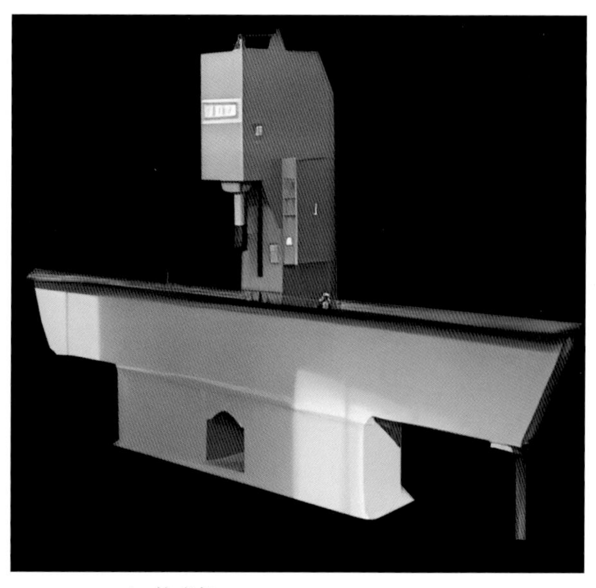

▲ 校直机

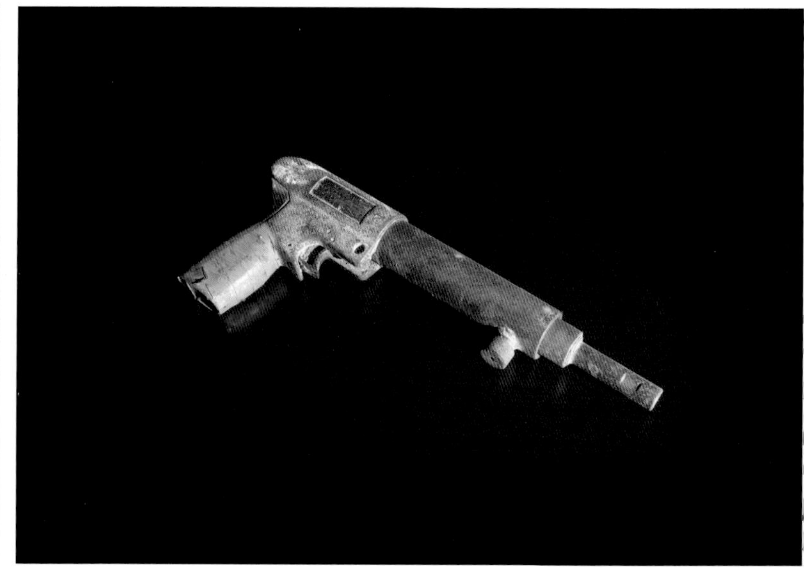

▲ 铆钉枪

## 铆钉枪

铆钉枪是用铆接工艺，对工件进行紧固连接的一种工具，铆钉枪的型号种类有多种，铆钉枪是对这一类工具的统称。它适用于各类金属板材、管材，广泛应用于机电和轻工产品的铆接上。

## 拉铆枪

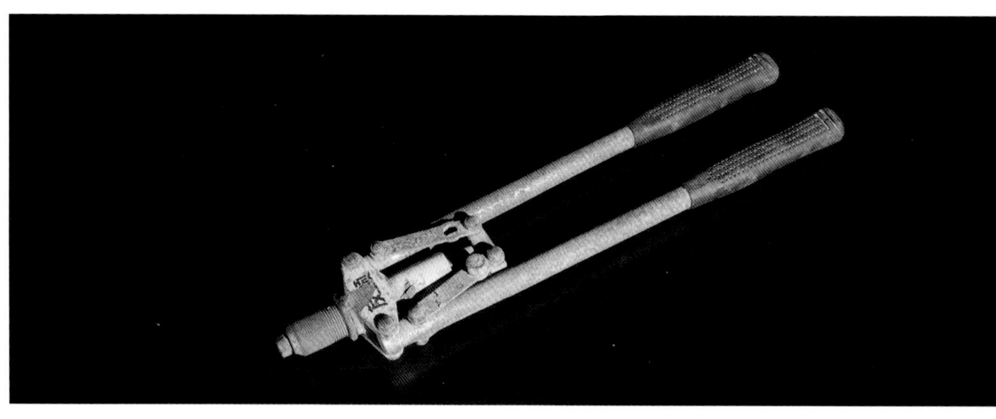

▲ 拉铆枪

拉铆枪分为拉铆螺母枪和拉铆钉枪，一种拉螺母，一种拉铆钉，两者不可混用。

▲ 螺丝刀

## 螺丝刀

螺丝刀，别名“改锥”“改刀”“起子”“旋凿”等，是用来拧转螺钉以使其就位的常用工具。

螺丝刀通常有一个薄楔形头，可插入螺钉头的槽缝或凹口内，顺时针方向旋转为嵌紧，逆时针方向旋转则为松出，有一字（负号）、十字（正号）、六角等类型。

## 呆扳手

呆扳手又称“开口扳手”“死扳手”，主要分为双头呆扳手和单头呆扳手。它的作用广泛，主要作用于机械检修、设备装置、家用装修、汽车修理等。呆扳手的规格型号有多种，应根据实际需求，选用合适的型号。

◀ 呆扳手

▼ 套筒扳手

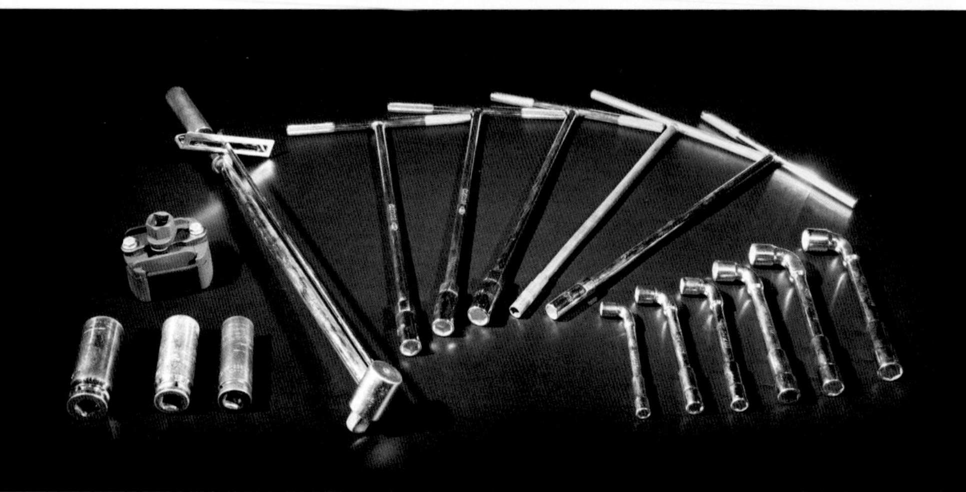

▲ 套筒扳手

## 套筒扳手

套筒扳手由多个带六角孔或十二角孔的套筒以及手柄、接杆等多种附件组成，适用于拧转空间十分狭小或凹陷深处的螺栓或螺母。

# 内六角扳手

内六角扳手是用来驱动具有内部六角头部的螺栓和螺钉的工具。

内六角扳手和其他常见工具（比如：一字螺丝刀和十字螺丝刀）之间最重要的差别是它通过扭矩施加对螺丝的作用力，大大降低了使用者的用力强度。

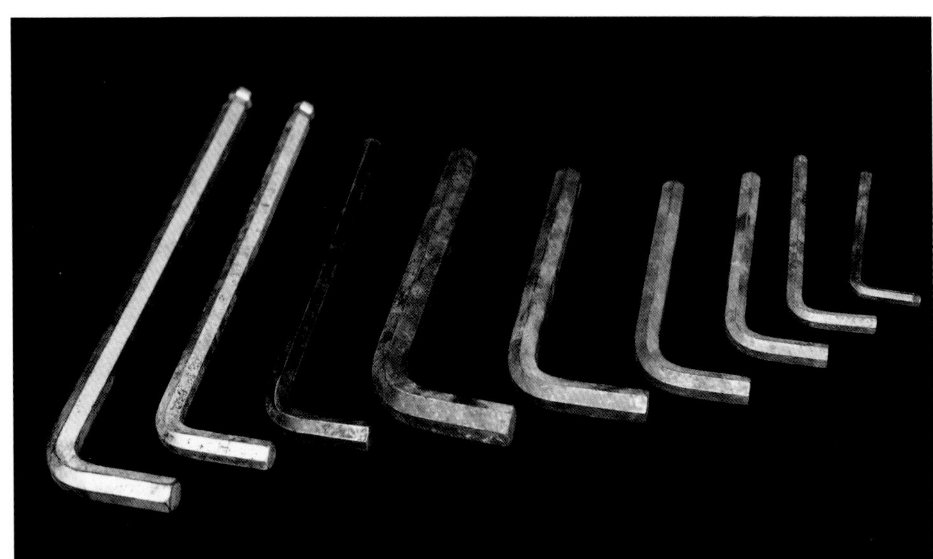

◀ 内六角扳手

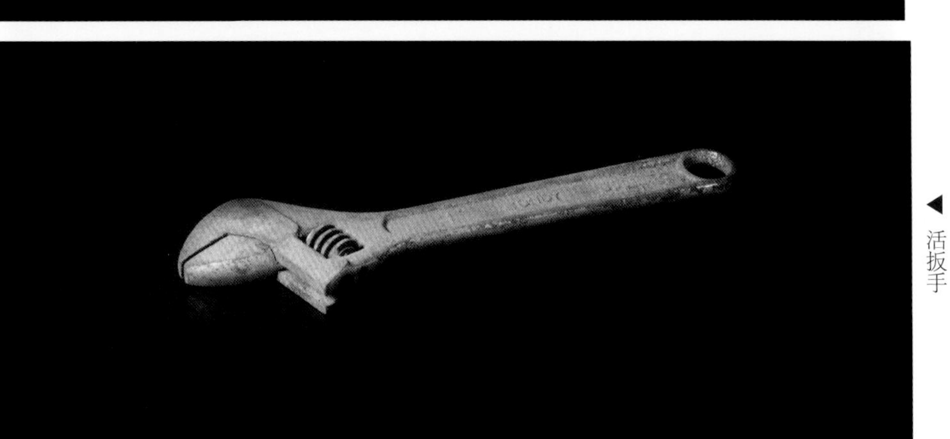

◀ 活扳手

# 活扳手

活扳手，又叫“活络扳手”“活动扳手”，是一种旋紧或拧松有角螺钉、螺母的工具。其规格有多种，使用时应根据螺母的大小选配。

活扳手有一个调节轮，用以调节扳口的开合大小。活扳手平时要注意保养维护，发现调节轮生锈，可以滴几滴煤油或机油，这样就易拧动。

# 三角架

起重三角架由三角架、绞盘和底脚链条等组成。一般采用高强度轻质合金制造的可伸缩支脚，保证强度的同时最大限度减轻重量，并设有可装配3套安全索的吊孔，底脚设有环型保护链。

▼ 勾头扳手

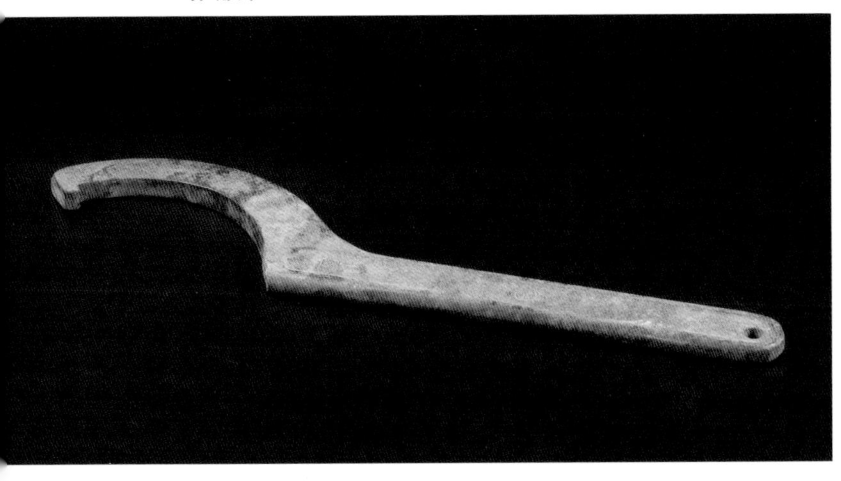

# 勾头扳手

勾头扳手又称月牙形扳手，俗称勾扳子，用于拧转厚度受限制的扁螺母等；专用于拆装车辆、机械设备上的圆螺母，卡槽分为长方形卡槽和圆形卡槽。

▼ 不同型号的管钳

◀ 老式管钳

# 管钳

管钳是用来紧固或松动铁制管道、管件的工具。它的主要工作对象是管状金属工件，如水管、钢管等。

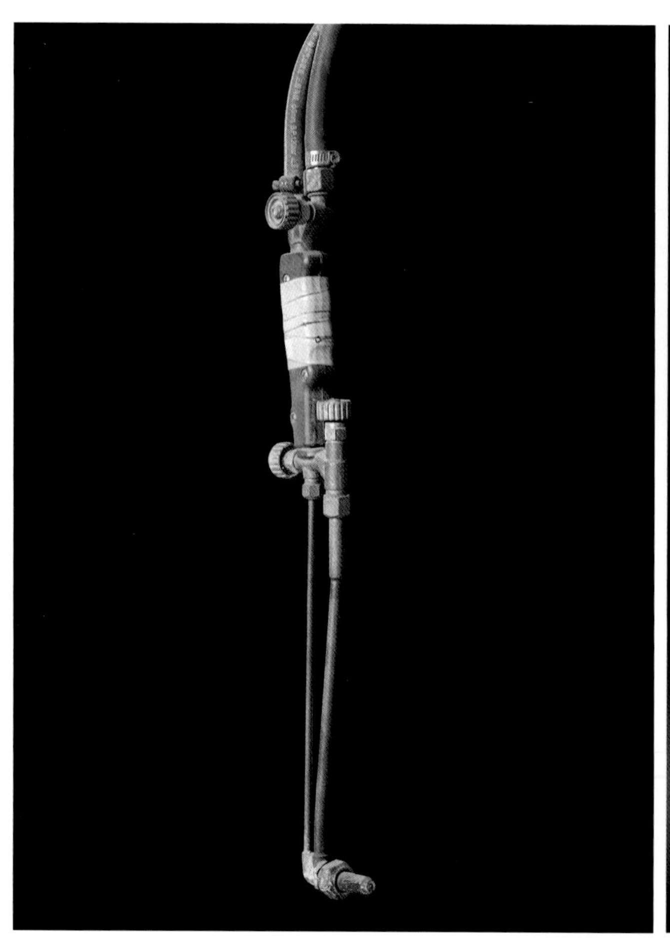
▲ 气割机

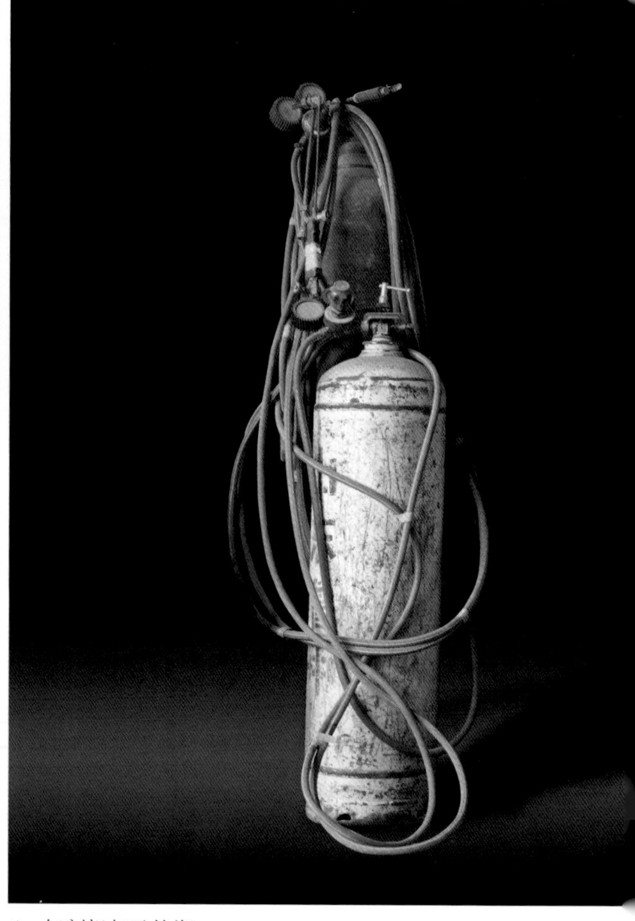
▲ 气割机与乙炔瓶

# 气割机

气割是指利用气体火焰将被切割的金属预热到燃点，使其在纯氧气流中剧烈燃烧，形成熔渣并放出大量的热，在高压氧的吹力作用下，将氧化熔渣吹掉，所放出的热量又进一步预热下一层金属，使其达到熔点。金属的气割过程，就是预热、燃烧、吹渣的连续过程，其实质是金属在纯氧中燃烧的过程，而不是熔化过程。因此，气割一般只用于低碳钢、低合金钢、钛及钛合金。

◀ 电焊机

# 电焊机

电焊机是利用正负两极在瞬间短路时产生的高温电弧来熔化电焊条上的焊料和被焊材料，从而达到使被接触物相结合的目的。其结构十分简单，就是一个大功率的变压器。

电焊机一般按输出电源种类可分为两种：一种是交流电源，一种是直流电。

# 第六篇

# 桑皮纸制造工具

# 桑皮纸制造工具

造纸术是中国古代的四大发明之一，是人类历史上杰出的发明创造。东汉元兴元年，也就是公元105年，蔡伦发明了造纸术，使用树皮、麻头等植物材料，经过挫、捣、抄、烘等工艺制造的纸，是现代各种纸的祖先。后来人们发现用桑皮作为原料造纸有很多优点，便开始用桑皮造纸。对于20世纪六七十年代的人来说，桑皮纸并不陌生，因为那时人们用来糊窗户，做盛酒、盛油的篓子等。桑皮纸造价低廉、易于保存、不易招虫，在社会生产力不发达的年代，也常替代书写用纸，成为日常生活中必不可少的一种生活资料。

据史料记载，早在宋代，山东省临朐县城西龙泉河一带的桑皮纸制造业就已经十分发达。那么，桑皮纸究竟是怎样制造出来的？桑皮纸的制造工具又有哪些？本篇——桑皮纸制造工具，将通过桑皮纸的传统制造工序来为您揭晓答案。

# 第三十一章　桑皮纸制造工艺与工具

## 桑皮纸的由来与制造

### （以山东省临朐县纸坊村桑皮纸制造为例）

桑皮纸，是指以桑树枝皮为原料制造的纸种，是中国有历史记载最早的纸种。“临朐纸坊桑皮纸”又称“山东老纸”，起源于汉代，出自左伯纸系，呈天然乳白色，质地柔韧、纤维细长、拉力大、耐磨损、耐折叠、无毒无味、防腐防蛀、吸水性能好、着墨不褪色，素有“寿纸千年”的美称，早在唐宋时期，就已蜚声海内外。位于山东省临朐县城西端的纸坊村，龙泉河水从村中横穿而过，为桑皮纸的生产提供了优质水源，民间俗语称“好水好皮，捞纸不愁”。据《纸坊村志》记载：“明洪武六年（1373年），刘氏在此立村，后有白氏、魏氏等迁入，因百分之八十的农户以手工捞纸为业，纸坊村因此得名。”这项技艺世代相传，至今已有六百多年的历史。

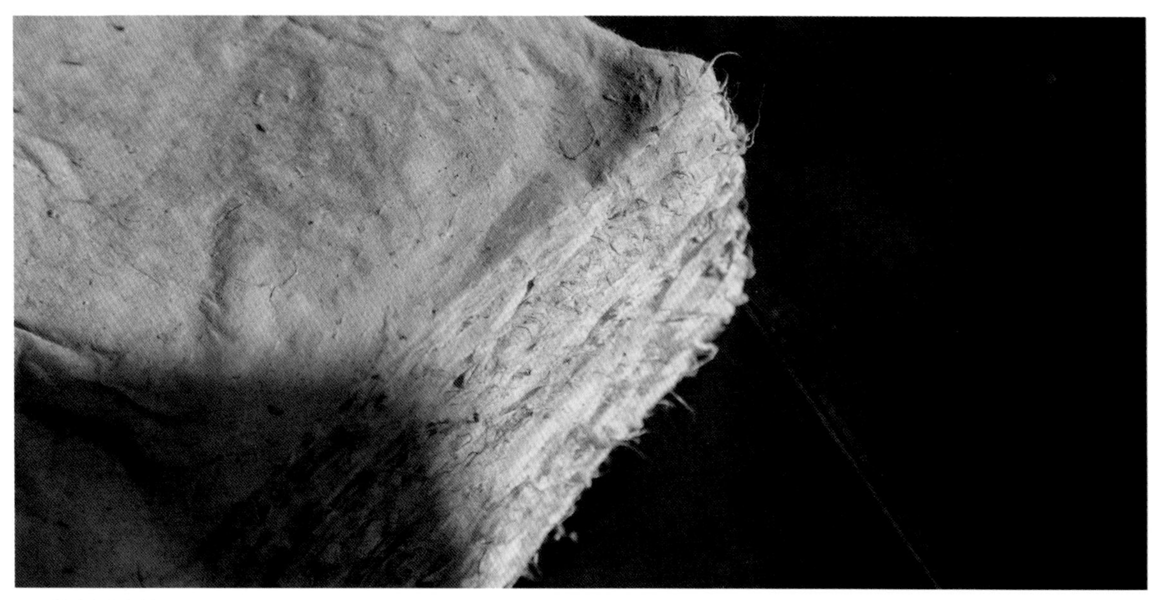

▲ 桑皮纸成品

# 工序一：砍条、剥皮、选皮、捆扎

“临朐纸坊桑皮纸”制造工艺只靠师徒口传心授，全凭操作经验掌握，是劳动人民集体智慧的结晶，其制造主要以青石山区的鲁桑、湖桑嫩皮为原料，经砍条、剥皮、选皮和捆扎、泡皮和腌皮、蒸皮、盘皮、淘瓤和化瓤、卡对、切瓤、撞瓤、打瓤、捞纸、脱水、晒纸、理纸等十三道工序精制而成。其规格通常有两种：一种是篓纸，专门用于糊篓子，纸幅长30多厘米，宽20多厘米，每捆25～50刀（大刀100张，小刀50张），酒篓、油篓、酱菜篓等用桑皮纸裱糊后，涂以猪血、石灰清配制的涂料，晾干后光亮坚固不透气、不渗漏。另一种是八方子，纸幅长44cm，每捆25～50刀（大刀100张，小刀50张），主要用来铺垫蚕席、包装中药、糊窗户、糊墙壁、糊顶棚、扎风筝，书写民间契约、文书、档案等。

每年谷雨前后，砍下桑树滑条，滑条以手指粗细为宜，谷雨时节的桑皮不老也不嫩，太老杂质多，不易加工，纸张质地粗糙；太嫩则纤维纤细，出纸少，纸张缺乏韧性。刚砍下的桑条要趁新鲜剥皮，剥皮时要顺着桑条纵向呈条状往下剥，这样容易剥离，同时也保护桑皮纤维，使桑皮纸柔韧性强。剥下的桑皮晒晾在天井里，使其充分干燥并晾晒均匀才能储存，否则就会变质腐烂，影响纸的质量。晾晒过质量差的桑皮要分拣出去，留下质量好的桑皮再次晾晒，充分干燥后按0.5kg左右一捆捆扎。

▲ 剥皮

▲ 晒皮

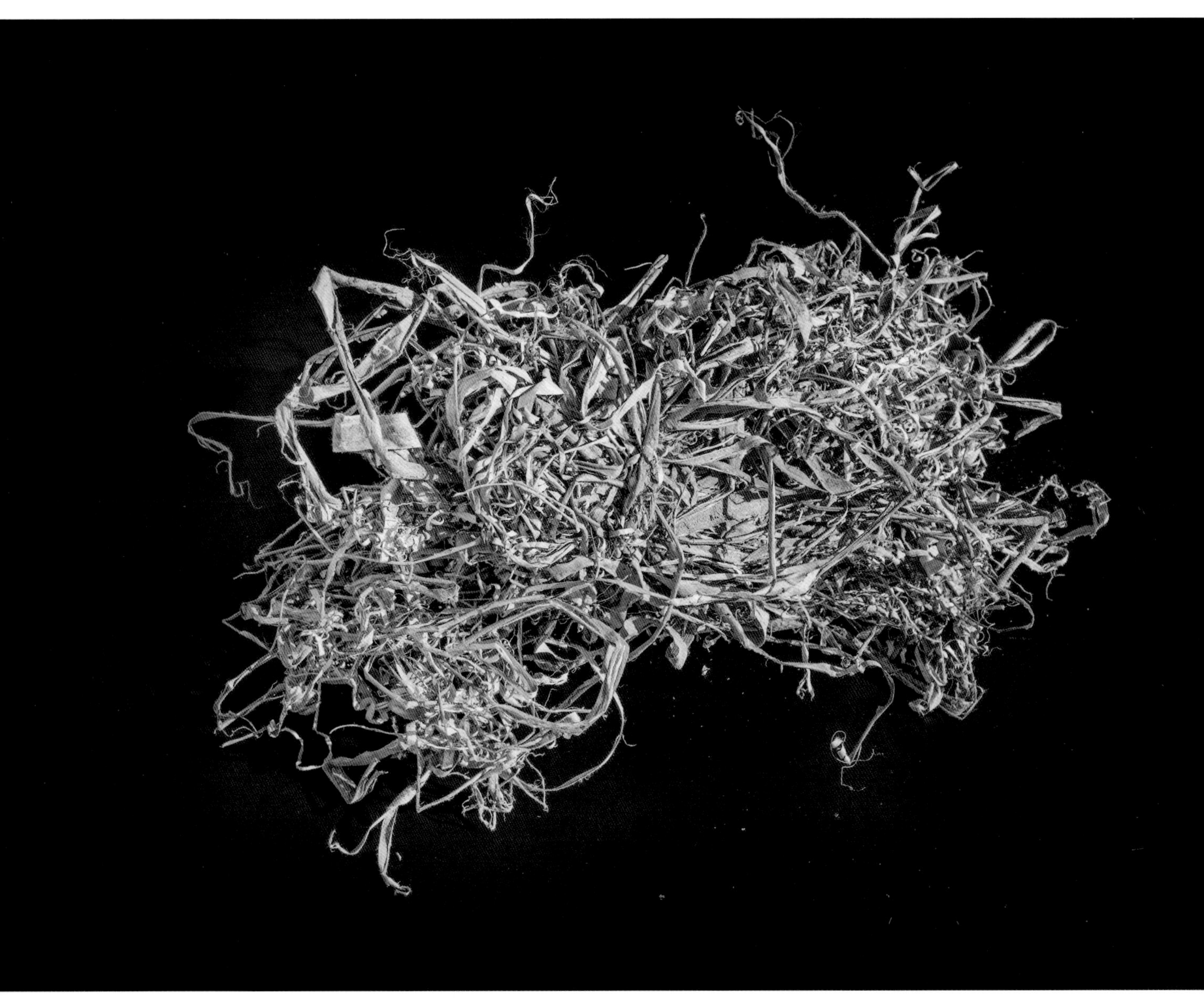

▲ 干桑皮

# 工序二：泡皮和腌皮

泡皮是将分拣过的质量好的桑皮捆成团，放入河水或湾水中浸泡1天左右，把桑皮泡软泡透。腌皮是将泡软的桑皮重新打捆，放入盛满石灰水（桑皮与生石灰比例为3：1）的专用池中，用石板压实，使石灰水漫过桑皮，浸泡一昼夜（气温越高桑皮浸泡时间越短，反之越长）。生石灰遇水产生大量热量，将桑皮进一步软化。

▶泡皮

▼ 腌皮

# 工序三：蒸皮

蒸皮是指将桑皮捆放入锅中蒸熟的工序。装锅前，先在锅中盛满水，再放上篦子，将腌制好的桑皮捆置于篦子上，分层垛起来，然后用木板封堵装锅口并用泥巴密封，以防热气泄漏。蒸皮一般需要3~5h，待蒸气从下边出气孔冒出时，说明桑皮已蒸熟。熄火焖半小时后出锅，用桑皮钩勾出蒸好的桑皮捆，冷却备用。

◀ 装锅封泥

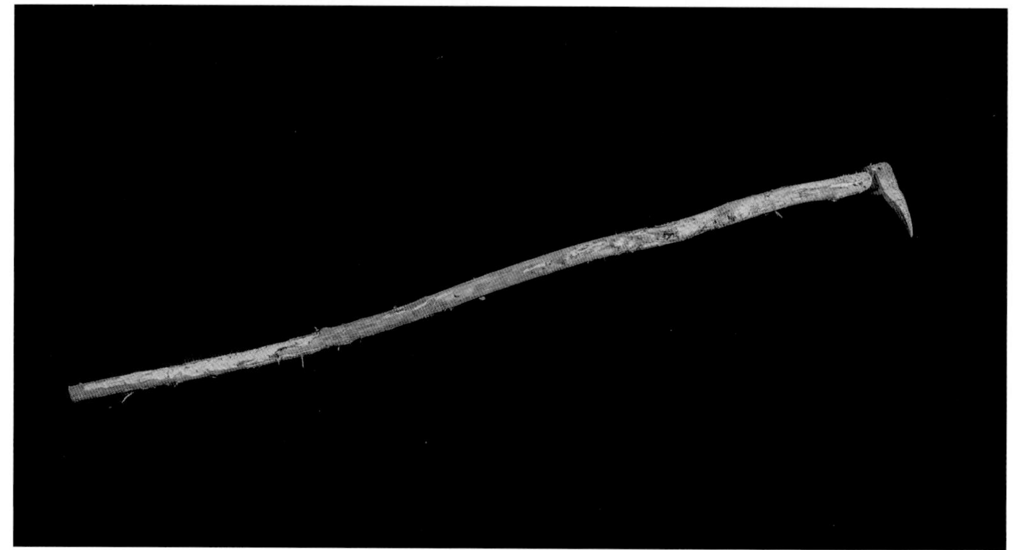

▲ 桑皮钩

# 蒸皮锅

蒸皮锅指在筑好的炉子及锅台基础上，三面用砖砌筑并用石灰泥或水泥抹平，顶部盖上木板后用泥巴密封，前立面为装锅口，装锅后用木板封堵装锅口并用泥巴密封的构造。

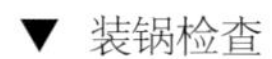
▼ 装锅检查

▼ 出锅

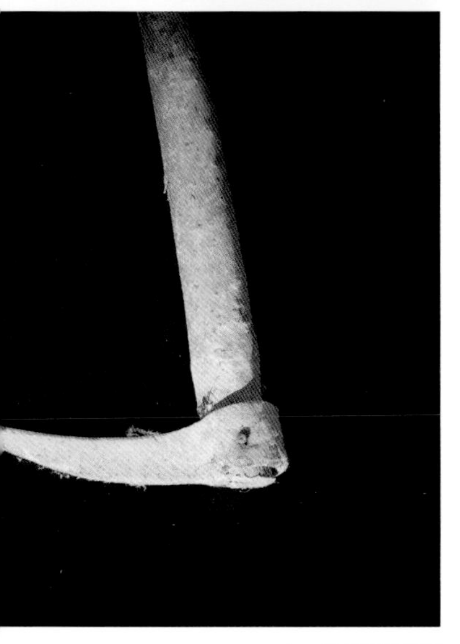

▲ 桑皮钩细部

# 桑皮钩

桑皮钩，木柄长约160cm，铁钩长约20cm，主要用于泡皮时，在河水或湾水中搅动桑皮捆，使其泡透，泡透后，拖到岸边；腌皮时，从池子中把腌制好的桑皮捆拖出来；蒸皮出锅时，把蒸好的桑皮捆拖至指定地点。

# 工序四：盘皮

盘皮（俗称净皮），是将蒸好的桑皮分批放在地板上，用双手扶住扎好的横杆，双脚不断踩踏滚动地上的桑皮，直至把外皮盘掉为止（老皮也叫椿），再把盘好的桑皮放入筛子筛除碎末，摘除桑条，留下桑皮瓤子。

◀ 盘皮

◀ 筛子

## 筛子

筛子，直径约70cm，高约16cm，主要用于盘皮时筛除碎末和卡对子时盛放桑皮瓤子。

# 工序五：淘瓤与化瓤

▼ 淘瓤

淘瓤（俗称洗皮）是把盘好的桑皮瓤子放入淘瓤筐内，在水中用扁担摊匀，反复搅动，将瓤子浸泡分解，让水流冲去杂质。化瓤是把淘好的瓤子平摊放到流动的浅水里浸泡半天，在浸泡时用桑皮钩翻动几遍，利用流水把杂质冲掉，使之完全泡开洗净。

▼ 扁担

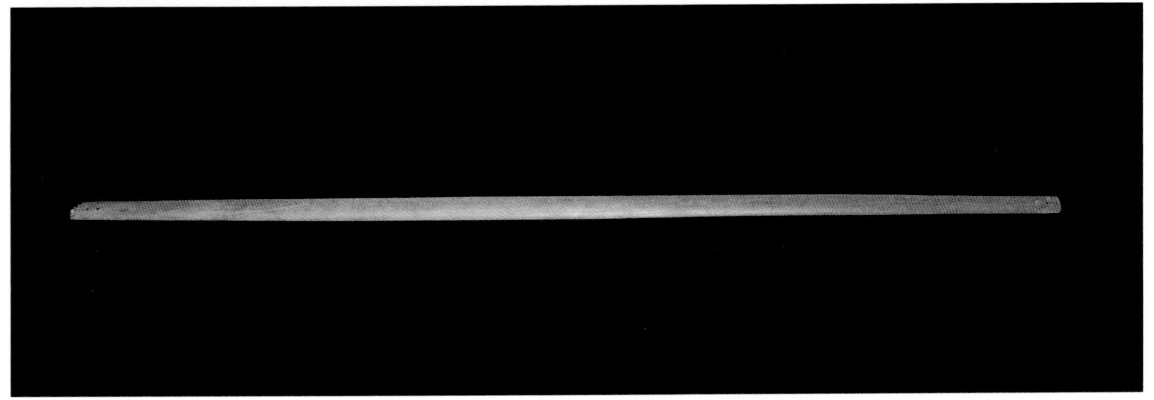

## 扁担

扁担长约220cm，用长纤维硬木制作而成。

## 淘瓤子筐

淘瓤子筐，直径约90cm，高约35cm，主要用桑条编制而成。

◀ 淘瓤子筐

# 工序六：卡对

▲ 卡对

卡对是用木制长柄锤式工具卡制已化好桑皮瓤子的工序。该工序主要利用杠杆原理，需两人操作，一人手扶托床，并对放在托床上筛子里的桑皮瓤子挑拣去杂，双脚上下有节奏的连续踩踏。另一人把桑皮瓤子放在对头下的石板上，并不住地翻动桑皮瓤子，使其砸得均匀，纤维糅合得更紧密，先把松散的桑皮瓤子卡成圆饼形，然后再卡叠成窄而长的“皮单”，摞在一起。

# 对杆与对头

对杆长约2.3m；对头长约50cm，直径约20～24cm。

▶ 对杆与对头

▼ 托床

# 托床

托床，高约80cm，用坚硬三叉树枝做腿，上面加木板，三条腿的优点：一是比较稳固，二是易于挪动。托床主要用于卡对子时踩踏者放筛子和平衡身体使用，晒纸时放已脱水的桑皮纸垛用。

# 工序七：切瓢

切瓢是将皮单置于切瓢床上，分叠成一摞，然后用一根粗壮绳子扎成圈，上圈紧紧勒住皮单，下圈用一只脚踏实，将皮单固定，用两手紧握切瓢刀刀把，对准皮单，一刀一刀将其切成均匀碎片。

▲ 切瓢

▶ 切瓢床

▲ 切瓤刀

▲ 切瓤刀使用示意

## 切瓤刀

切瓤刀长约1m，宽约20cm，两端有把，主要用于将皮单切成碎片。

◀ 切瓤床细部

## 切瓤床

切瓤床高约80cm，长约170cm，截面15cm × 15cm。切瓤床和平衡木差不多，只是比平衡木宽，大多用桑木制作。

# 工序八：撞瓤

▲ 撞瓤

撞瓤，是把切好的瓤子装入特制的撞瓤布袋内，并插入撞耙，将布袋口扎住后放在水中抽动撞耙，反复撞击（约撞击200次），促使纤维分解成纸浆。

# 撞耙

撞耙又叫撞瓢耙子，木柄长约2.2m，端头安装直径约15cm、厚约3cm的中厚边薄圆木。

▼ 撞耙

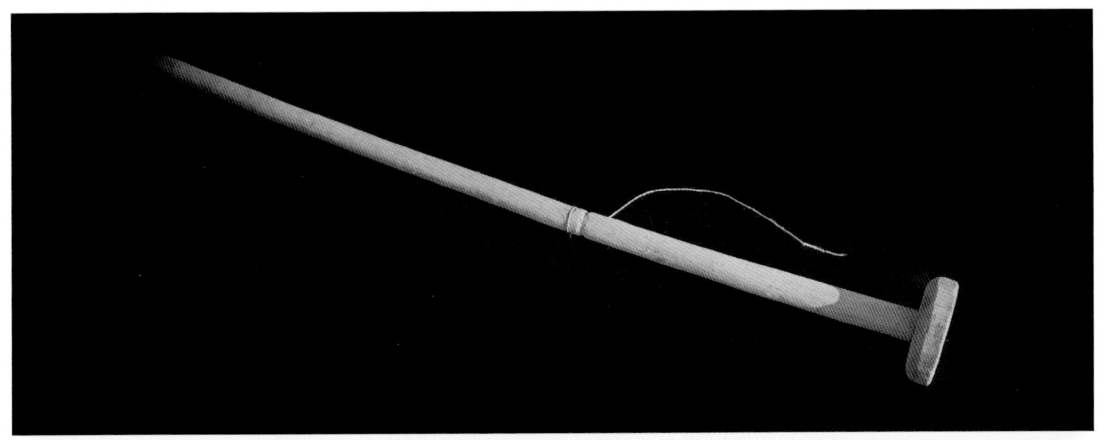

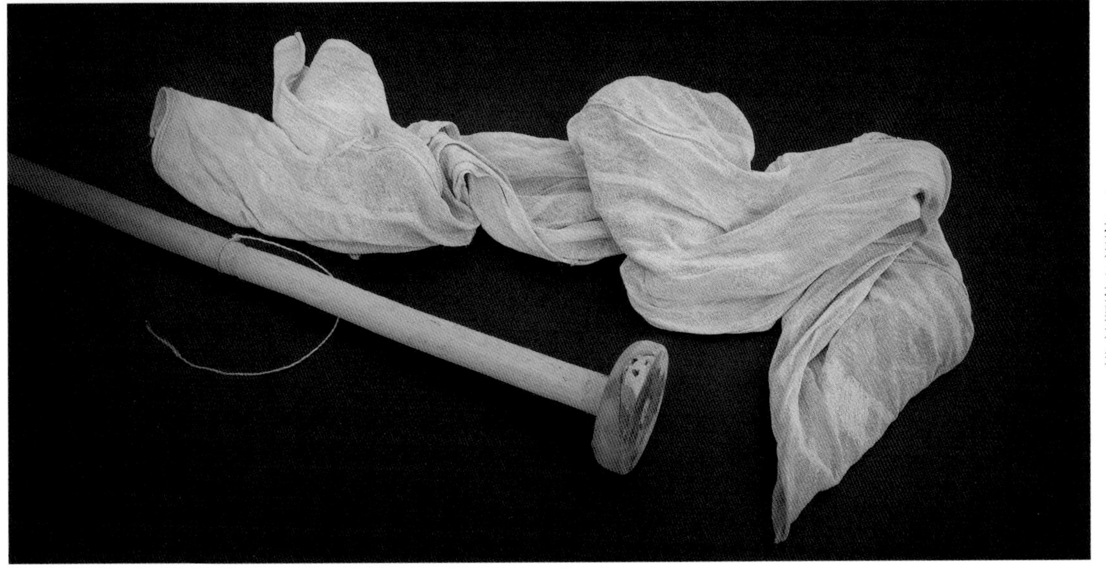

◀ 撞耙与撞瓢布袋

# 撞瓢布袋

撞瓢布袋是用棉线和纤维布制作而成的下粗上细的布袋，长约1.5m，主要用于撞瓢子使用。

# 工序九：打瓤

▼ 打瓤

打瓤（俗称打浆）：将撞好的瓤子倒入捞纸池内，用小撞耙来回拨打数百次，上下撞击，充分搅拌，使纸浆均匀，再用带有弧度的硬枣木打瓤棍把瓤子打匀，撞与打反复交替进行，让纸浆成糊状、澄匀、澄稀薄（俗称匀瓤）。在撞打过程中水面会出现泡沫，容易使捞出的纸有孔，加入几滴豆油可消除泡沫（俗称杀沫）。

## 小撞耙

小撞耙又叫“撞耙子”，是在捞纸池当中撞瓢子用的工具，长140cm左右，撞耙把的底端按一长20cm、宽12cm、厚4cm的方木。

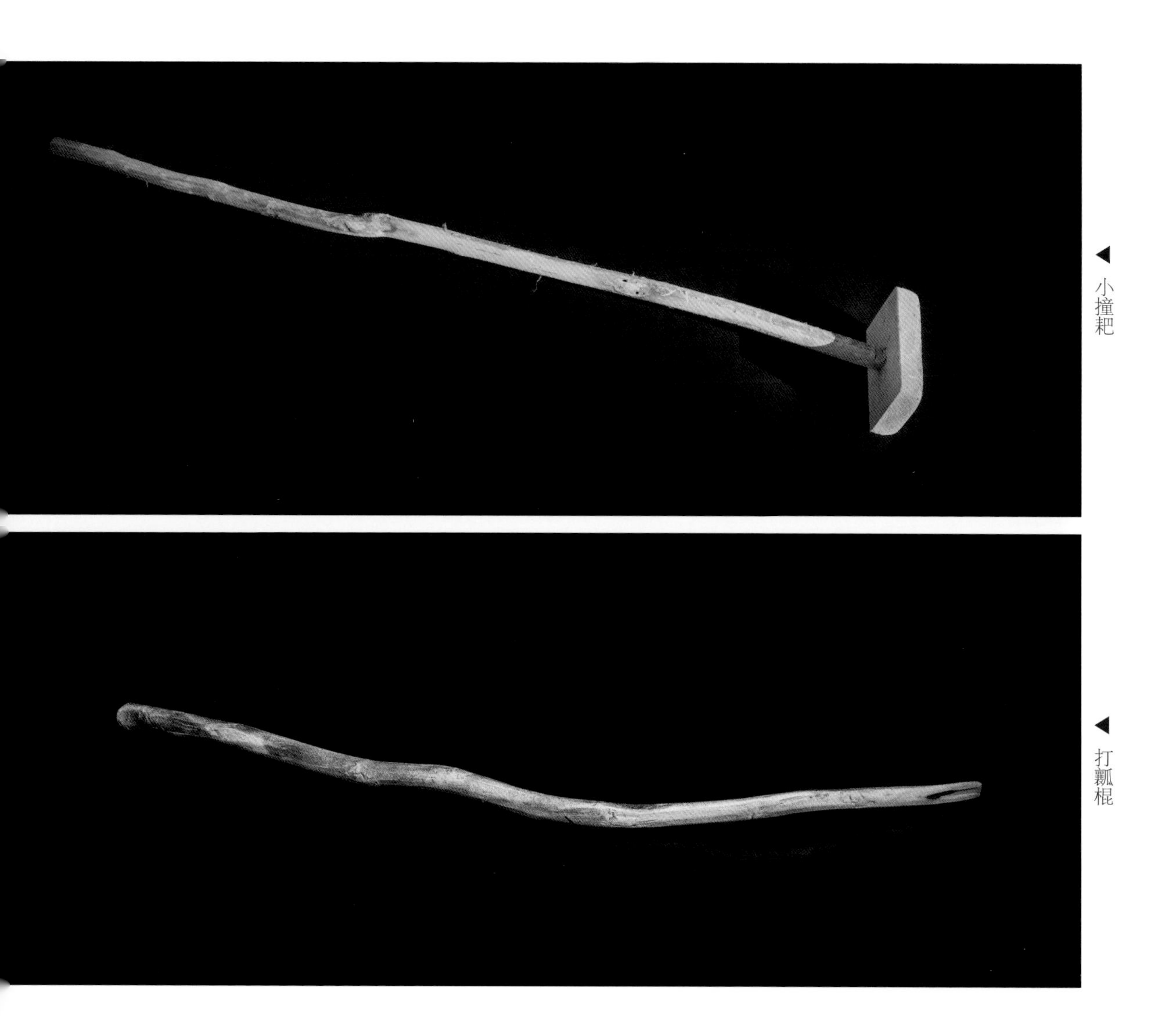

◀ 小撞耙

◀ 打瓢棍

## 打瓢棍

打瓢棍是在捞纸池内打瓢用的工具，一般用枣木制成，上粗下细，略有弧度，长95cm左右，直径2.5cm左右。

# 工序十：捞纸

捞纸，根据纸张的不同选用不同规格的捞纸帘子和帘床子（有一格、两格、大小尺寸多种），捞纸前，将“约尺”分别压在帘子的左右两边，使捞纸帘子和帘床子紧贴在一起。首先，把捞纸帘子在池中往前一送，使捞出的纸有“背头”（就是一端较厚一点），便于以后揭晒。其次，把竹帘子全部插入捞纸池中，轻轻旋动，待纸浆均匀，端起帘子控水。然后，帘床子放在限盆池担杆上，轻轻揭起捞纸帘子，倒扣在放纸台（台子高0.8m，台面长1.1m，宽0.76m，靠近池子的一边低，并有一条小凹槽，再从小凹槽留回纸浆池）的纸垛上，用双手来回抚摸几下，使其舒展开来，再将捞纸帘子提起来，抄出的湿纸就落在纸垛上了。重复上面工序，直至纸浆捞净为止。

▼捞纸

◀捞纸池

## 捞纸池

捞纸池，俗称限盆，一般是在室内用5块平面石板砌成，用豆油和石灰活成油泥灌缝密封处理，约1.3m²，深度约1m。捞纸时，上面有担杆临时搁放帘床子。

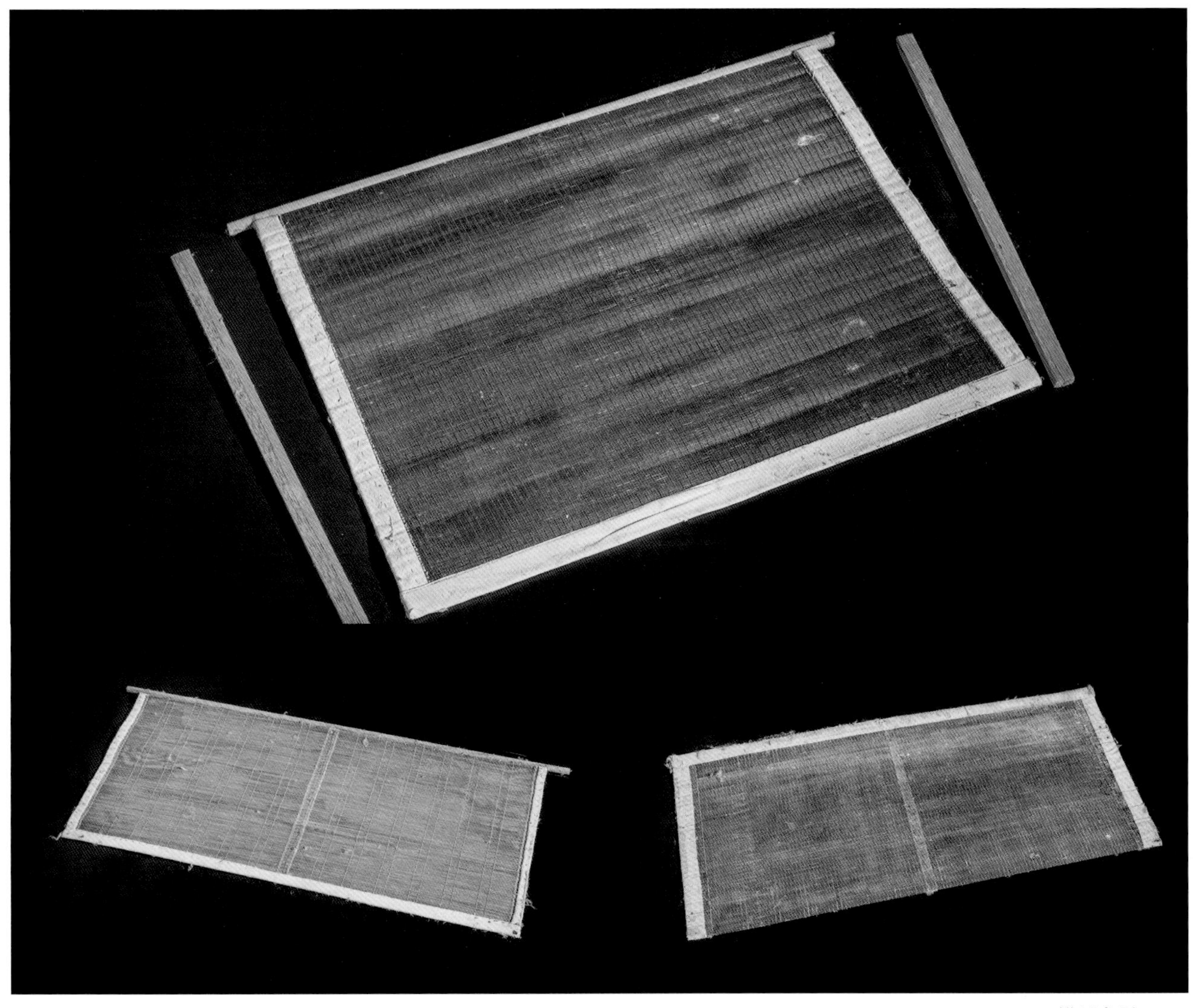

▲ 捞纸帘子

# 捞纸帘子

捞纸帘子有44cm$^2$、53cm × 30cm等规格尺寸。捞纸帘子是用细竹糜子和丝线编制而成，三面用布研边，一面用木条连接，表面光滑，缝隙细密。

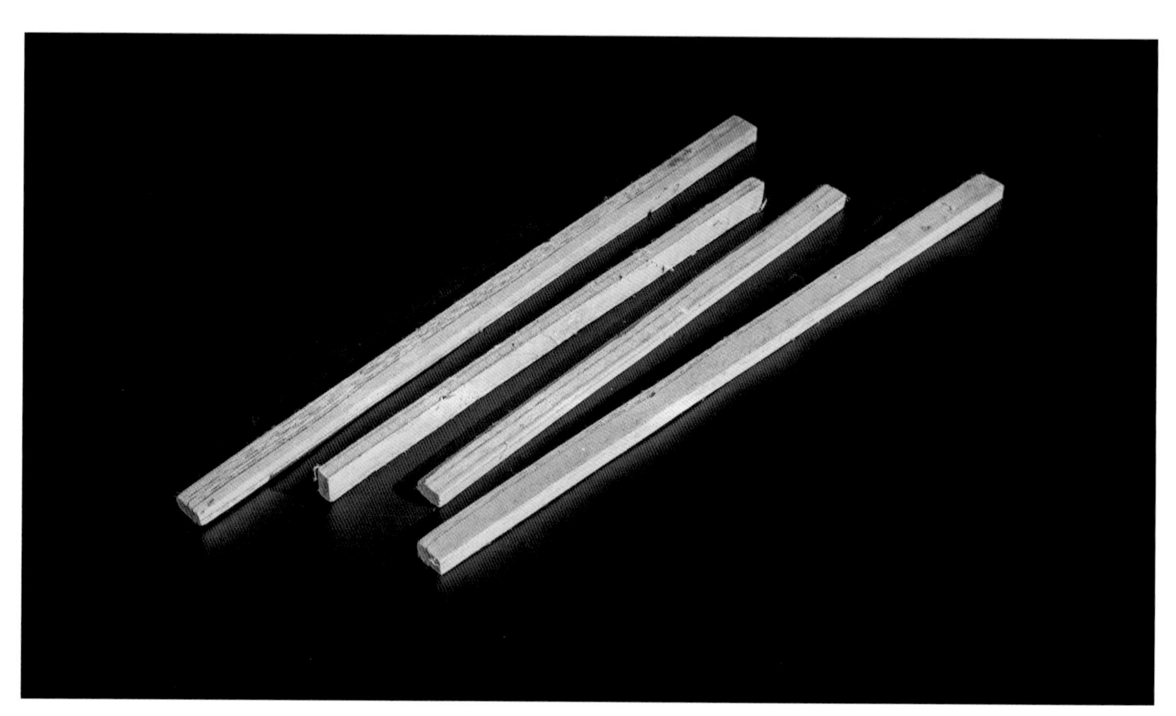

▲ 约尺

## 约尺（压帘棒子）

约尺有40cm、52cm等型号，截面2cm。

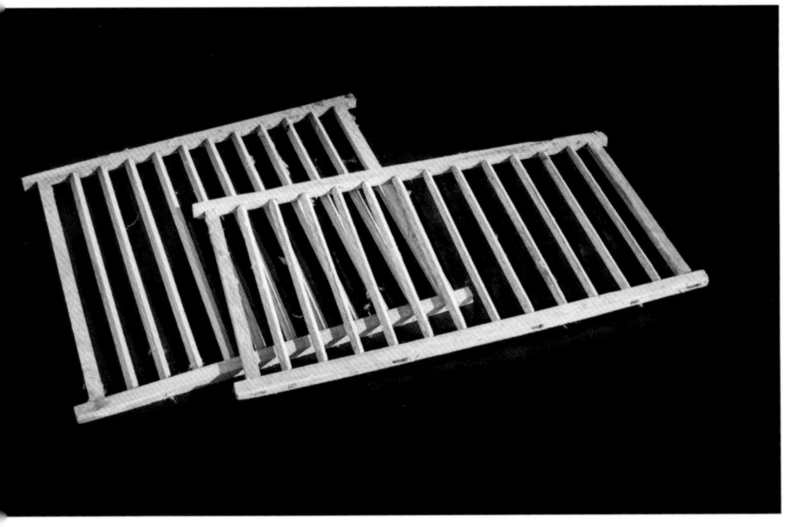

▲ 两种规格的帘子架

▼ 63cm × 40cm帘子架

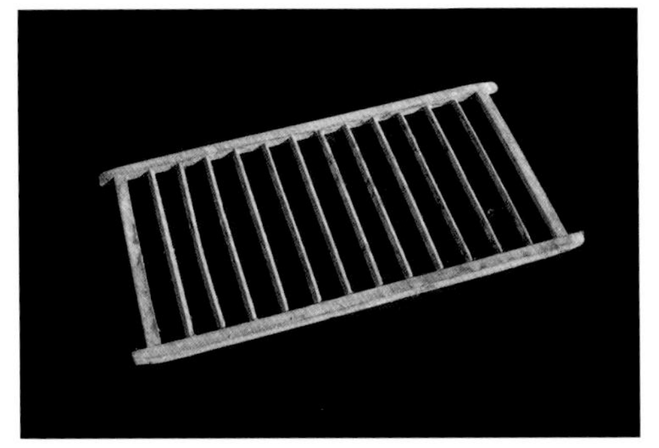

▼ 54cm × 54cm帘子架

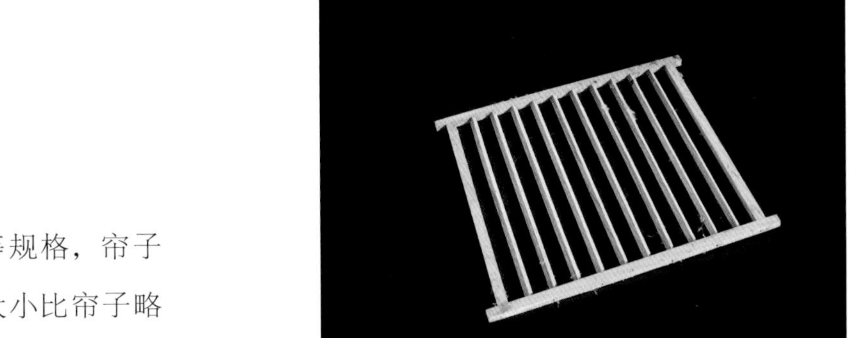

# 帘子架

帘子架有54$cm^2$和63cm × 40cm等规格，帘子架中间横隔几条细木条，且外框大小比帘子略大，用来支撑绷紧帘子。

▲ 带帘子捞纸的帘子架

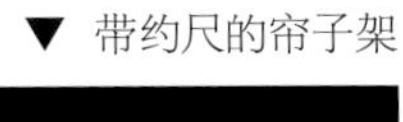

▼ 带约尺的帘子架

# 工序十一：脱水

脱水，是把捞好的湿桑皮纸（每100张为一刀，刀与刀之间加一麦秸秆作为记号）一刀刀摞成纸垛，纸垛上放一块木板，再压一块25kg左右的石头，使其受压脱水。

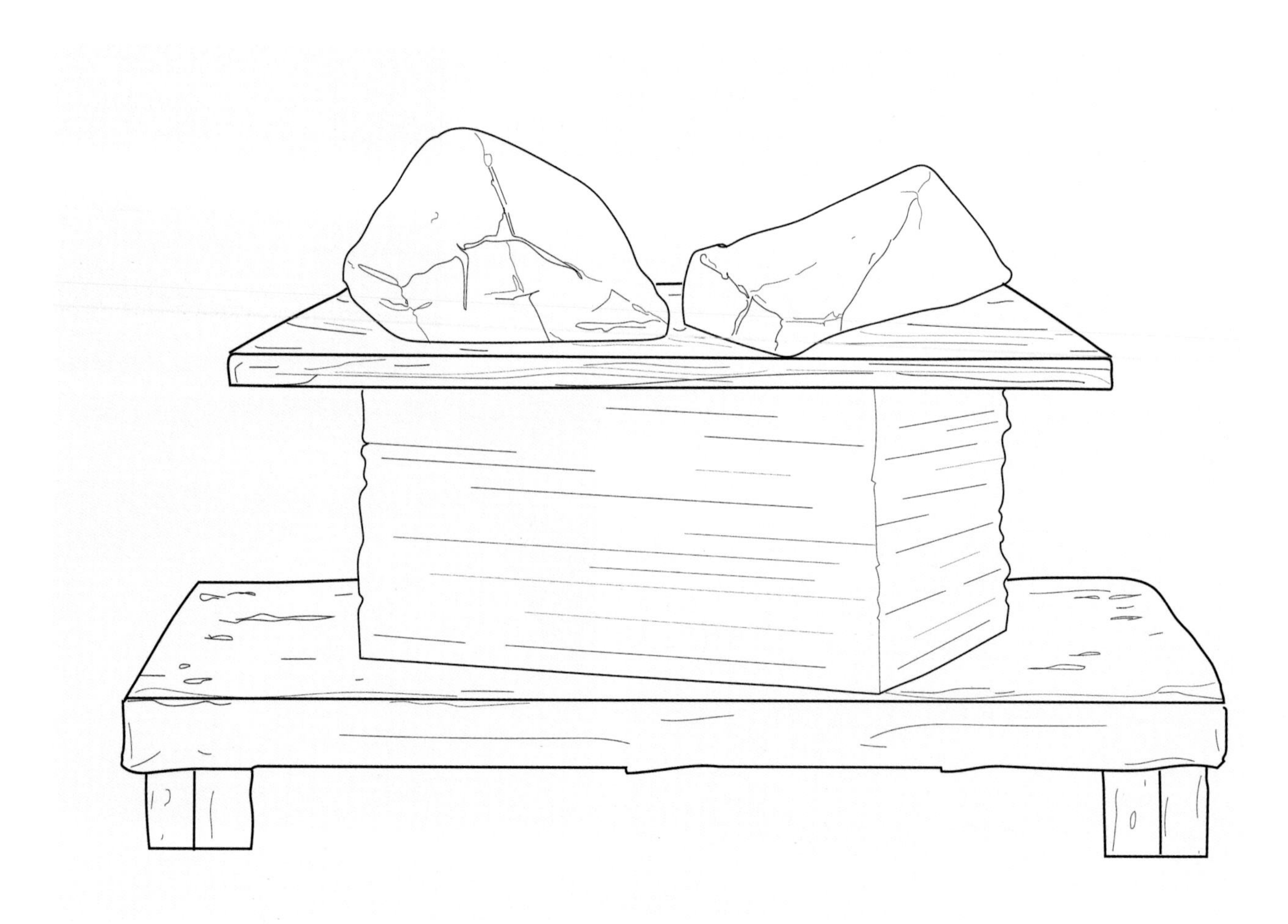

▲ 脱水示意图

# 工序十二：晒纸

晒纸（也称扫纸），把脱水后的桑皮纸放托床上，扛到朝阳光的晒纸墙边，揭起湿纸，用笤帚托起扫到晒纸墙（用筛子筛过的麦瓤和泥抹成的平整光滑的墙）上，成竖趟（3～5张纸为一趟），趟与趟间隔5cm，让水分蒸发、干燥，一般3h左右即可从晒纸墙上揭下。

▲ 晒纸场景

## 托床与笤帚

▼ 托床

▲ 笤帚

# 工序十三：理纸

理纸是桑皮纸制作工序的最后一步，是将晒好的桑皮纸从墙上揭下来后，拿到室内，再进行单张分揭摞叠，经过检验、整数、打捆（一般100张为一大刀，50张为一小刀，50刀为一块）后，即为成品。

▲ 理纸

# 桑皮纸的特性

桑皮纸具有四大特性：（1）寿。桑皮纤维独有的特性，使纸保存时间长久，真正的“寿纸千年”收藏于北京故宫博物院，唐朝宰相韩滉（723—787）作的《五牛图》就用桑皮纸创作，一千三百多年历史的验证。（2）繁。桑皮纸制作周期长，有72道工艺，道道精湛，纯手工制作。（3）韧。纯韧皮及桑皮纤维制作，纸质柔韧，百搓千揉，万折而不损。收藏于英国剑桥大学电子图书馆的一张由桑树皮纸制成的1380年发行的中国明朝纸币“大明通行宝钞”就是有力的证明。（4）古。具有古朴典雅的墨韵特性，厚重的历史语言与沧桑感。“临朐桑皮纸”制造历史悠久，技艺师承东汉末年左伯纸系。

▶桑皮纸

# 第七篇

# 石灰烧制工具

# 石灰烧制工具

石灰，是应用较早的胶凝材料，中国早在公元前七世纪就开始使用石灰。至今石灰仍然是用途广泛的建筑材料，石灰有生石灰和熟石灰。从仰韶文化的半穴居建筑到龙山文化的木骨泥墙建筑，从夏商周时期的宫式和高台建筑、秦汉时期的砖石建筑、明清时期的紫禁城到近代的建筑等，石灰一直是其中不可或缺的建筑材料。

石灰具有较强的碱性，在常温下，能与玻璃态的活性氧化硅或活性氧化铝反应，生成有水硬性的产物，产生胶结。因此，石灰是建筑业中重要的原材料。

按照传统石灰烧制的工艺流程，我们大体可以把其工具分类为：采石工具、运输工具、装窑工具、烧窑工具、出窑工具、淋灰工具等。

# 第三十二章　采石工具

开山采石的工具主要用到钢钎、撬杠、石锤、楔等。

▲ 采石场景（摄于北京千灵山石灰窑遗址公园）

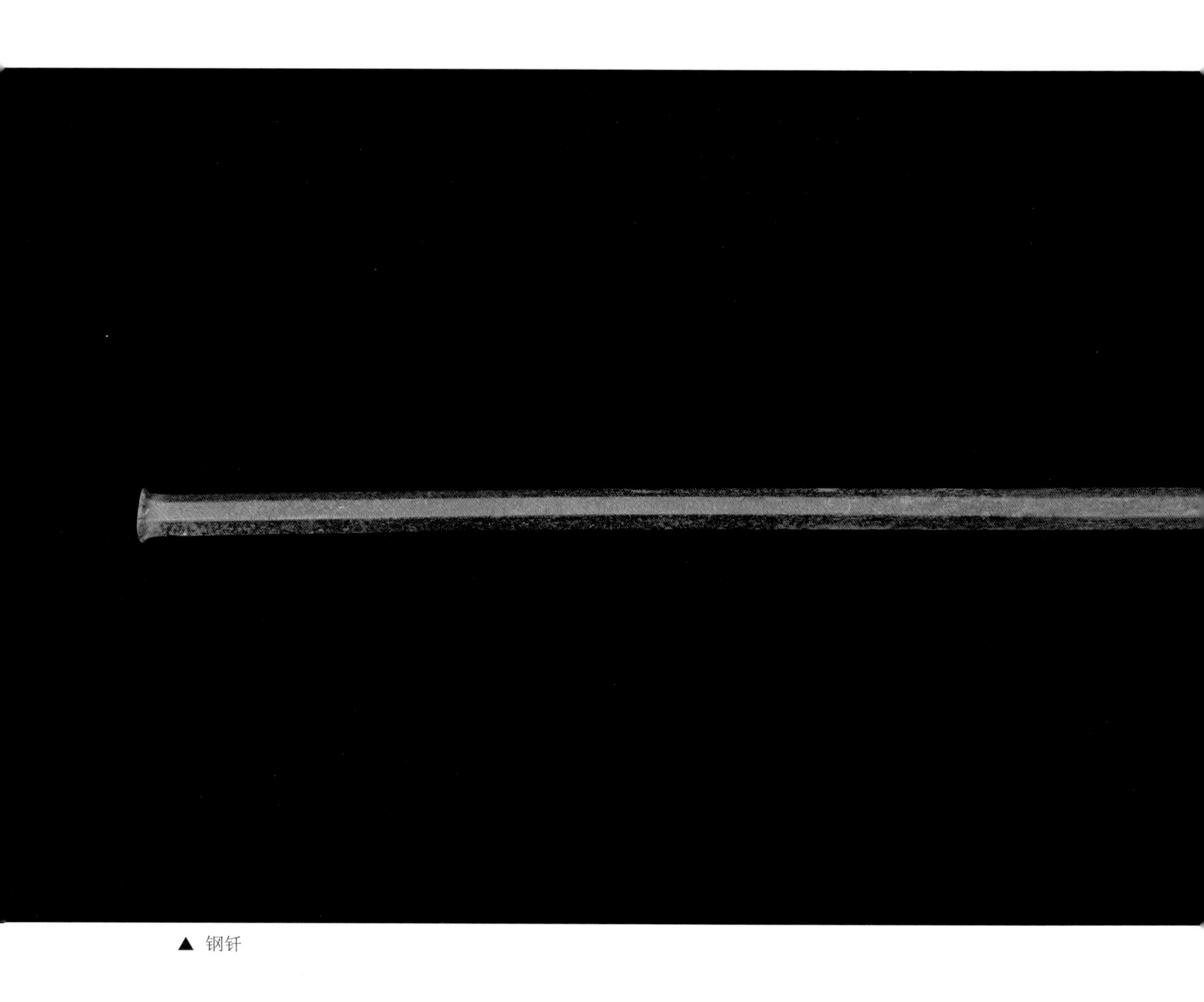

▲ 钢钎

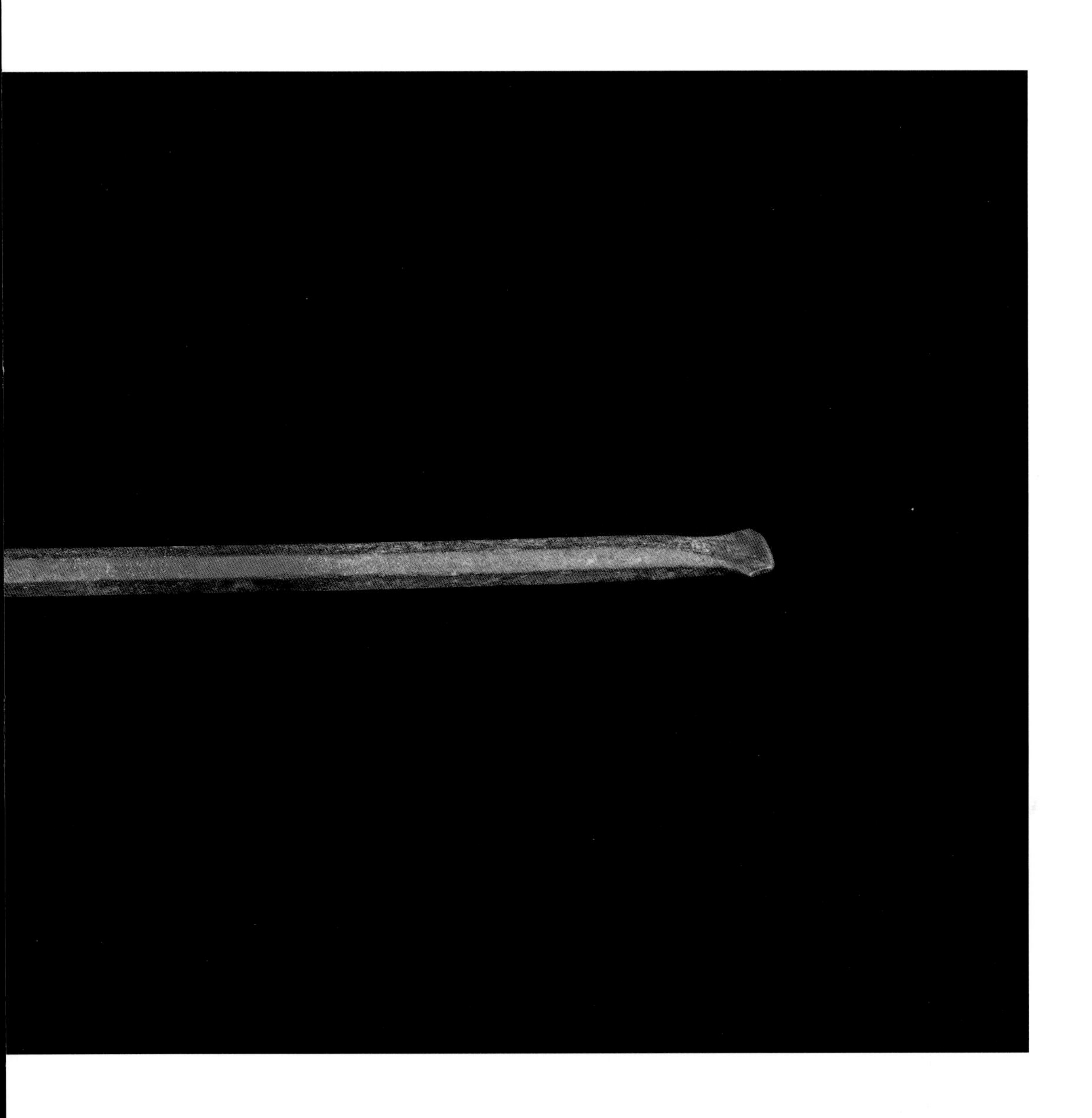

# 钢钎

钢钎是一种尖头钢棒，俗称“钎子”。它是一种采石工具，由大锤打入软质岩石以钻孔，在所钻的孔中装填炸药，用以爆破岩石。钢钎有尖头的也有扁头的，以尖头居多，一般都有一米七八长，有的甚至更长。

# 撬杠

撬杠，也称“撬棍”，实际上撬杠要比一般的撬棍粗，也比撬杠长，主要用于原石的撬动，以方便搬运。

▼ 撬杠

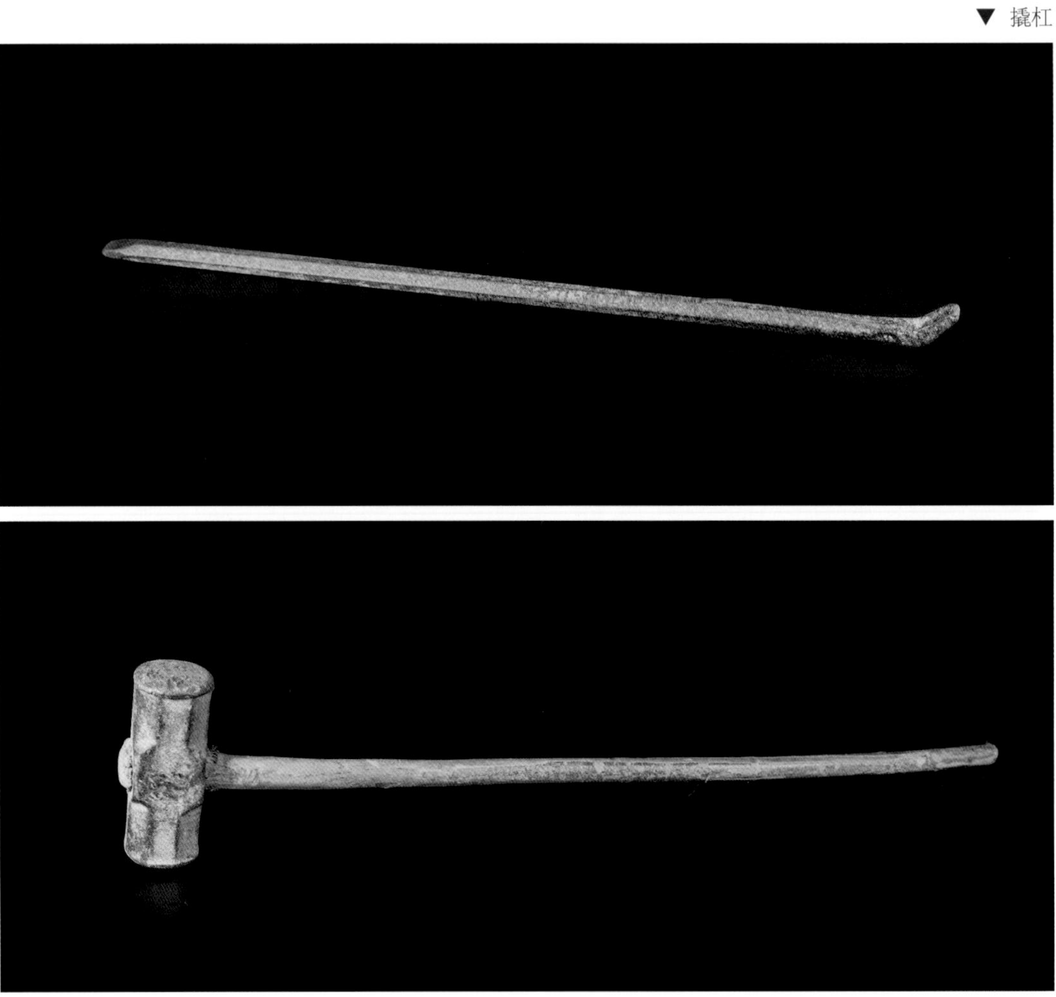

▲ 八磅锤

# 八磅锤

八磅锤击打面一般为圆形，也有方形或六棱形。在具体操作中，八磅锤主要配合钢钎、劈楔使用，进行石灰原石的开采。

# 第三十三章　运输工具

石块破碎完成后，需要用一些运输工具将其运送至石灰窑备用，过去常用的有独轮木车、独轮小铁车、双轮铁车等。

▲ 运输场景

# 独轮木车

独轮木车是过去北方常用的一种运输工具，广泛运用于生产生活的各个层面。

◀ 独轮木车

▲ 独轮小铁车

# 独轮小铁车

独轮小铁车，用于石块运输及装窑、出窑使用。

# 第三十四章　装窑工具

传统的石灰生产工艺是将石灰石与燃料（木材或煤炭）分层铺放，引火煅烧一周即得。

## 填窑

填窑指的是将需要烧制的原料与燃料等，装填至石灰窑中，传统做法是在窑底铺设一层干柴，往上一层铺设煤炭、煤渣，再一层为整理后的大小均匀的石块，再向上一层石块，一层煤炭、煤渣直至把窑填满，填满后点火烧制。

# 锨

锨在装窑过程中，主要用于石料、煤炭及煤渣等的填放。

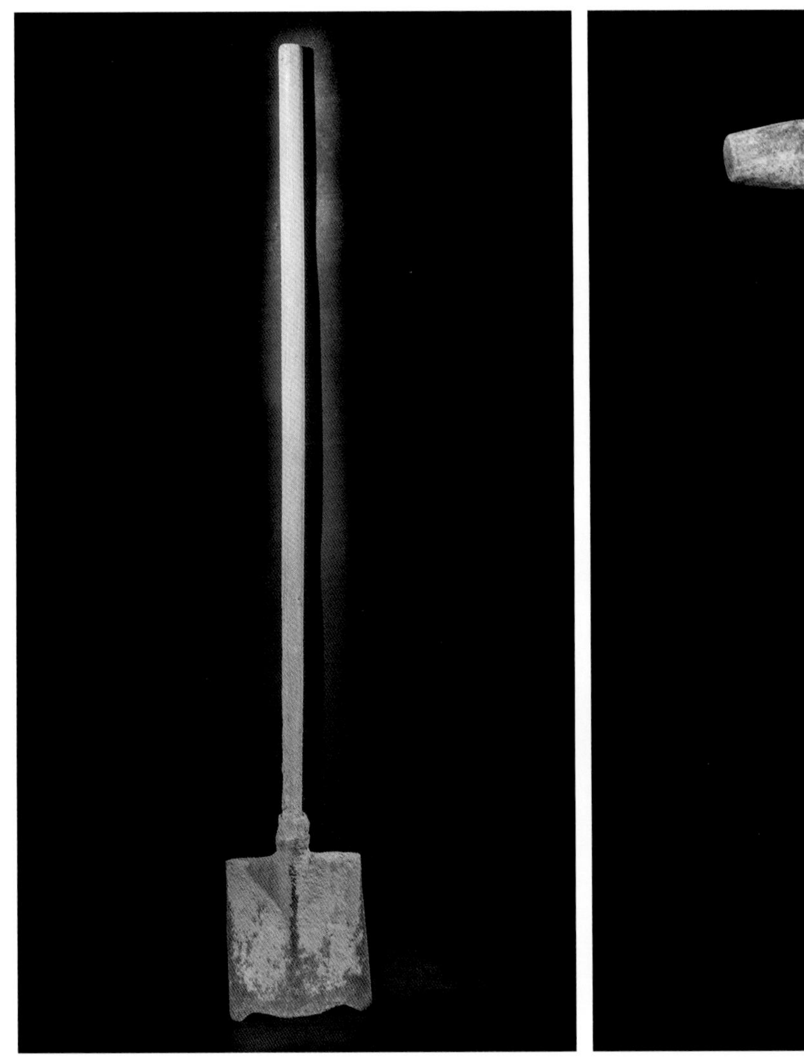

▲ 锨

◀ 花鼓锤

# 花鼓锤

花鼓锤是用于破碎石料的一种工具。在填窑的过程中，原石料需要破碎成大小基本均匀方才便于填放。

# 第三十五章 烧窑工具

将主要成分为碳酸钙的天然岩石，高温煅烧（1000～1100℃）分解出的二氧化碳，形成的以氧化钙为主要成分的产品即为石灰，又称生石灰。

▲ 石灰原石

# 石灰窑

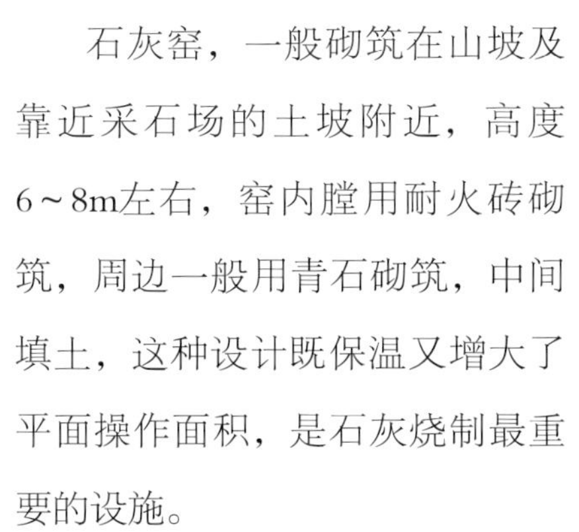

石灰窑，一般砌筑在山坡及靠近采石场的土坡附近，高度6～8m左右，窑内膛用耐火砖砌筑，周边一般用青石砌筑，中间填土，这种设计既保温又增大了平面操作面积，是石灰烧制最重要的设施。

▼ 双孔石灰窑

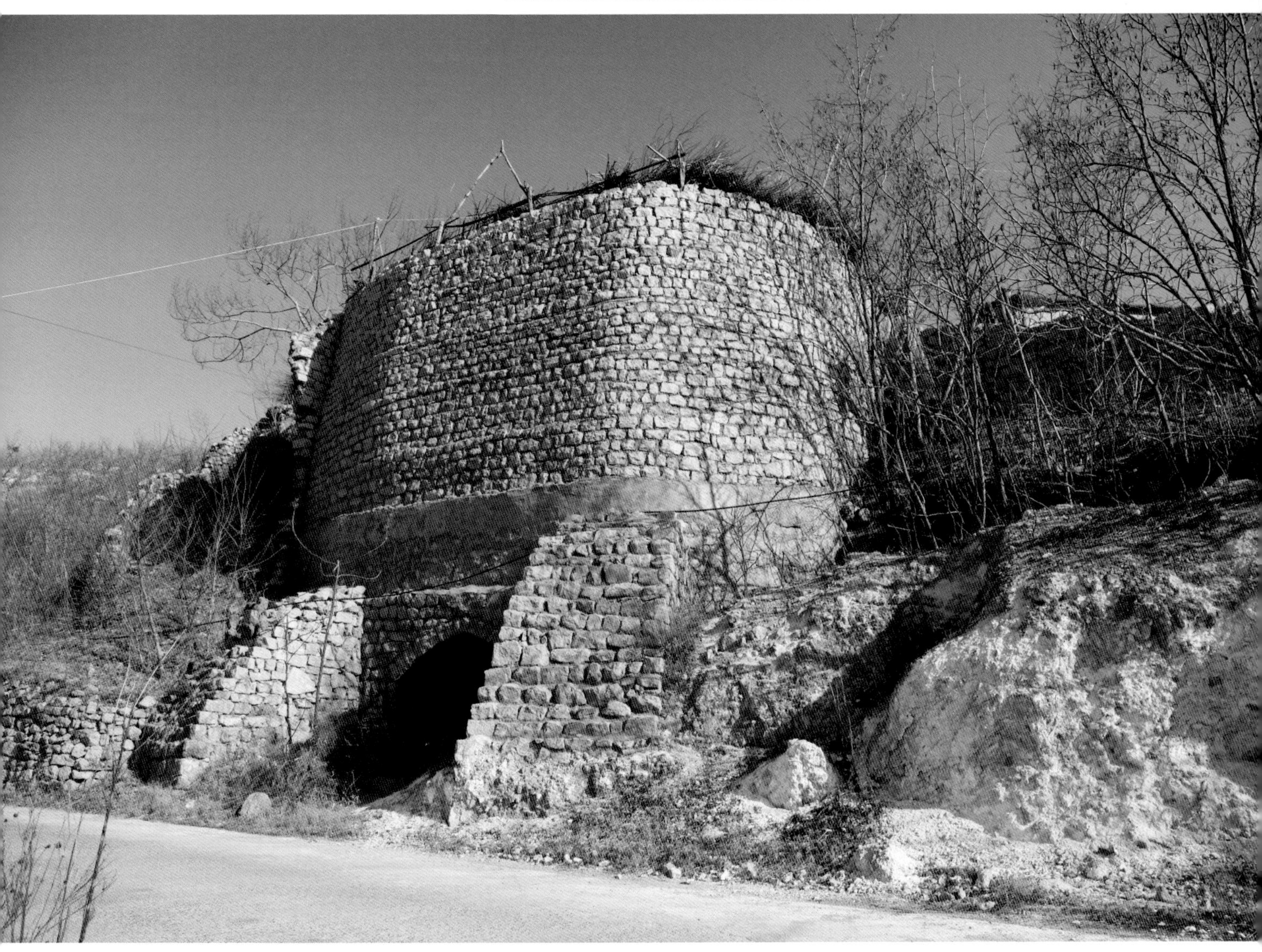

▲ 石灰窑

▲ 炉条

# 炉条

炉条为烧制工具，由于石灰窑温度高、重量大，要求底部支撑要有足够强度，因此，石灰窑的炉条一般用轨道按照窑体需求长度，切割铺装而成。

# 长钩条

烧制过程中，长钩条用于勾拉松动煤炭以防烧焦炼炉。

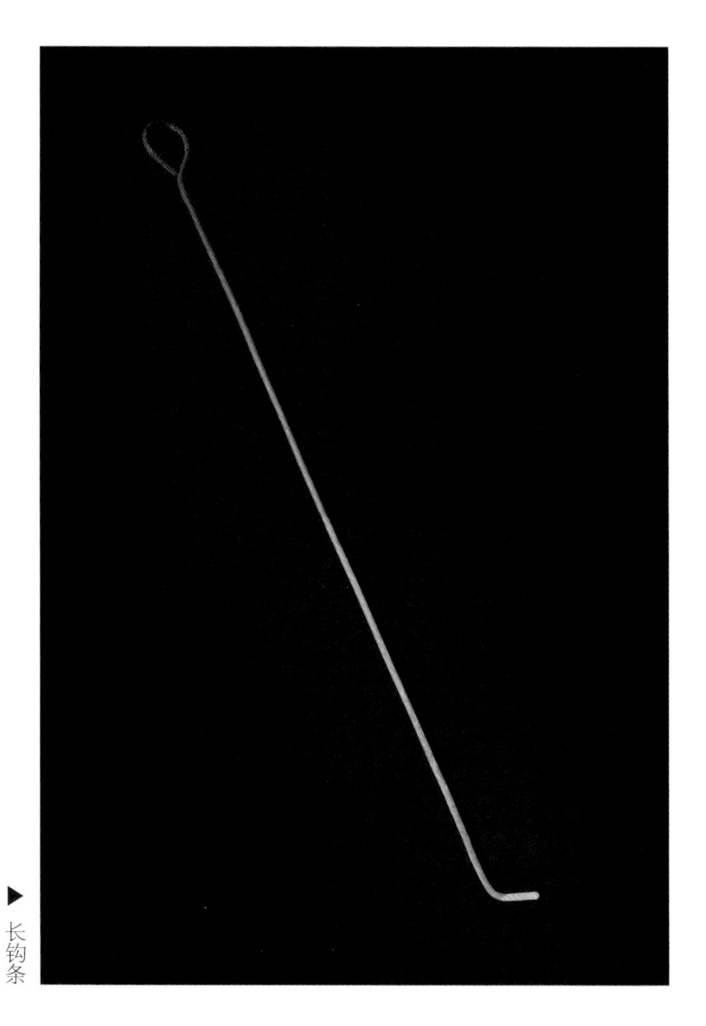

▶ 长钩条

# 第三十六章　出窑工具

停火两天左右自然降温后出窑。出窑工具包括：双轮铁拖车、锨、镢等。掏窑、冷却、运出，重复进行，进入第二个循环，这个过程称为出窑。

▼ 出窑场景复原图

▼ 双轮铁拖车

# 双轮铁拖车

双轮铁拖车，出窑运输工具，用于运输窑塘内石灰，石灰冷却后运至存放场地，把窑膛内石灰运出后，再掏窑、冷却、出窑，重复运作，直至出窑结束，然后进入第二个循环。

▶ 锨

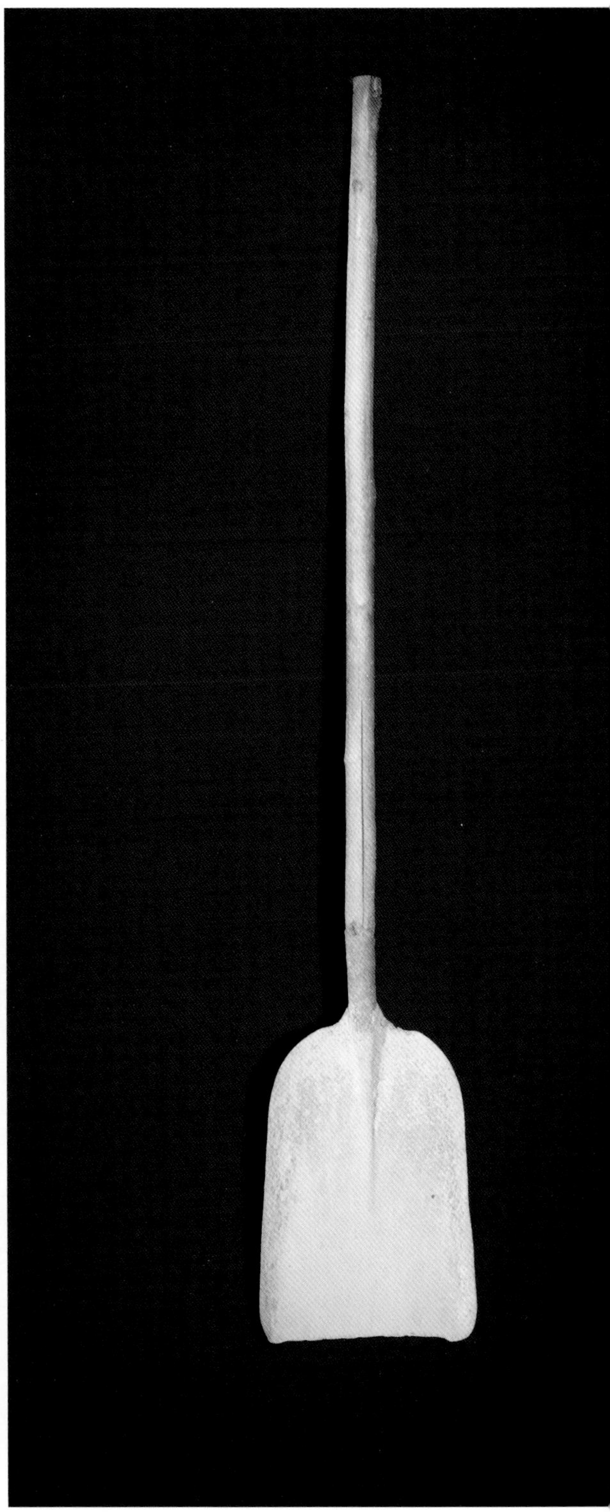

## 锨

锨，出窑工具，用于装石灰等，在石灰烧制过程中各个工序均有使用。

▼ 镢

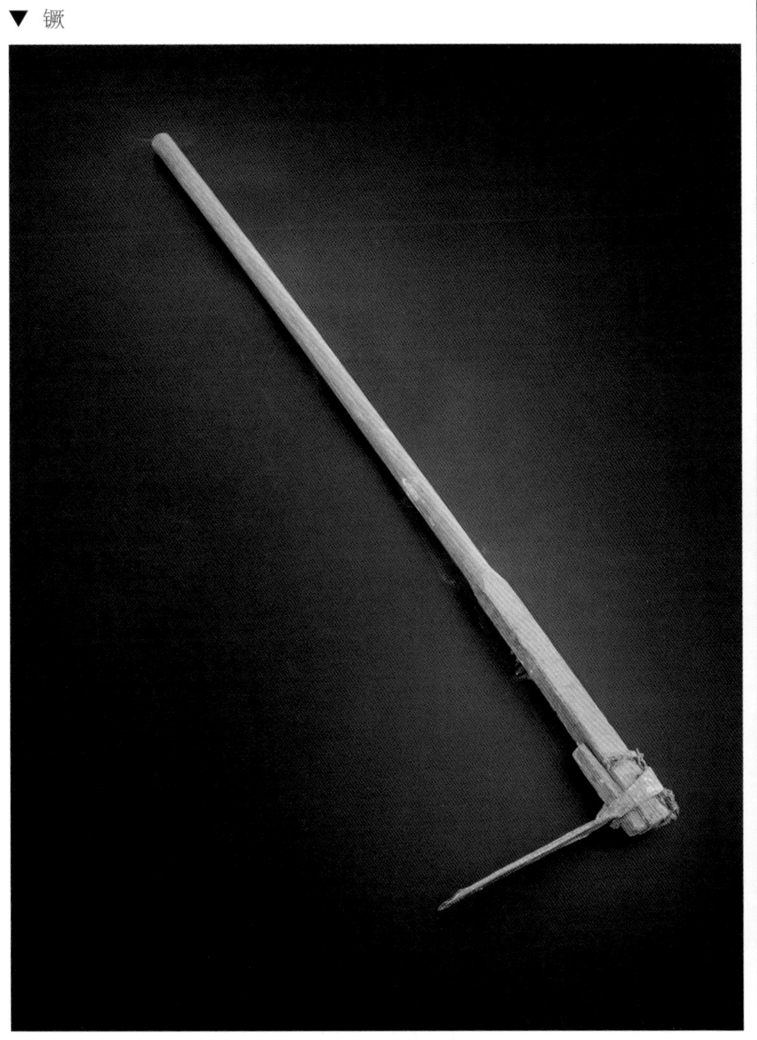

## 镢

镢，出窑工具，用于松动窑膛内石灰，与钩条配合使用。

# 第三十七章　淋灰工具

石灰是不可或缺的建筑材料之一，石灰粉可应用于建筑地基及公路地基的施工；石灰膏应用于建筑墙体的粉刷等；同时，石灰在工业、农业及医药等领域也有广泛应用。

▲ 石灰石

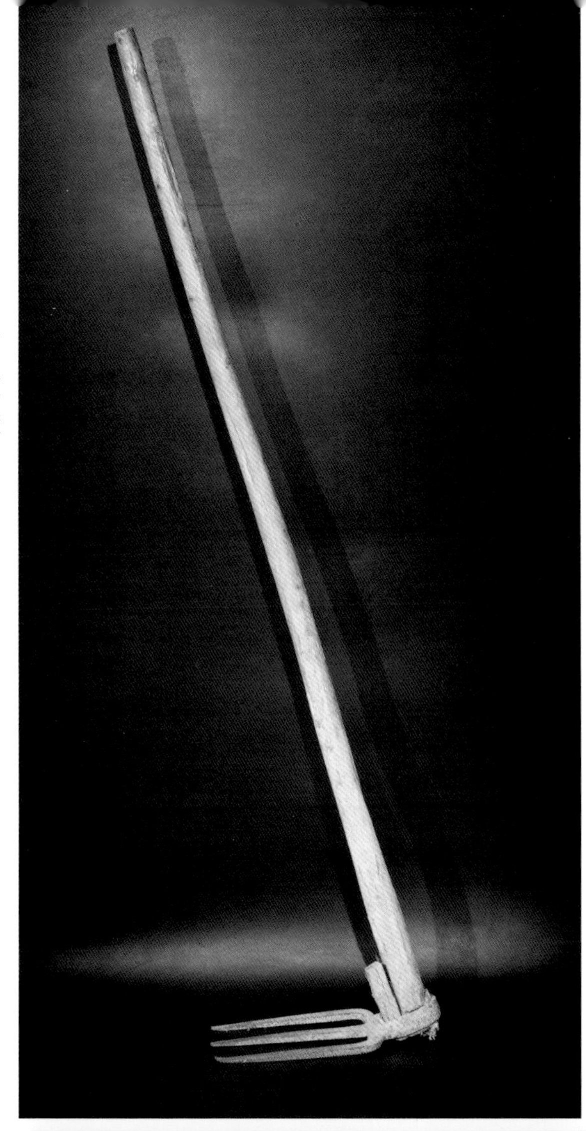

# 三齿镢

三齿镢为石灰粉制工具，生石灰加水化反应后，用三齿镢拌匀，使石灰与水化反应充分，就生成了石灰成品——石灰粉。

# 卧式淋灰机

卧式淋灰机为灰膏制作工具，把粉好的熟石灰加入淋灰机，加水搅拌成石灰浆，流入沉淀池沉淀。

▲ 卧式淋灰机

# 立式淋灰机

▲ 立式淋灰机

立式淋灰机是石灰粉搅拌工具，用于石灰膏的制作，使用时把石灰粉放入搅拌机加水搅拌，搅拌后的石灰浆流入沉淀池。

# 灰膏沉淀池

▲ 灰膏沉淀池

灰膏沉淀池为石灰膏沉淀工具，搅拌后的石灰浆流入沉淀池后，经过排水、沉淀、脱水形成石灰成品——石灰膏。

# 第八篇

# 消防安装工工具

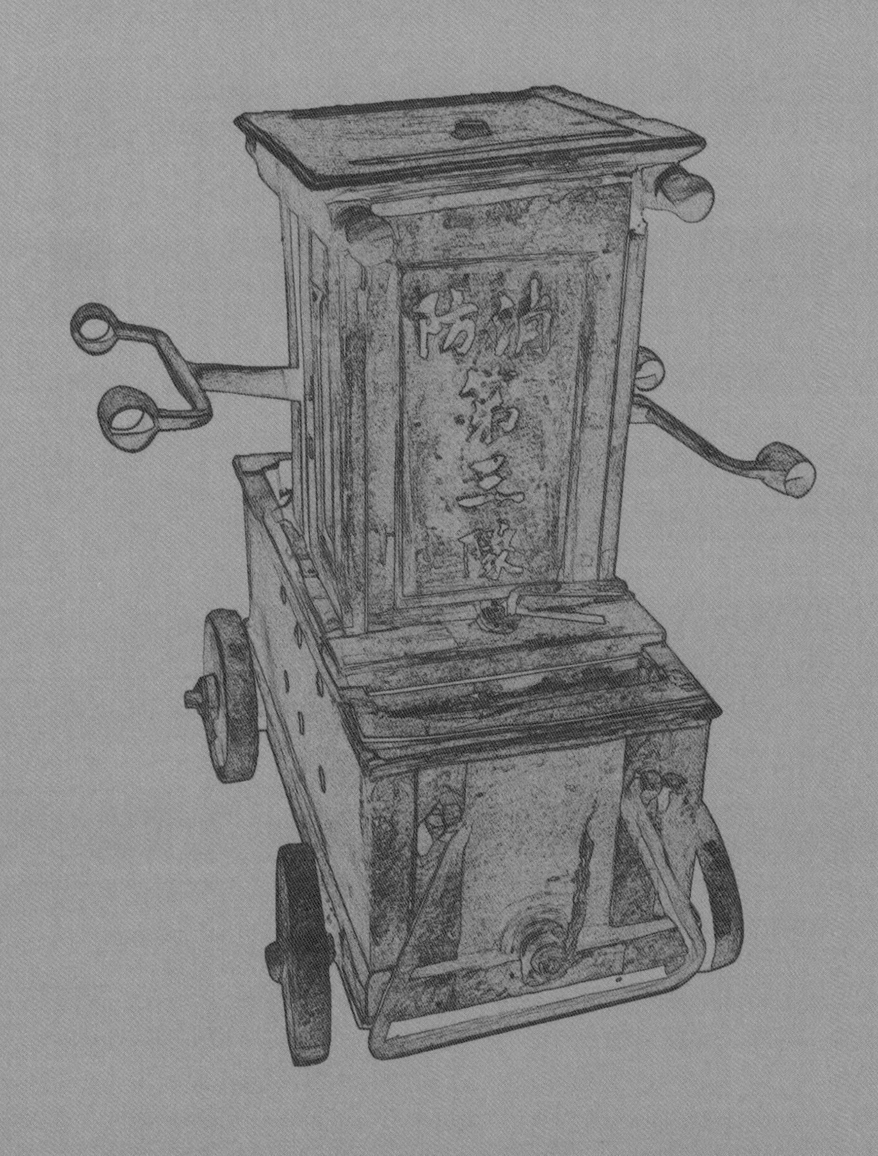

# 消防安装工工具

建筑消防设施的设计、安装以国家有关消防法律、法规和技术规范为依据。建筑消防安全包括防火、灭火、疏散、救援等多个方面，建筑消防设施也有与之相匹配的多种类别与功能。

不同建筑根据其使用性质、规模和火灾危险性的大小，需要有相应类别、相应功能的建筑消防设施作为保障。建筑消防设施的主要作用是及时发现和扑救火灾、限制火灾蔓延的范围，为有效地扑救火灾和人员疏散创造有利条件，从而减少火灾造成的财产损失和人员伤亡。其具体的作用大致包括防火分隔、火灾自动与手动报警、电气与可燃气体火灾监控、自动与人工灭火、防烟与排烟、应急照明、消防通信以及安全疏散、消防电源保障等方面。建筑消防设施是保证建（构）筑物消防安全和人员疏散安全的重要设施，是现代建筑的重要组成部分。

消防安装工具包括：测量与检测工具、手动工具、电动工具、安全防护工具。

▲ 清代粮仓用消防车

▼ 故宫吉祥缸

▲ 水锐器

▲ 消火栓

# 第三十八章　测量与检测工具

常用的测量与检测工具有电动试压泵、水准仪、激光水平仪、卷尺、千分尺、电笔等。

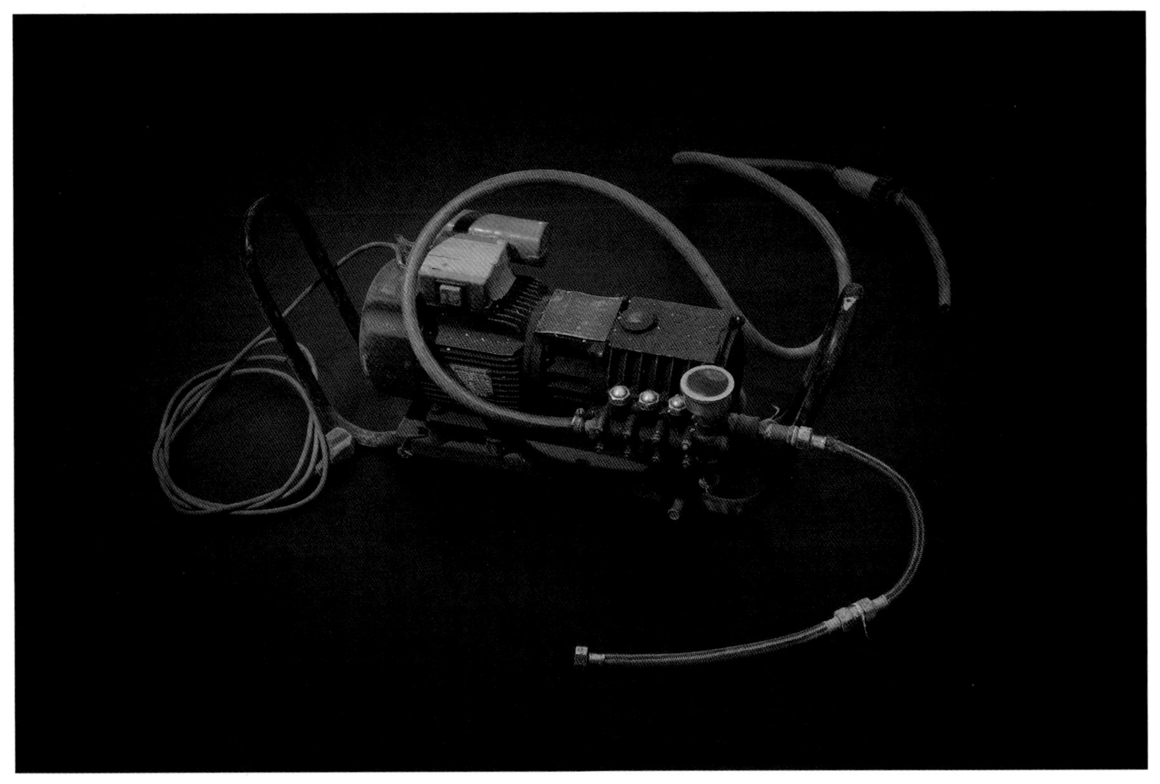

▲ 电动试压泵

## 电动试压泵

电动试压泵属于往复式柱塞泵，电机驱动柱塞，带动滑块运动进而将水注入被试压物体，使压力逐渐上升。该机由泵体、开关、压力表、水箱、电机等组成，常用于管道压力测试。

▲ 水准仪

# 水准仪

水准仪的主要功能是用来测量标高和高程。光学水准仪主要用于建筑工程测量控制网标高基准点的测设及厂房、大型设备基础沉降观察的测量。

▲ 激光水平仪施工现场

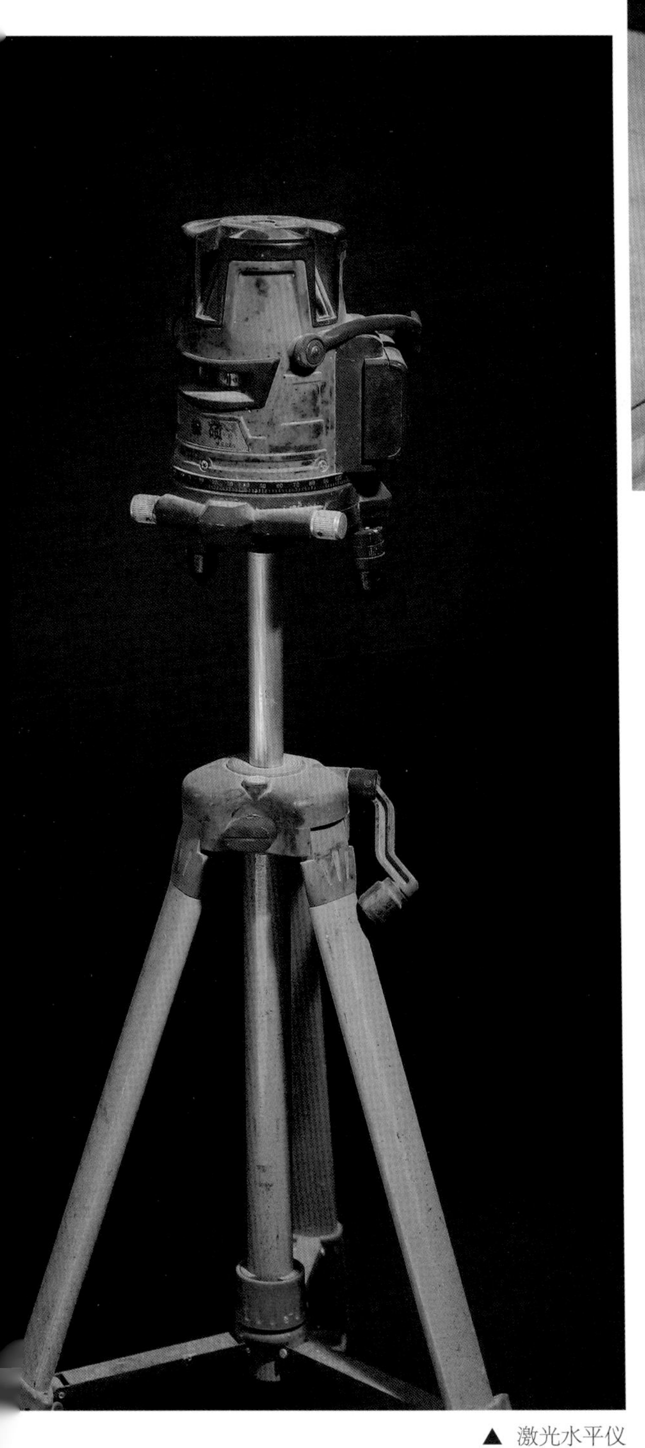
▲ 激光水平仪

# 激光水平仪

激光水平仪用于测量水平和垂直界面，代替了以前用水平管测量水平，提高了工作效率。激光水平仪主要由激光线窗口、开关、按钮、底座、支脚、微调系统、垂直线按钮、水平线按钮、打斜线开关组成。

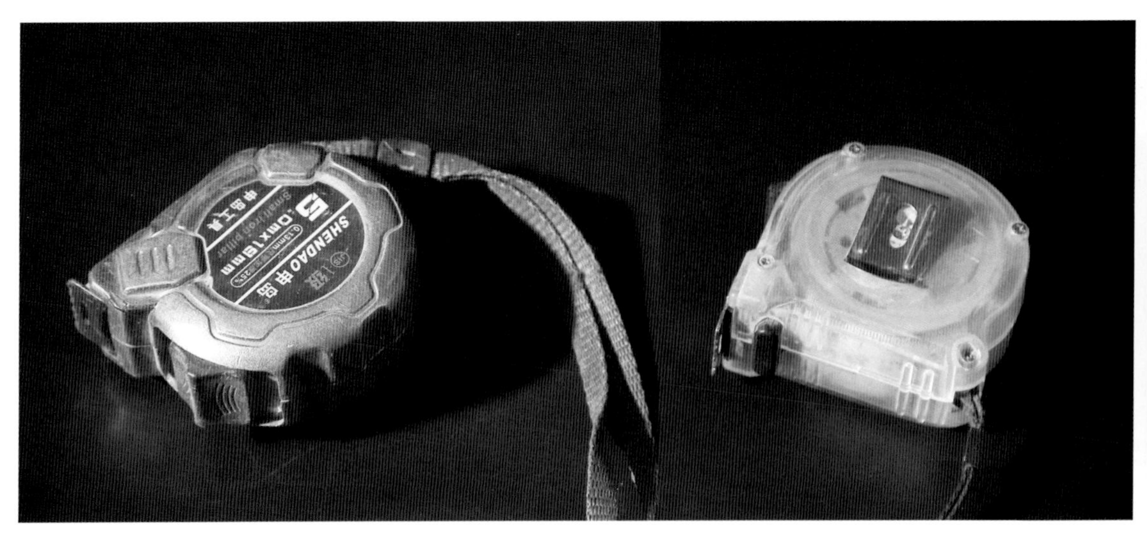

▲ 钢卷尺

## 钢卷尺

钢卷尺用于测量管道长度、管道安装高度等，主要由尺带、盘式弹簧（发条弹簧）、卷尺外壳三部分组成。

## 架子尺

▼ 架子尺

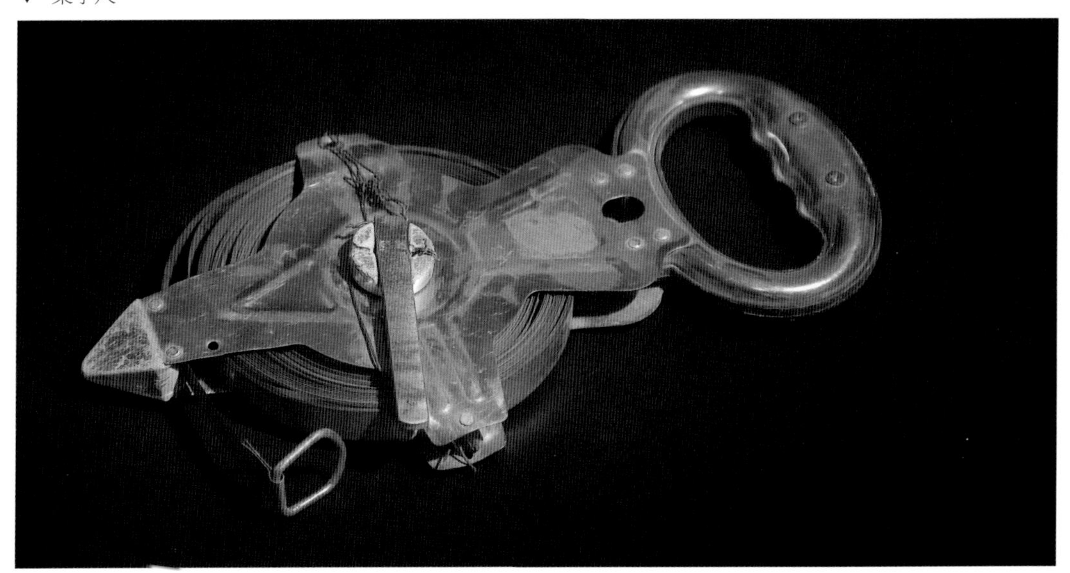

架子尺用于测量管道长度，常用的有30m、50m。

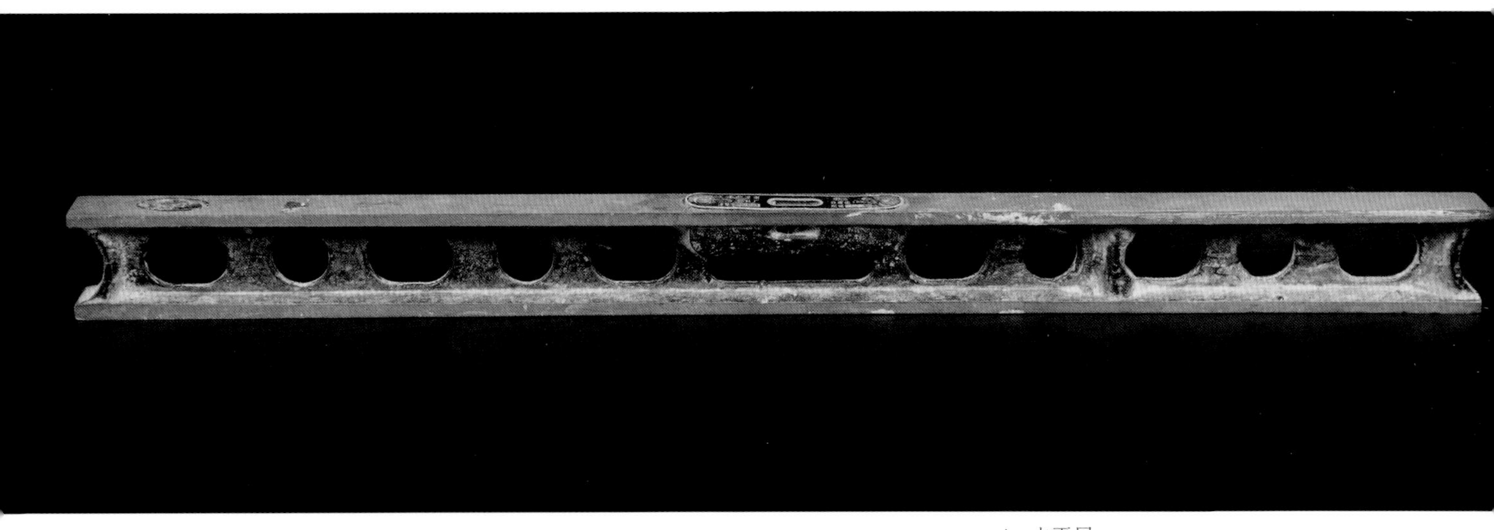

▲ 水平尺

# 水平尺

水平尺，又叫“水准尺”，是利用液面水平的原理，测量被测表面水平、垂直、倾斜偏离程度的一种测量工具。

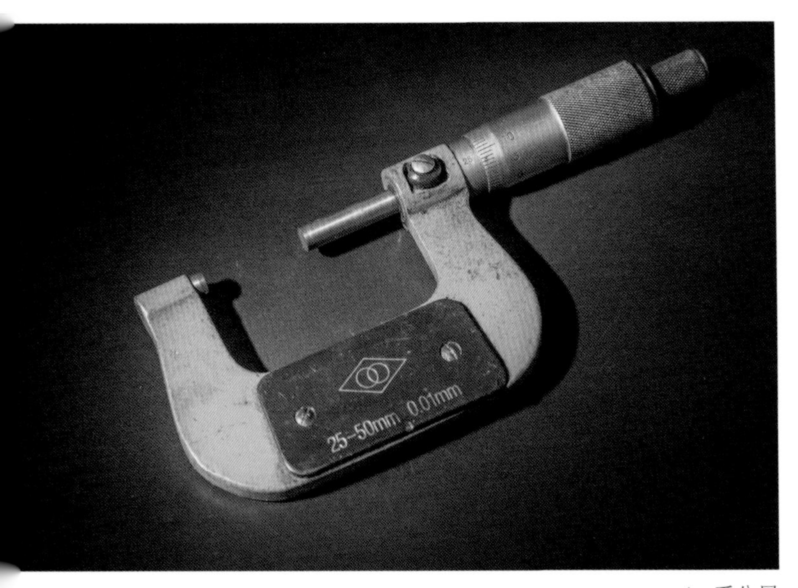


▲ 千分尺

# 千分尺

千分尺是一种用于测量加工精度要求较高的工件尺寸的精密仪器。其测量精度可达到0.01mm。

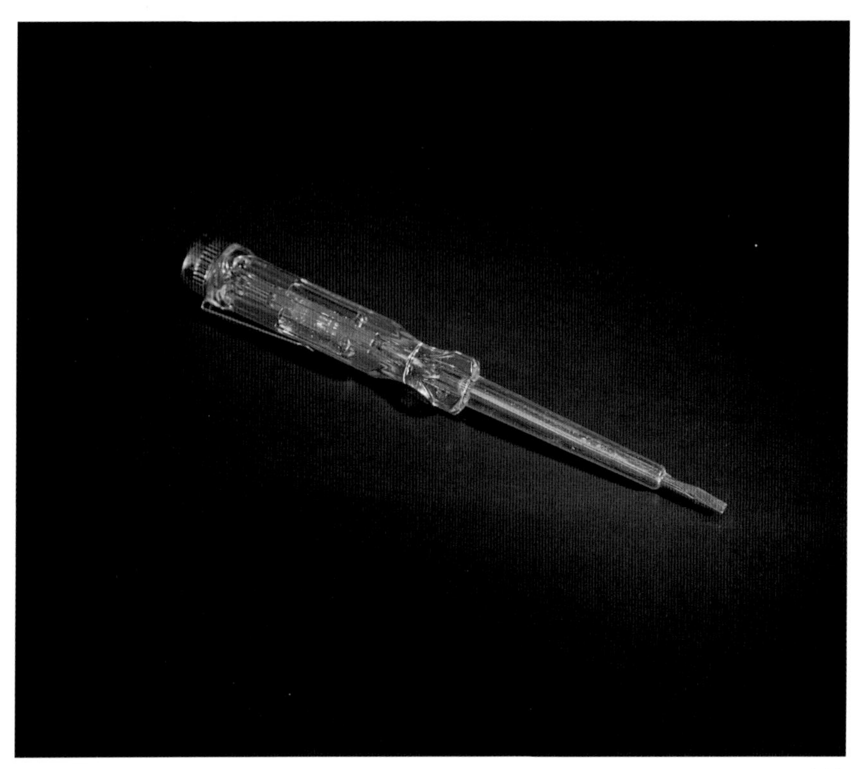

▲ 电笔

# 电笔

电笔的基本功能是用来测试电线中是否带电。笔体中有一氖泡，测试时如果氖泡发光，说明导线带有电，或者为火线。电笔中笔尖、笔尾为金属材料制成，笔杆为绝缘材料制成。

▼ 游标卡尺

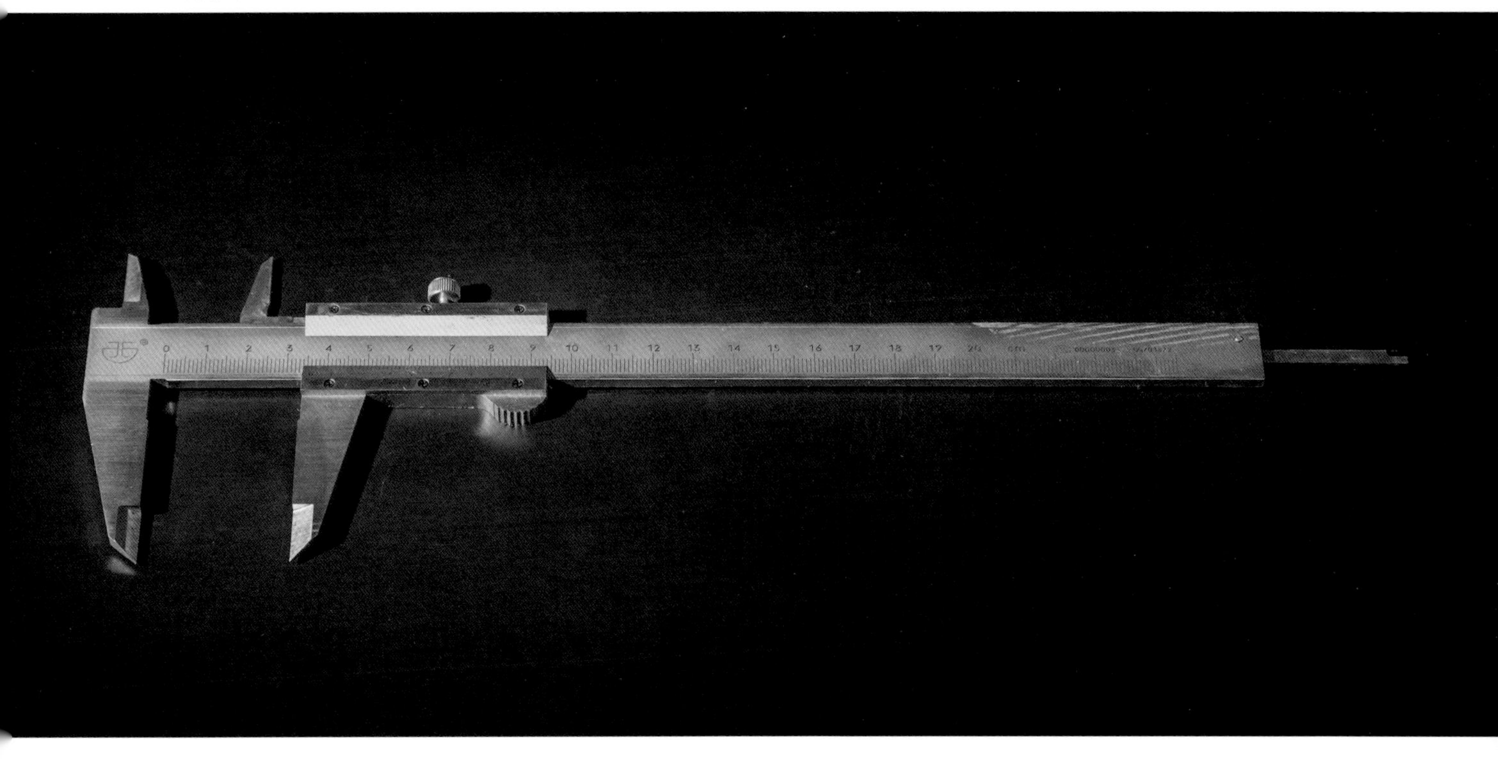

## 游标卡尺

游标卡尺是一种直接测量工件内外直径、宽度、深度、长度的测量工具，是由刻度尺和卡尺制造而成的精密测量仪器。

▲ 线坠

## 线坠

线坠也叫“铅锤”，是一种（由铁、钢、铜等）铸成的圆锥形工具，主要用于物体的垂直度测量，多见于建筑工程。

# 第三十九章　手动工具

消防工程施工过程中的常用手动工具有台虎钳、螺丝刀、斜嘴钳、钢丝钳、套筒扳手、电工刀、直梯、人字梯、组合脚手架、隔墙、氧气表等。

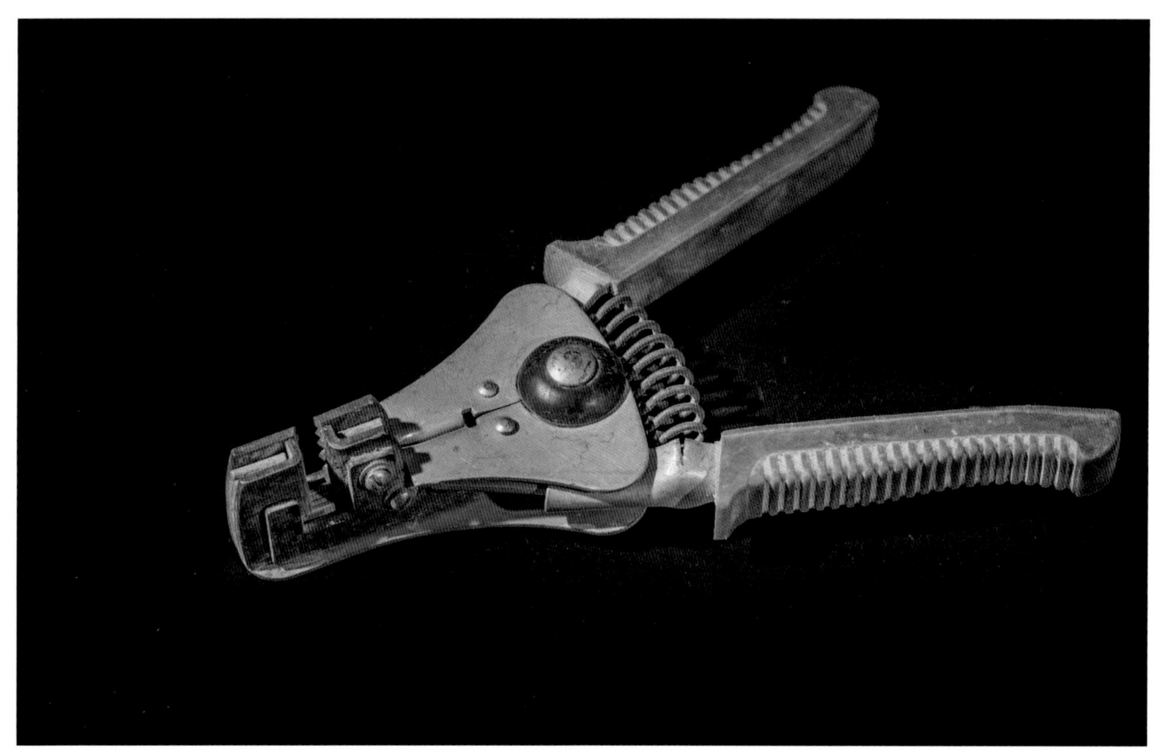

▲ 剥线钳

## 剥线钳

剥线钳是电工进行电路维修常用的工具之一，用来让电工剥除导线头部绝缘体。剥线钳可以让被切断的绝缘皮与电线分开，还可以防止人触电。

▲ 台虎钳

# 台虎钳

台虎钳通常大家都叫它“虎钳”，是用来夹持物件的一种夹具，以方便进行制作或加工。它一般装置在工作台上，用以夹稳加工工件，为钳工车间必备工具。转盘式的钳体可旋转，使工件旋转到合适的工作位置。

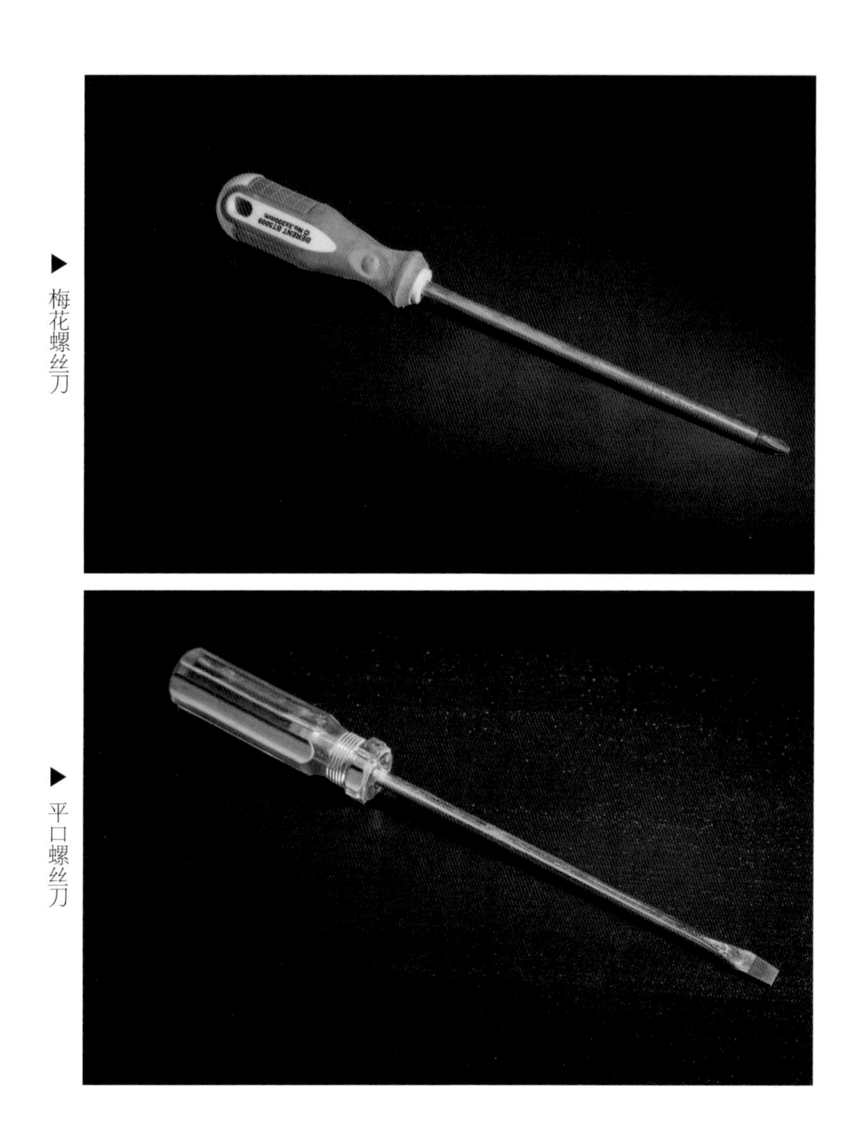

▶梅花螺丝刀

▶平口螺丝刀

# 螺丝刀

在消防安装作业中，常用的螺丝刀有平口和梅花口两种，主要是对螺钉进行旋拧以达到安装或拆卸的目的。

## 斜嘴钳

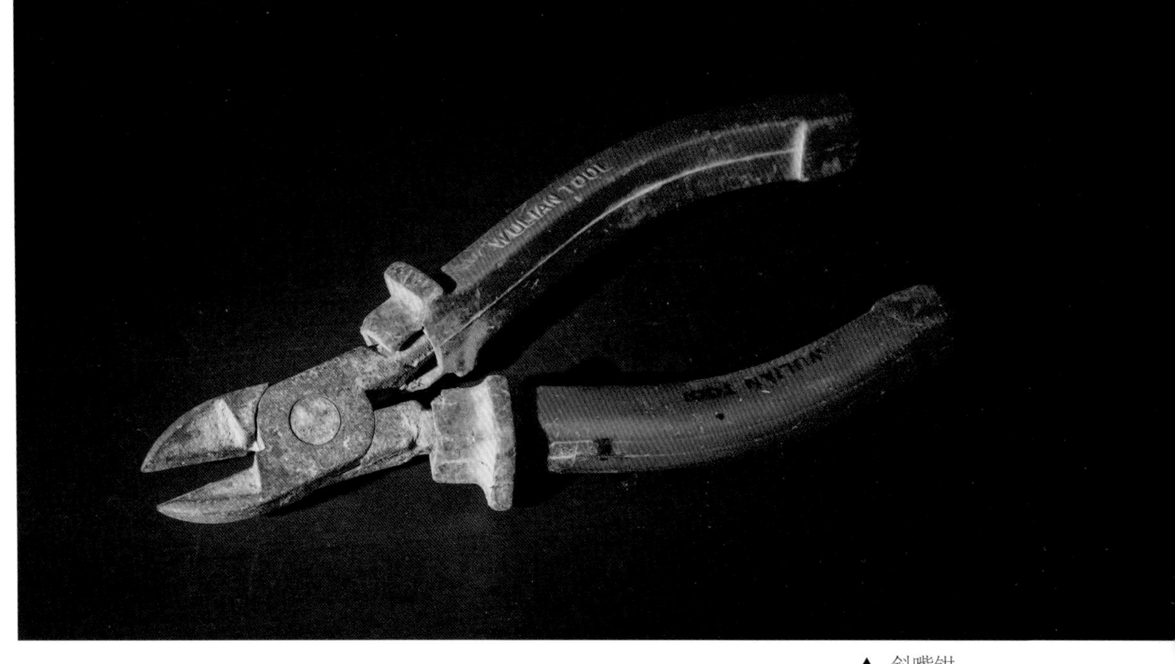

▲ 斜嘴钳

斜嘴钳的功能以切断导线为主。

钢丝钳

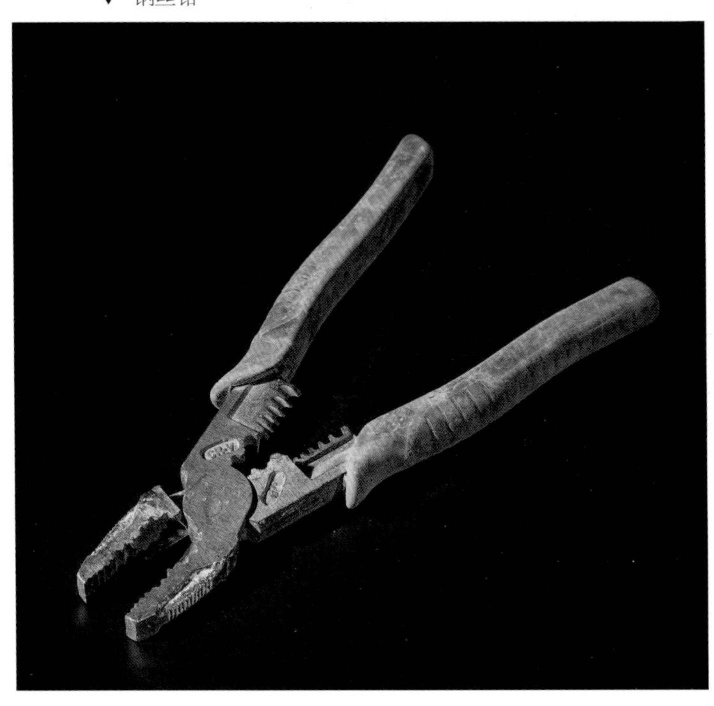

## 钢丝钳

钢丝钳别称“老虎钳”“平口钳”“综合钳”，是一种常用工具，它可以把坚硬的细钢丝夹断，有不同的种类。

## 电工钳

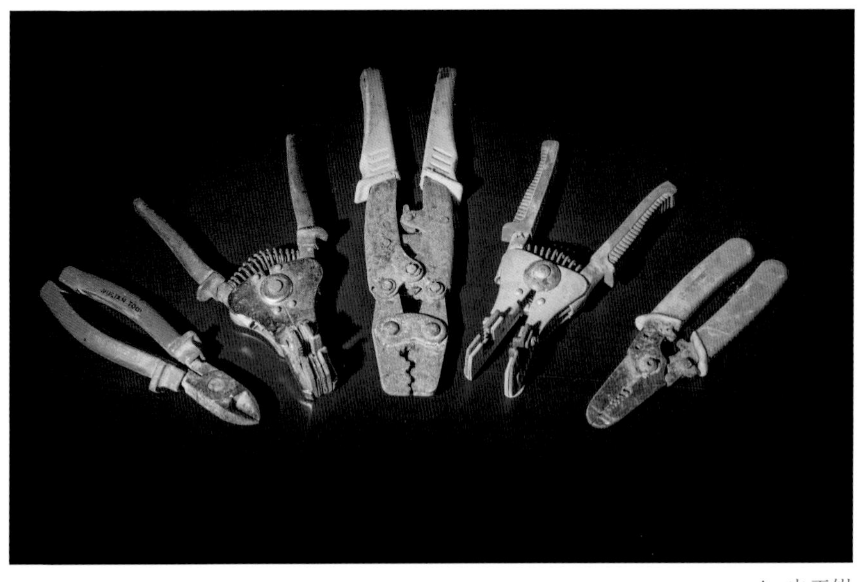

▲ 电工钳

电工常用的电工钳为绝缘柄，应根据内线或外线工种需要进行选用。

## 套筒扳手

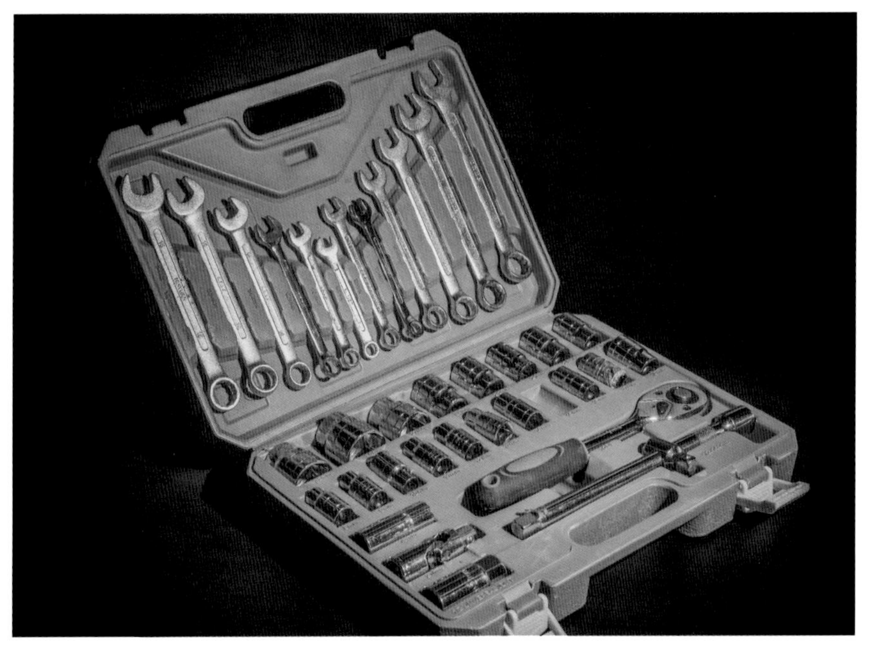

▲ 套筒扳手

一套完整的套筒扳手一般由各种规格的套筒头、摆手柄、接杆、万向接头、旋具接头、弯头手柄组成。

## 扳手

▲ 扳手

扳手是一种常用的安装与拆卸工具，利用杠杆原理拧转螺栓、螺钉、螺母，主要有活扳手、梅花扳手、呆扳手。

## 内六角扳手

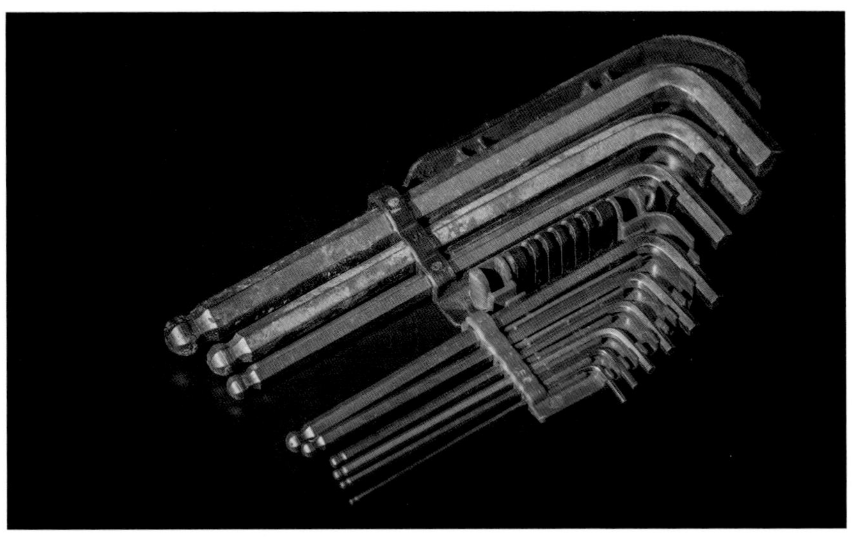

▲ 内六角扳手

内六角扳手为呈L形的六角棒状扳手，专用于拧转内六角螺钉。

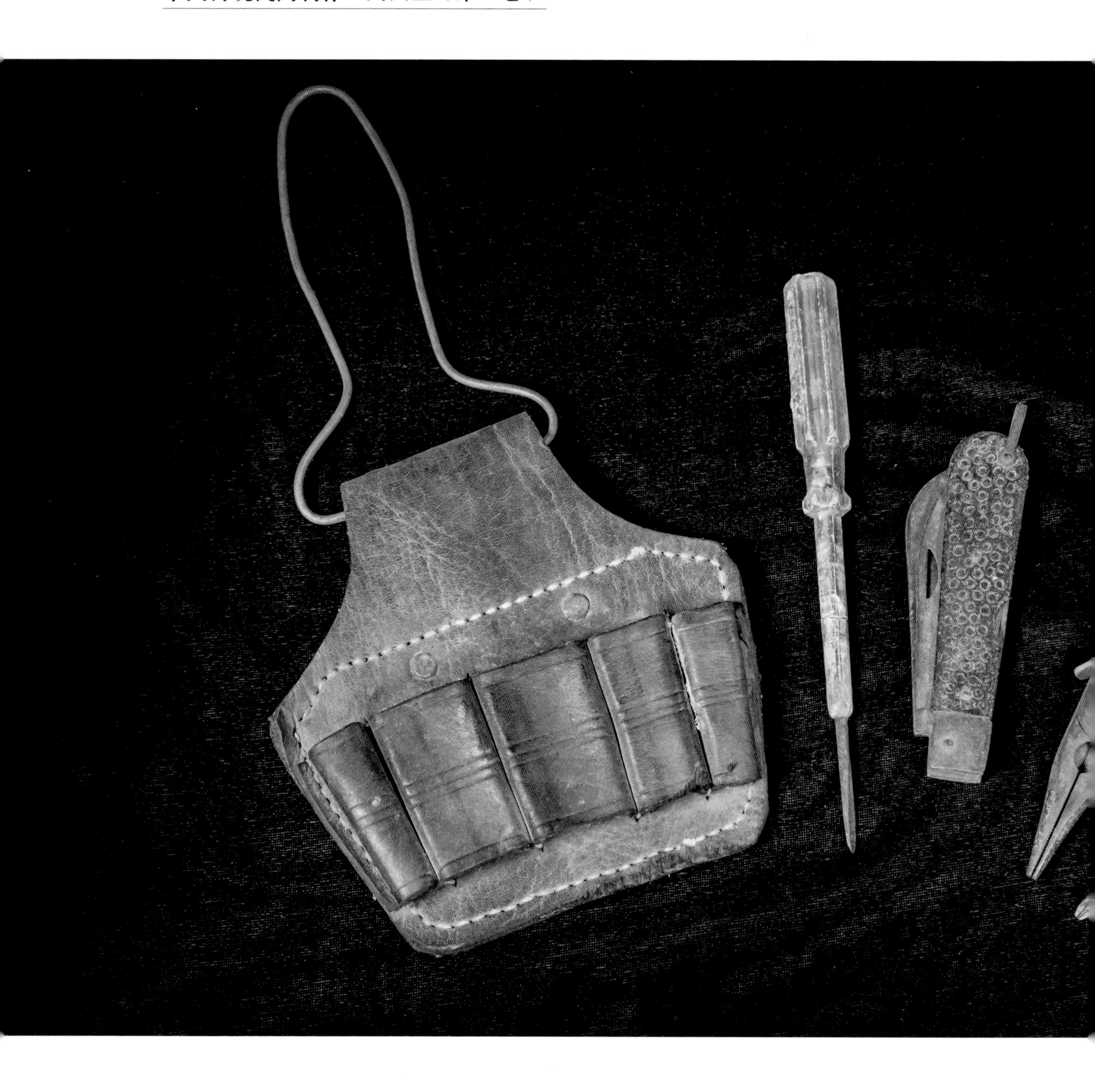

# 电工工具包

电工工具包用于基层电工作业时挎在腰间，装电工工具使用，如电笔、电工刀、螺丝刀、尖嘴钳等。

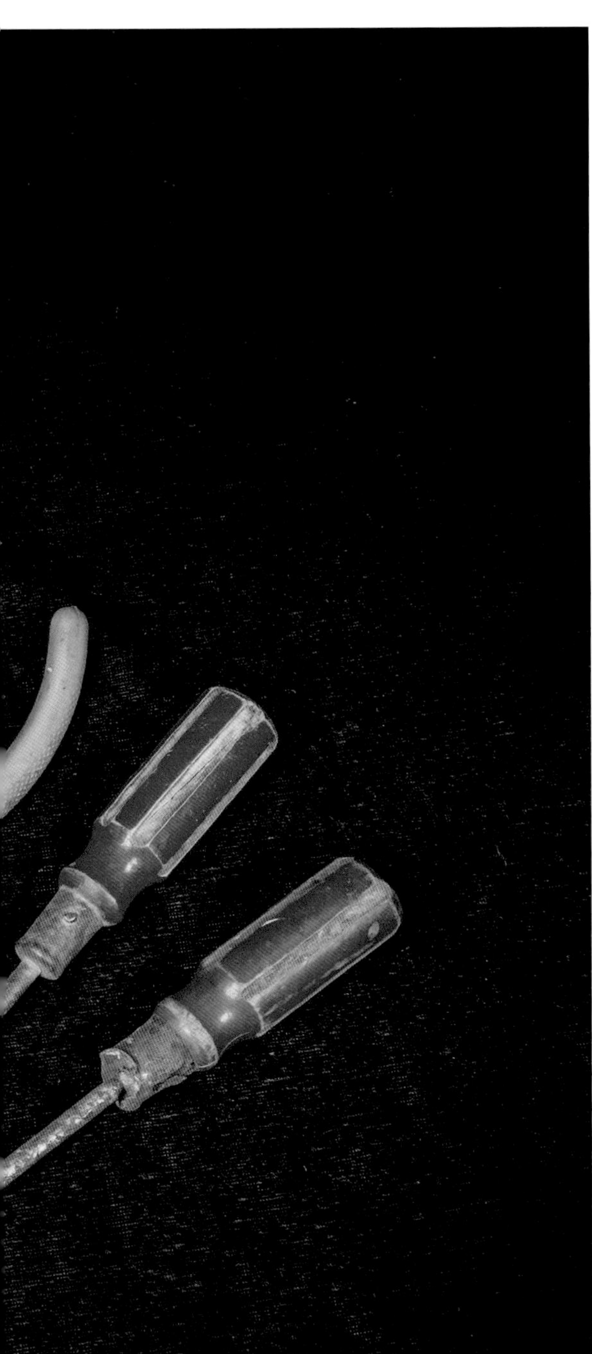

◀ 电工工具包

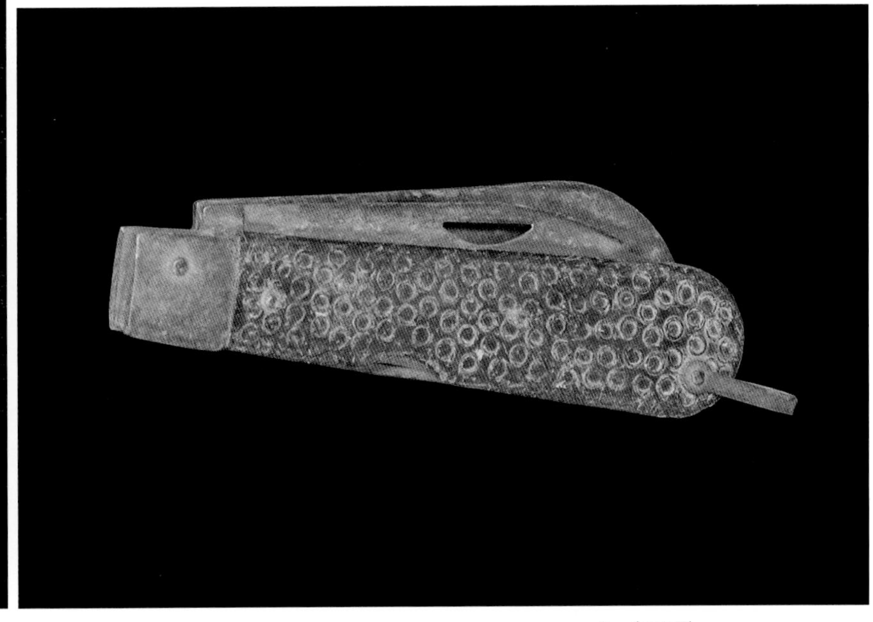

▲ 电工刀

# 电工刀

电工刀是电工常用的一种切削工具，可以用来削割导线绝缘层、木榫、切割圆木缺口等。用电工刀剖削电线绝缘层时，可把刀略微翘起一些，用刀刃的圆角抵住线芯，切忌把刀刃垂直对着导线切割绝缘层，因为这样容易割伤电线线芯。

# 直梯

直梯是登高作业工具，材质有铝合金、木质、铁制等。

▲ 直梯

人字梯有木制、铁制及铝合金制等，具有携带方便、使用灵活、简单高效等特点。

# 伸缩梯

伸缩梯是一种像鱼竿一样可以伸出、缩短的梯子，它方便携带、易于储藏、不占空间，是一种轻便灵活的新型梯子。

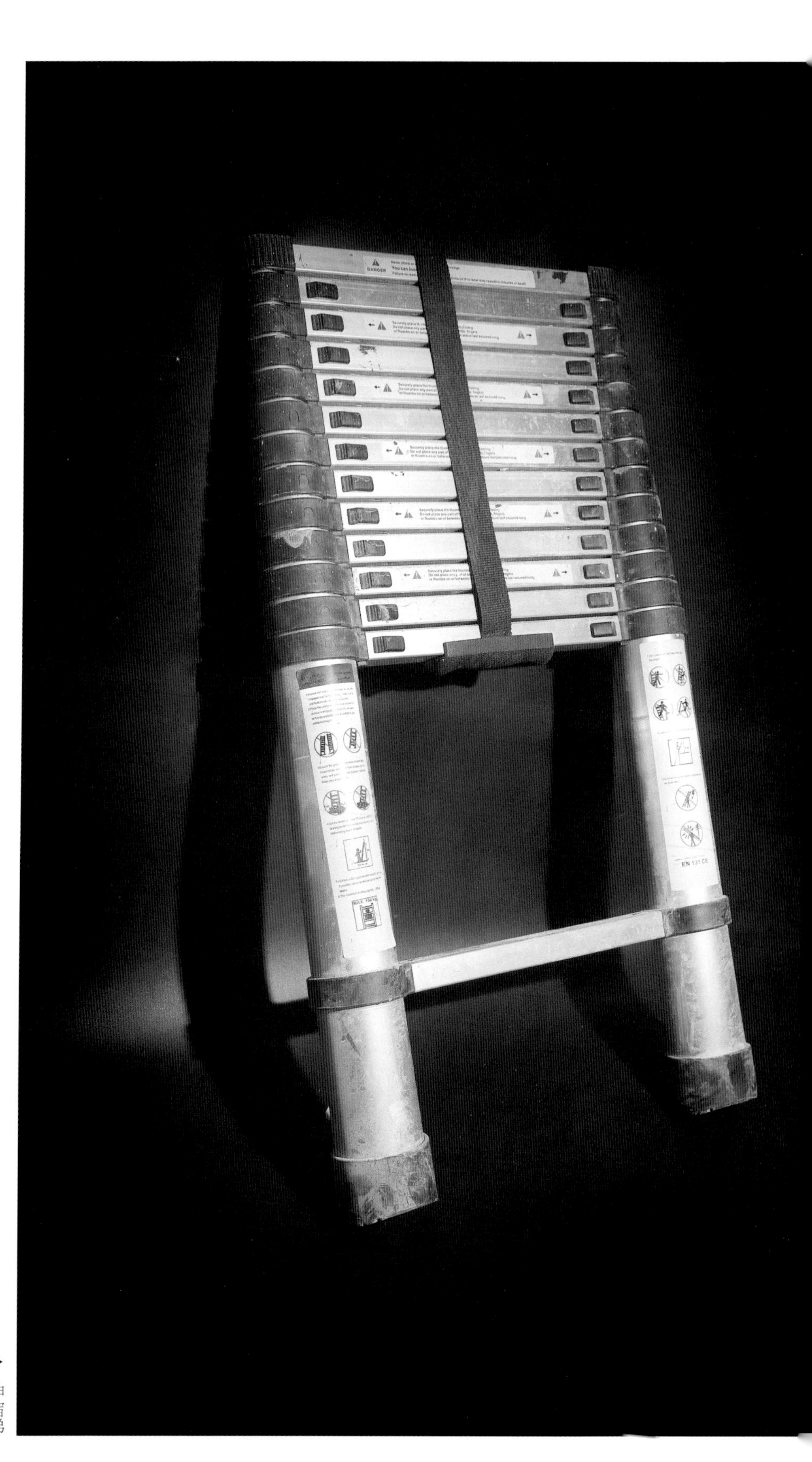


▶伸缩梯

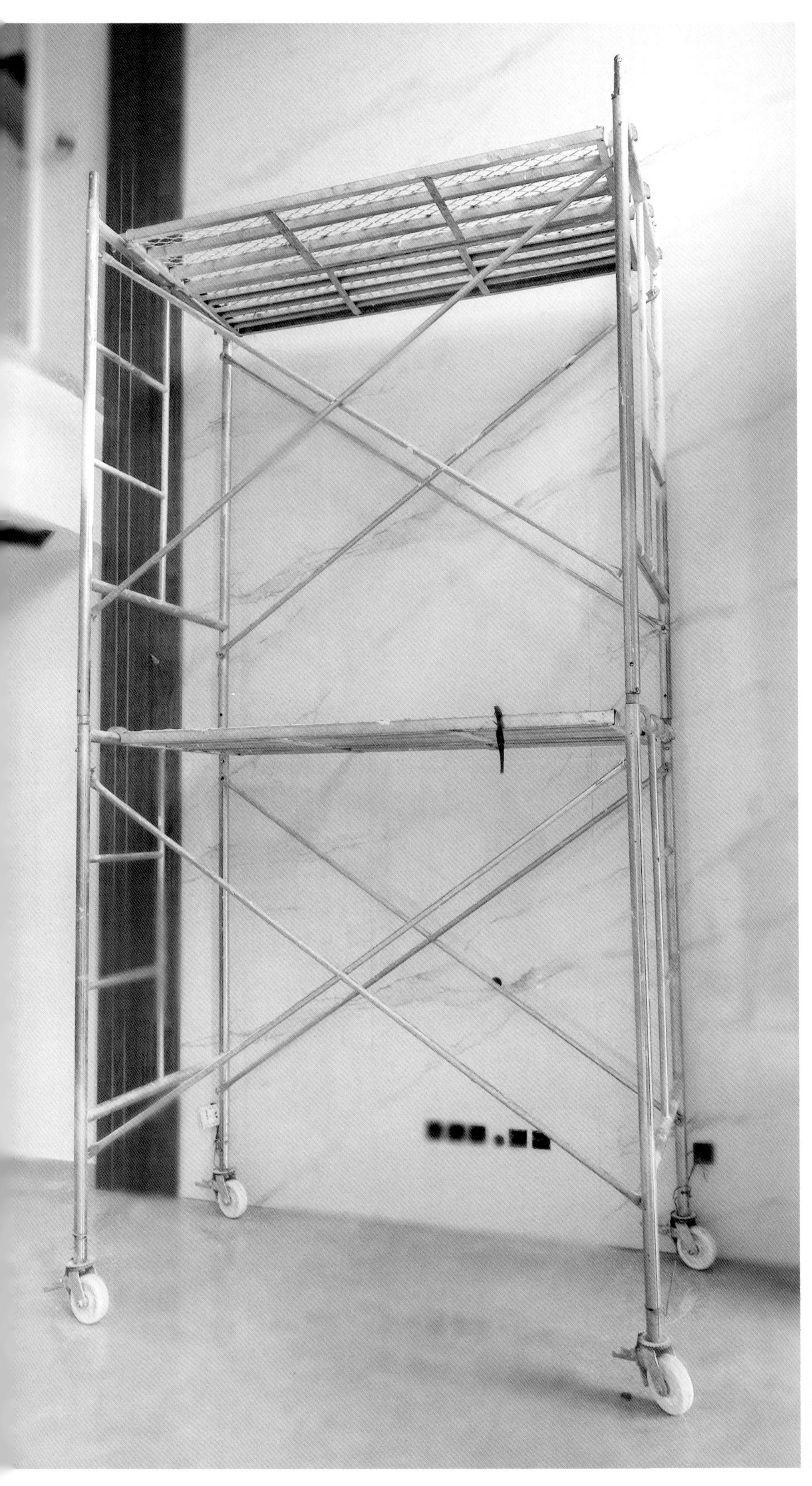

◀ 组合脚手架

# 组合脚手架

组合脚手架是用钢管网状焊接而成节的架子，一般每节高度约1.7m，适用于一定高度的室内外施工作业，根据施工高度可自由插接组合。当高度过高时，要增加斜支撑。

# 割枪

割枪与氧气表 、乙炔表、氧气瓶 、乙炔瓶配套使用，主要用来切割角铁、槽钢等材料。

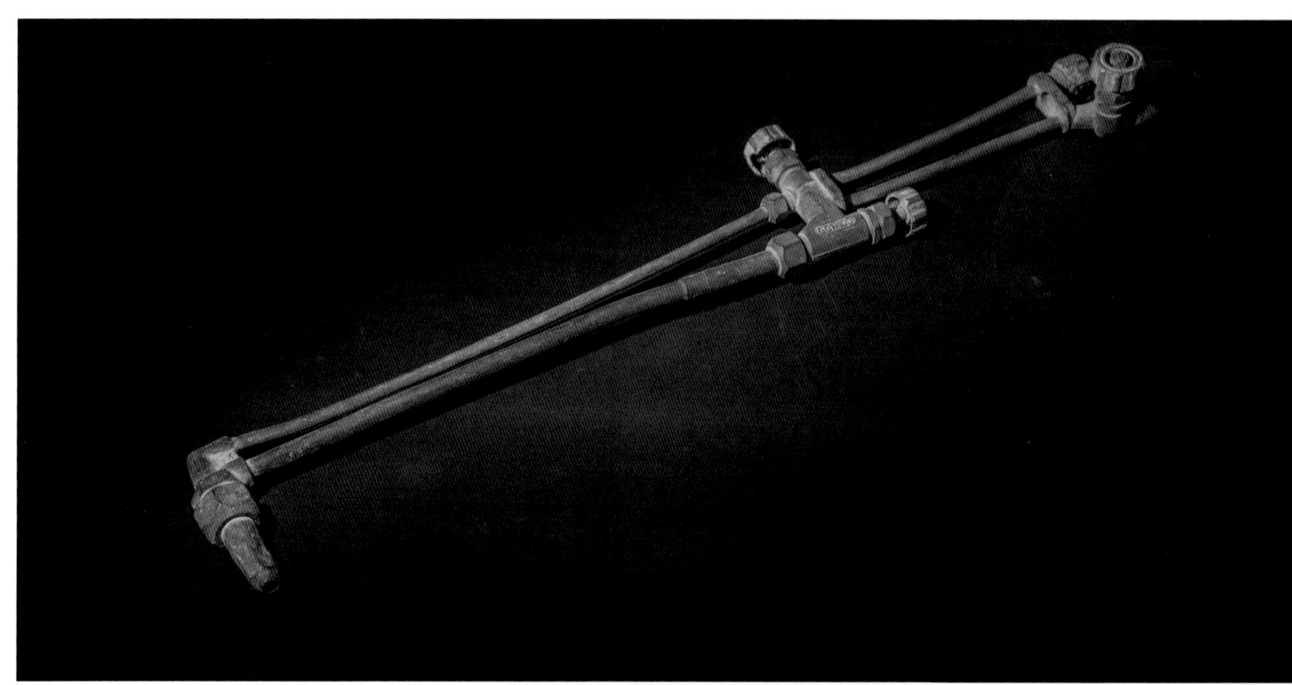

▲ 割枪

# 氧气表

氧气表与氧气瓶配套使用，在消防工程中多用于管道切割。

▶ 氧气表

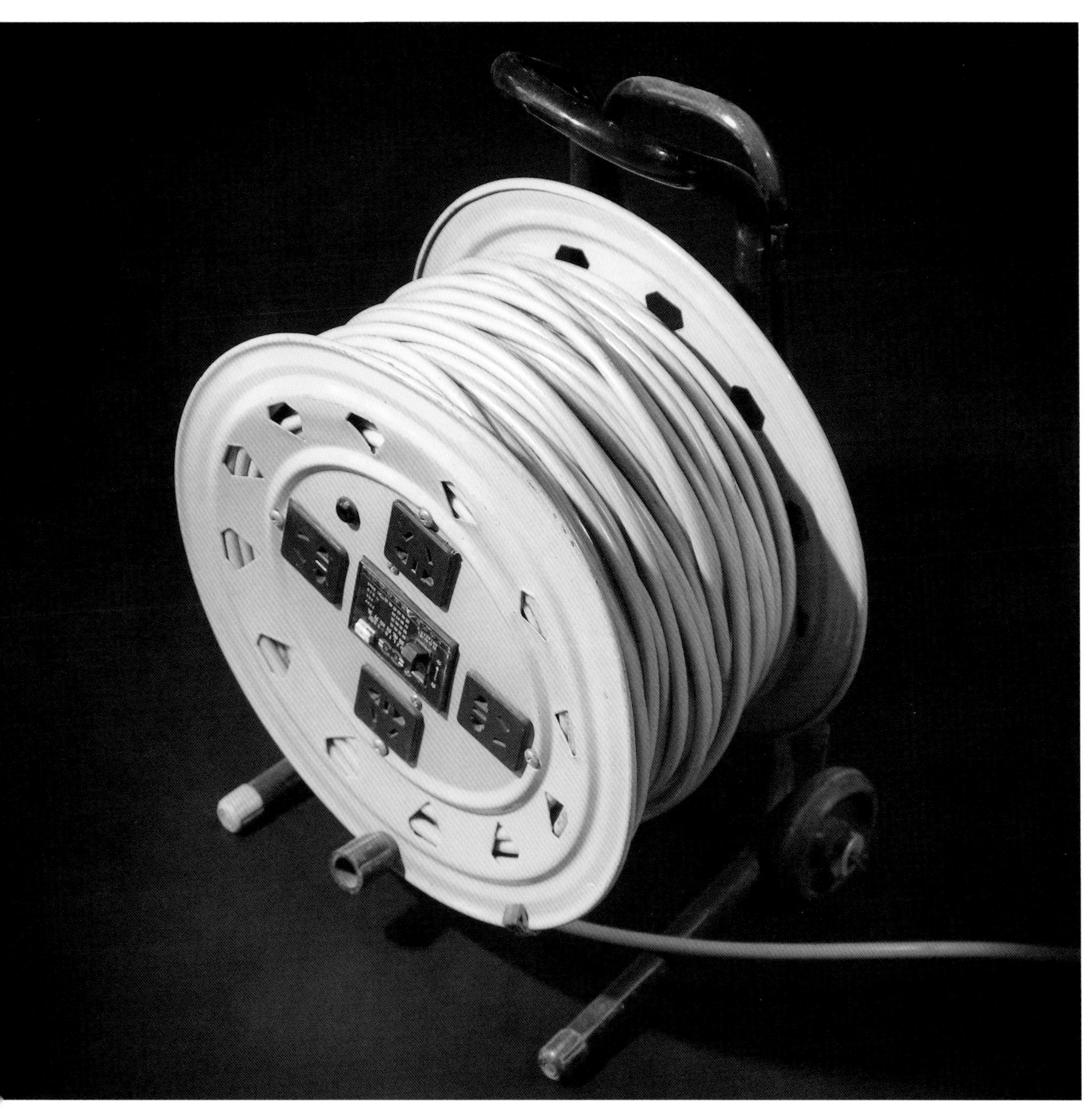

▲ 卷线器

# 卷线器

卷线器又称电缆卷筒或电缆卷线器，是一种小型电动工具，主要用于安装现场，可以用电卷线。

# 氧气瓶与液化气罐

▶氧气瓶（左）和液化气罐（右）

氧气瓶是储存和运输氧气的专用高压容器，结构由瓶体、瓶阀和瓶帽组成，此外还有防震胶圈，瓶体为天蓝色。与乙炔瓶、乙炔表、乙炔管、焊炬、割炬配套使用，常用于钢板、给水排水管道、消防管道切割。液化气罐是用来储存液化气的储罐，液化气钢瓶由护罩、阀座、瓶体和底座四部分组成。

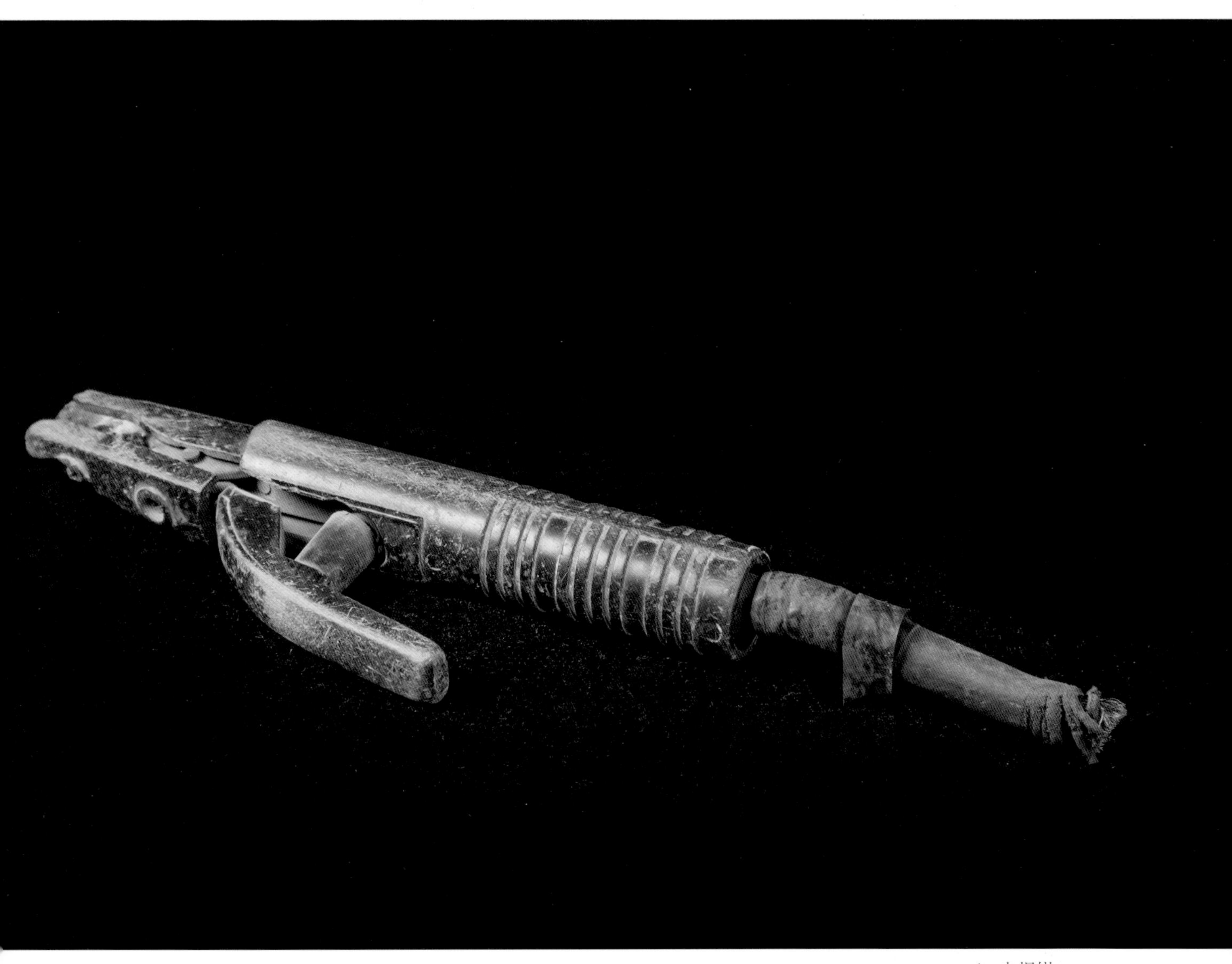

▲ 电焊钳

# 电焊钳

电焊钳是夹持电焊条、传导焊接电流的手持绝缘器具。

◀ 多种型号的管钳

# 管钳

管钳多用于安装和拆卸小口径金属管材，由钳柄和活动钳口组成。活动钳口用套夹与钳把柄相连，根据管径大小通过调整螺母以达到钳口适当的紧度，钳口上有轮齿，以便咬牢管子转动。

## 铁皮剪

用于剪白铁皮或包铝板。

## 工具包

主要用于维修人员存放小型工具使用。

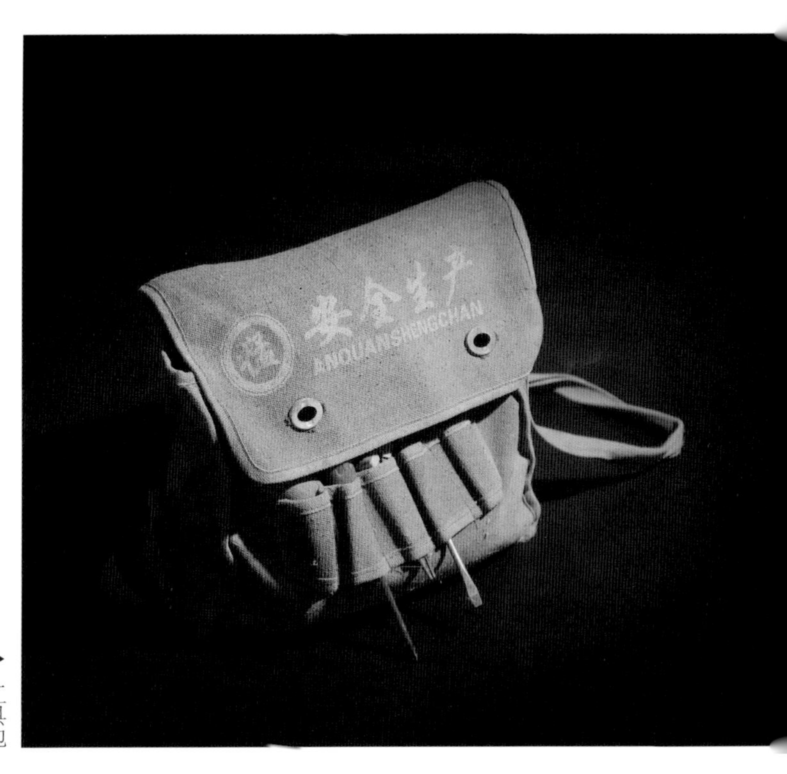


▶工具包

## 剪刀

剪刀是剪切布、纸、钢板、绳等片状或线状物体的双刃工具，两刃交错，可以开合。

▲ 剪刀

▼ 多功能携带式火枪

## 多功能携带式火枪

多功能携带式火枪用于管道维修时进行简单的熔化、焊接等。

## 圆板牙扳手

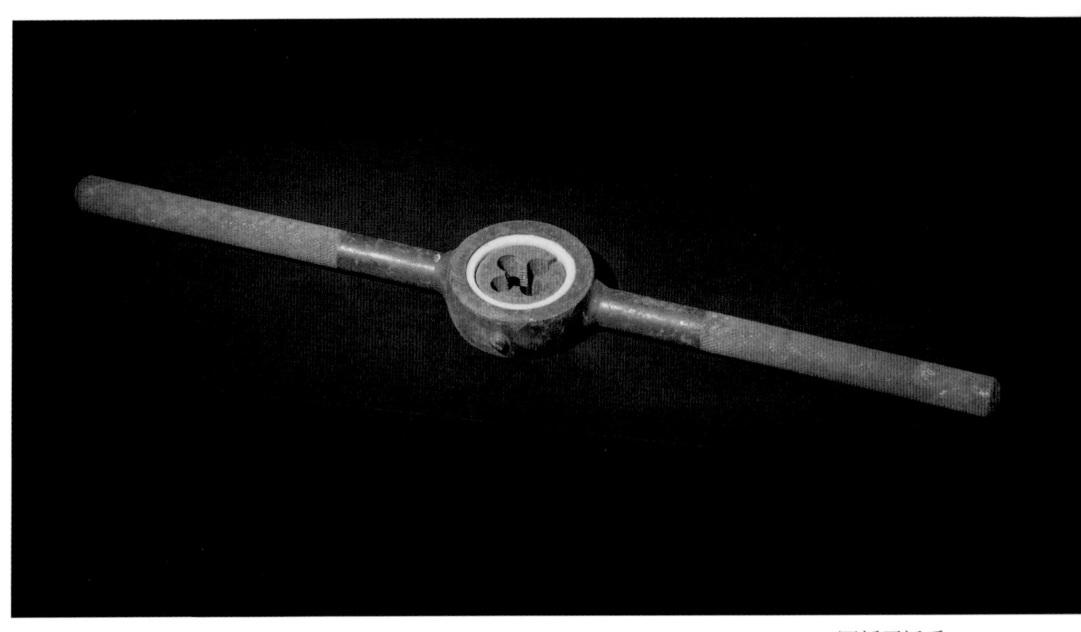

▲ 圆板牙扳手

圆板牙扳手是套螺纹或修正外螺纹的加工工具，与圆板牙配套使用。

▲ 手锤

## 手锤

手锤主要配合凿子开沟凿洞用，是消防安装常用工具。

▲ 圆板牙

## 圆板牙

圆板牙是板牙的一种，是传统的套螺纹工具，需要配合板牙扳手使用。除了圆板牙，通常还有方板牙、六角板牙、管形板牙等。

## 套丝机板牙

套丝机板牙俗称管子板牙，是一种在圆管上能切削出外螺纹的专用工具，与套丝机配套使用。

▼ 套丝机板牙

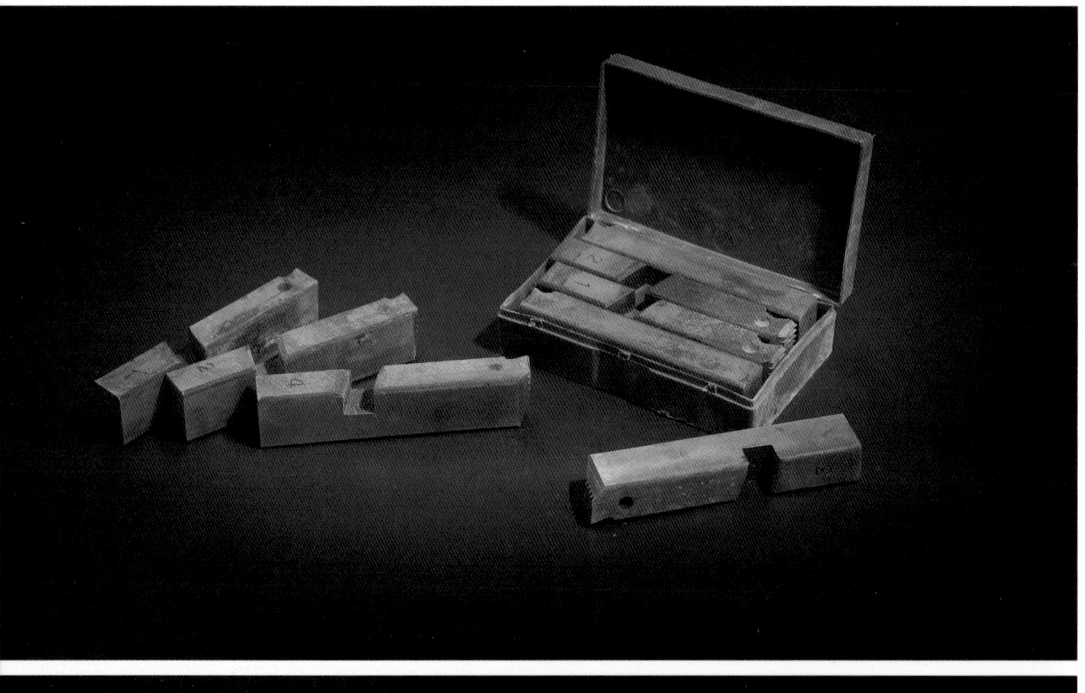

▲ 手动钢管套丝机

## 手动钢管套丝机

手动钢管套丝机是一种专用套丝器械，是钢质管材出现后适用于管件的新型套丝工具，它无需电源，适合野外作业。

## 台虎钳

台虎钳，俗称“龙门轧头”“压力钳”，用以夹持金属管材以便切割、套螺纹等。

## 滑轮

滑轮是吊装机械设备中的重要构件，主要由圆盘和柔索组成。

▼ 滑轮

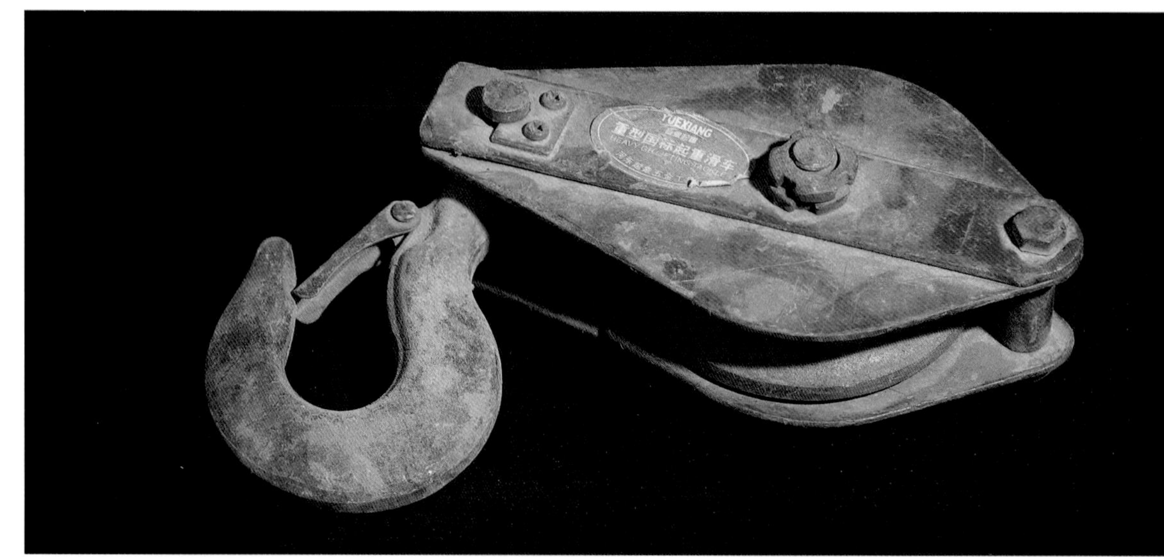


## 钢锯

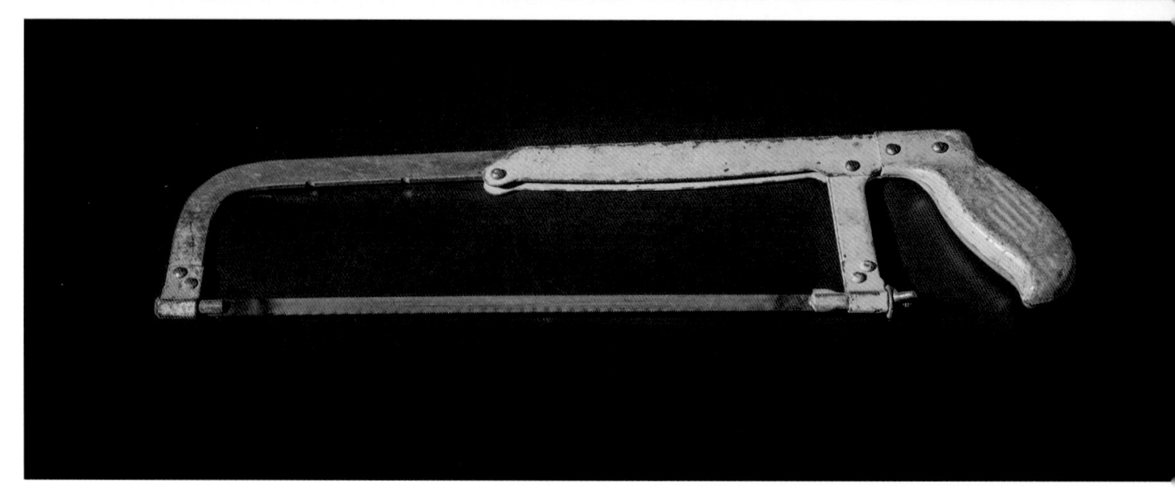

▲ 钢锯

钢锯是锯割金属材料的一种手动工具。钢锯包括锯架和锯条两部分，可切断较小尺寸的圆钢、角钢、扁钢等。

▼ 千斤顶

# 千斤顶

千斤顶是一种顶托重物的设备。其结构轻巧坚固、灵活可靠，一人即可携带和操作。

# 捯链

捯链又称“手拉葫芦”“神仙葫芦”“斤不落”，是一种小型的起重装置，适用于小型货物的短距离吊运，起重量一般不超过10t，起重高度一般不超过6m。

▼ 捯链

# 凿子

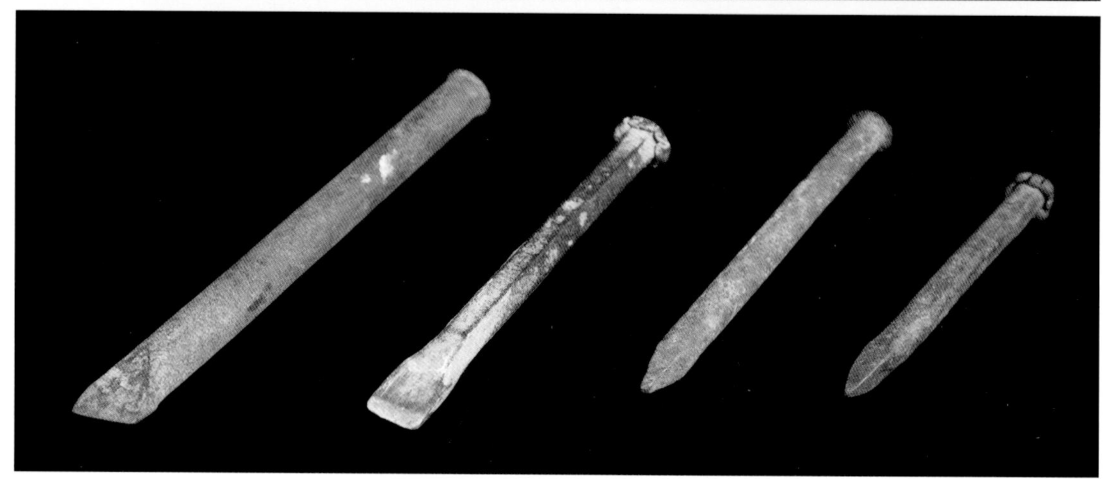

▲ 凿子

凿子有扁凿和尖凿两种。扁凿主要用于凿切平面、剔除毛边，清理气割和焊接后的熔渣等；尖凿用于剔槽子或剔比较脆的钢材。

# 第四十章　电动工具

消防工程施工过程中的常用电动工具有套螺纹机、热熔器、热熔机、氩弧焊机、手电钻、电锤、冲击钻、台钻、水钻、角磨机、切管机等。

▲ 电动套螺纹机

## 电动套螺纹机

电动套螺纹机又名“绞丝机”“管螺纹套丝机”。电动套螺纹机是以电力为驱动的套螺纹机械，它使管道安装时的管螺纹加工变得省力、快捷。

# 热熔器

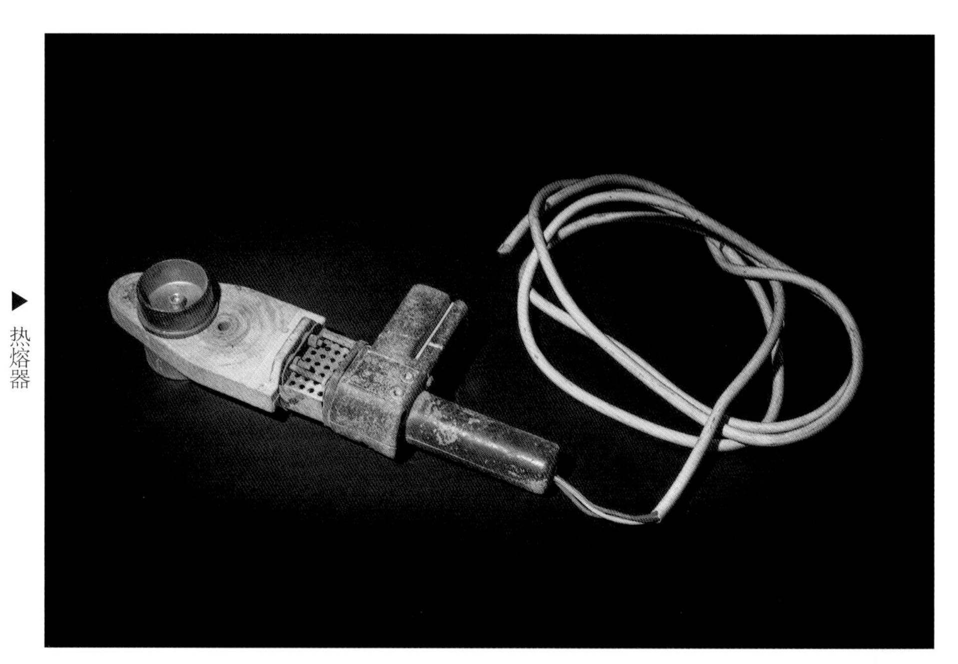

▶热熔器

◀热熔器施工现场

热熔器是一种熔接热塑性管材、模具的工具，在管道与配件等连接的过程中应用广泛。

# 热熔机

热熔机是一种熔接热塑性管材、模具的工具，适用于大型管道及配件的连接作业。

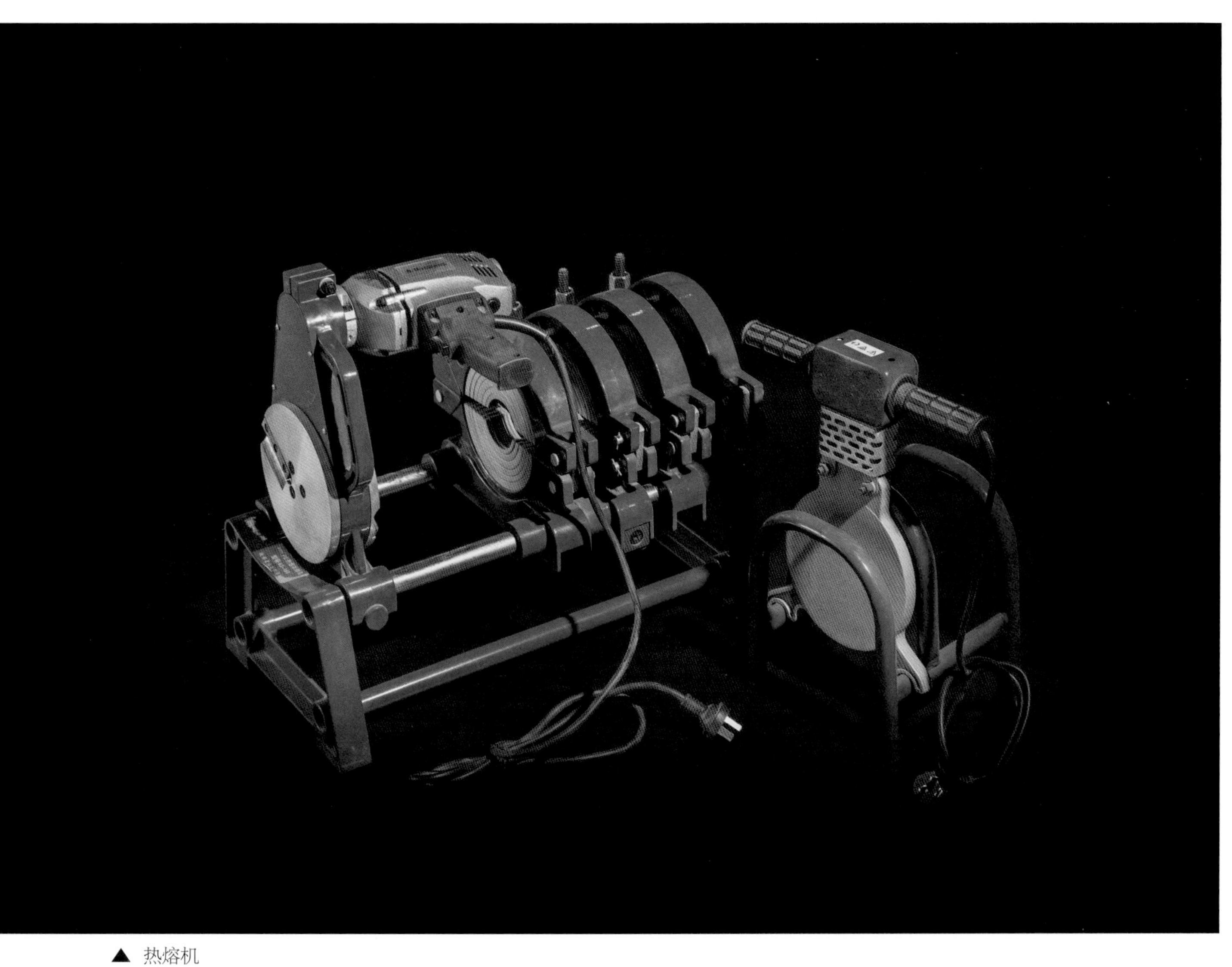

▲ 热熔机

▼ 交流弧焊机

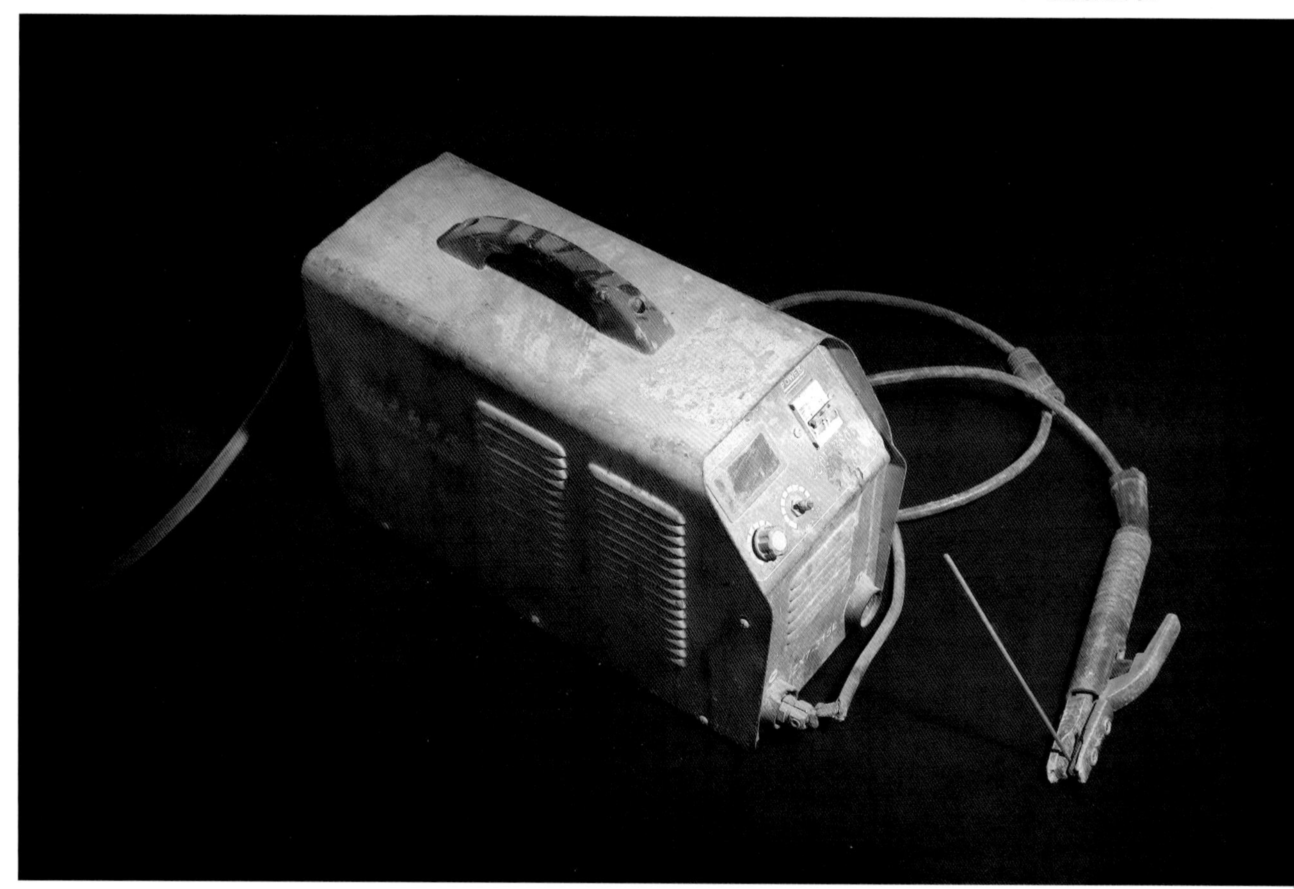

# 交流弧焊机

交流弧焊机属于特种焊机，是用来进行焊接切割的工具，在消防安装工程用于防雷接地焊接、管道焊接及支架焊接等。

▼ 氩弧焊机

# 氩弧焊机

氩弧焊机是用来切割、焊接管道及管道支架的一种焊机，在实际操作中多用来切割。

▼ 轻型电钻

# 轻型电钻

轻型电钻是一种以电力为驱动的钻孔工具，配合不同的钻头有不同的功用，在消防行业中主要用于钻孔、安装、拆卸等。

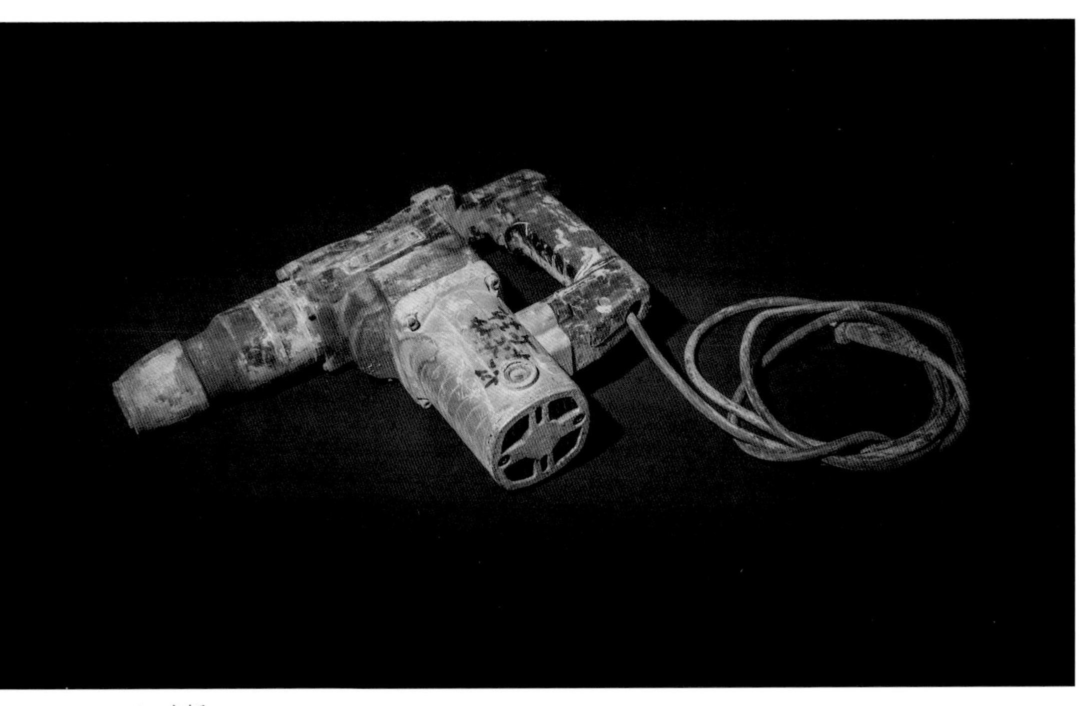

▲ 电锤

# 电锤

电锤是电钻中的一种，主要用来在混凝土、楼板、石墙、砖墙等坚固物体上钻孔。

# 冲击钻

冲击钻主要用于对混凝土地板、墙壁、砖块、石料、木板或多层材料上进行冲击打孔。

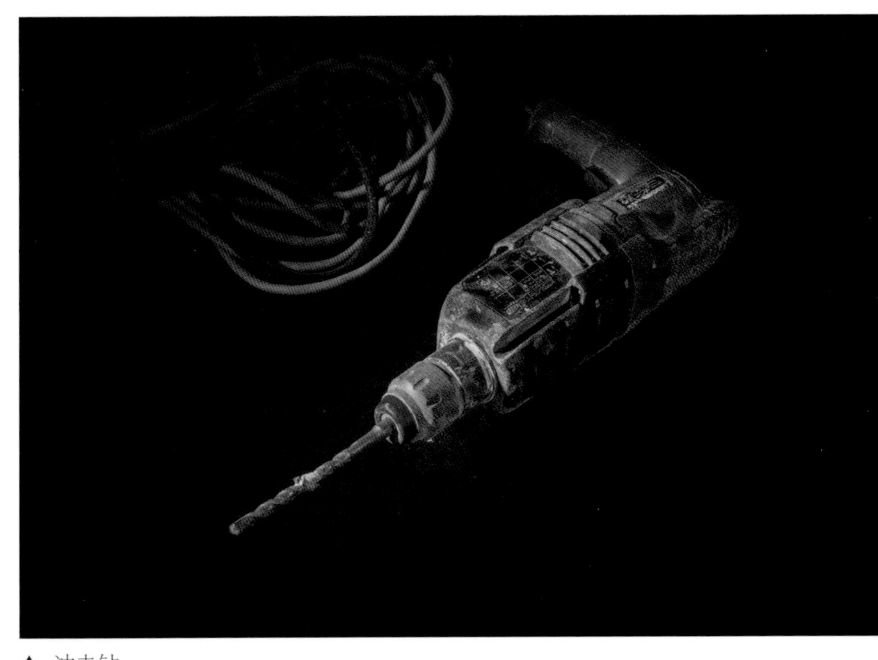

▲ 冲击钻

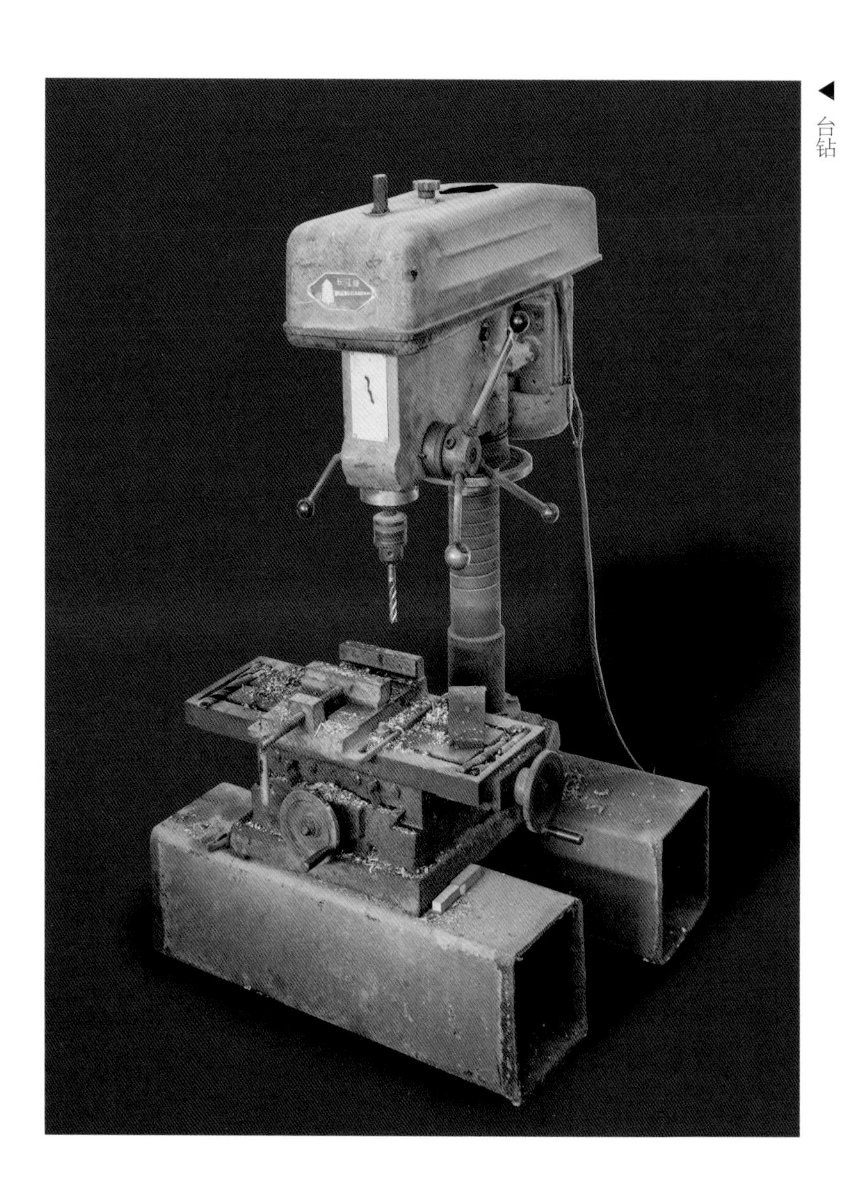

◀ 台钻

## 台钻

在消防安装工程中，台钻主要用于多角钢等材料进行打孔作业。

▼ 水钻

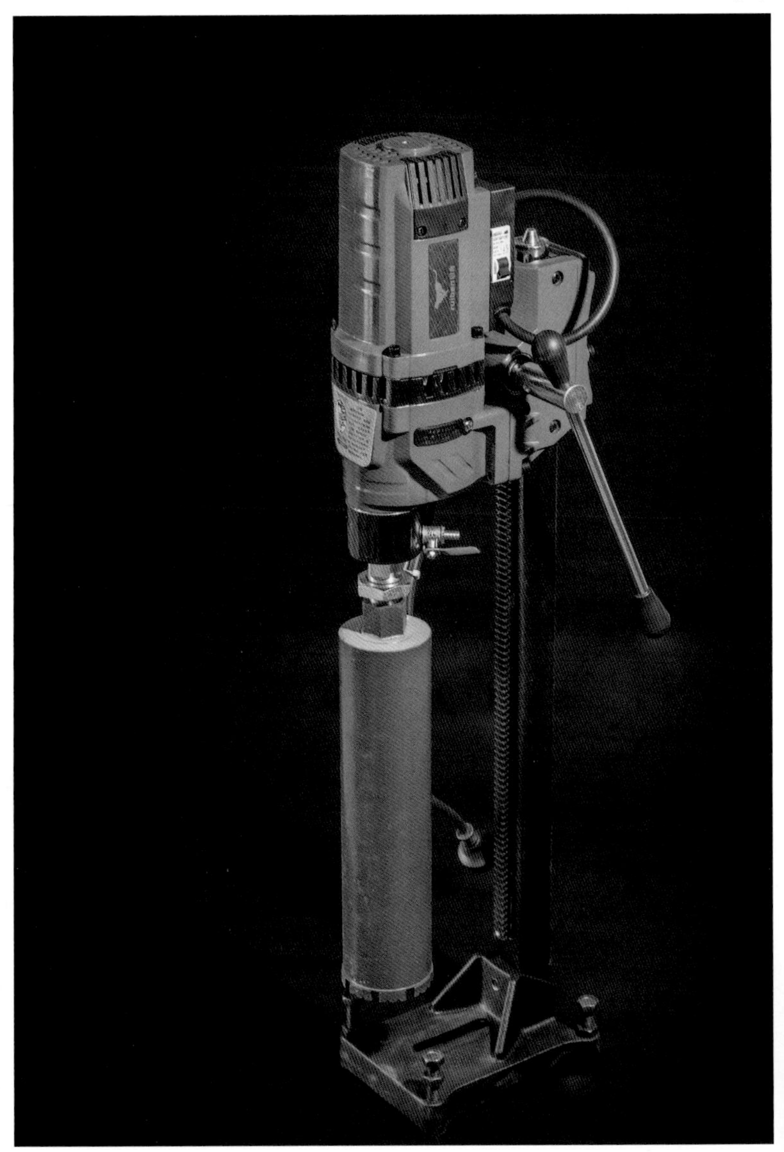

# 水钻

带水源金刚石钻俗称“水钻”，又称“金刚石钻”，主要用于各种管道开孔。

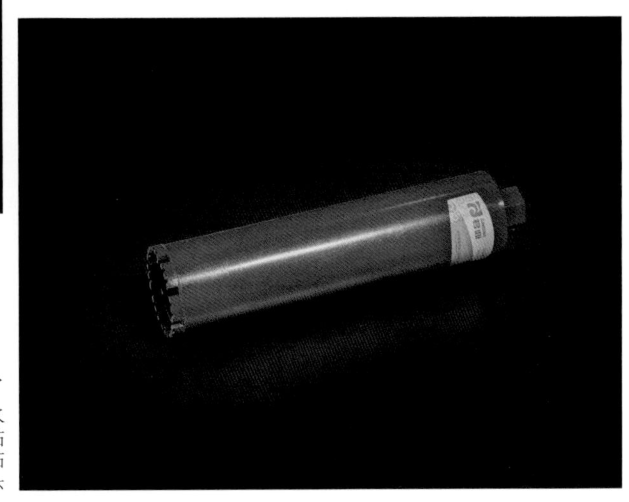
▶ 水钻钻头

# 手持切割机

手持切割机也称“石材切割机”“云石机”，是可以用来切割石料、瓷砖、木材等材料的机器。它根据不同的材质需选用不同的锯片。

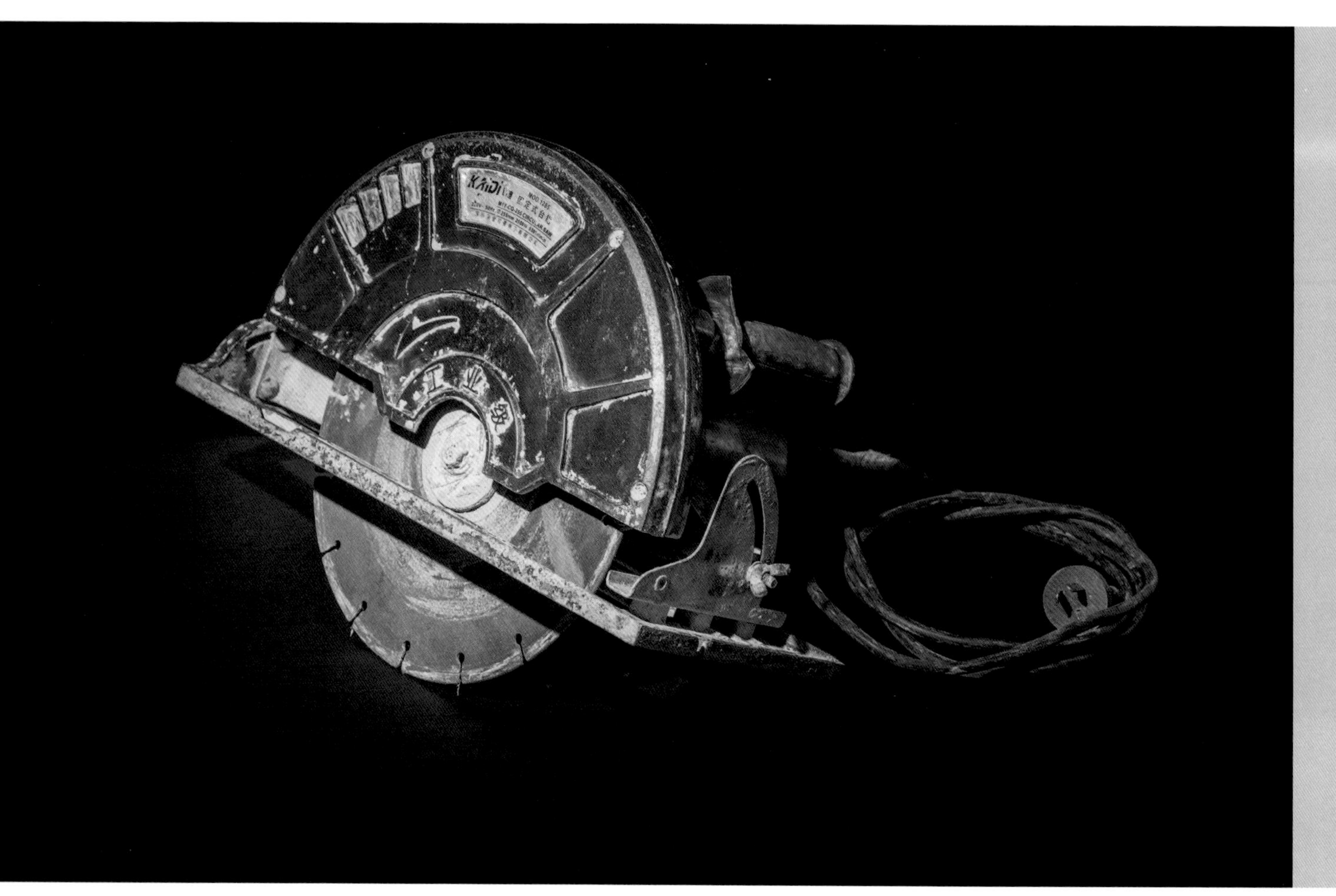

▲ 手持切割机

## 角磨机

角磨机也称之为“研磨机”或“盘磨机”，是一种手提式电动工具，用于切割、打磨、抛光。

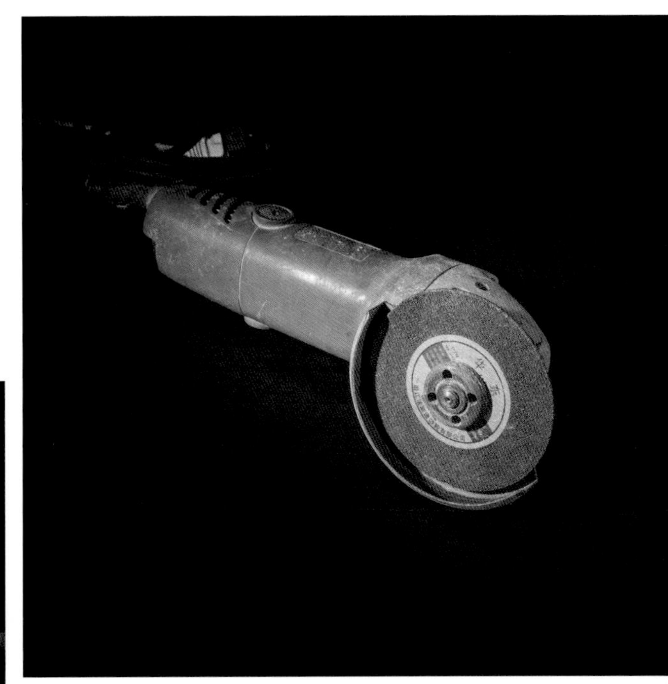

▲ 角磨机

▲ 切管机

## 切管机

切管机多用于管道切割。

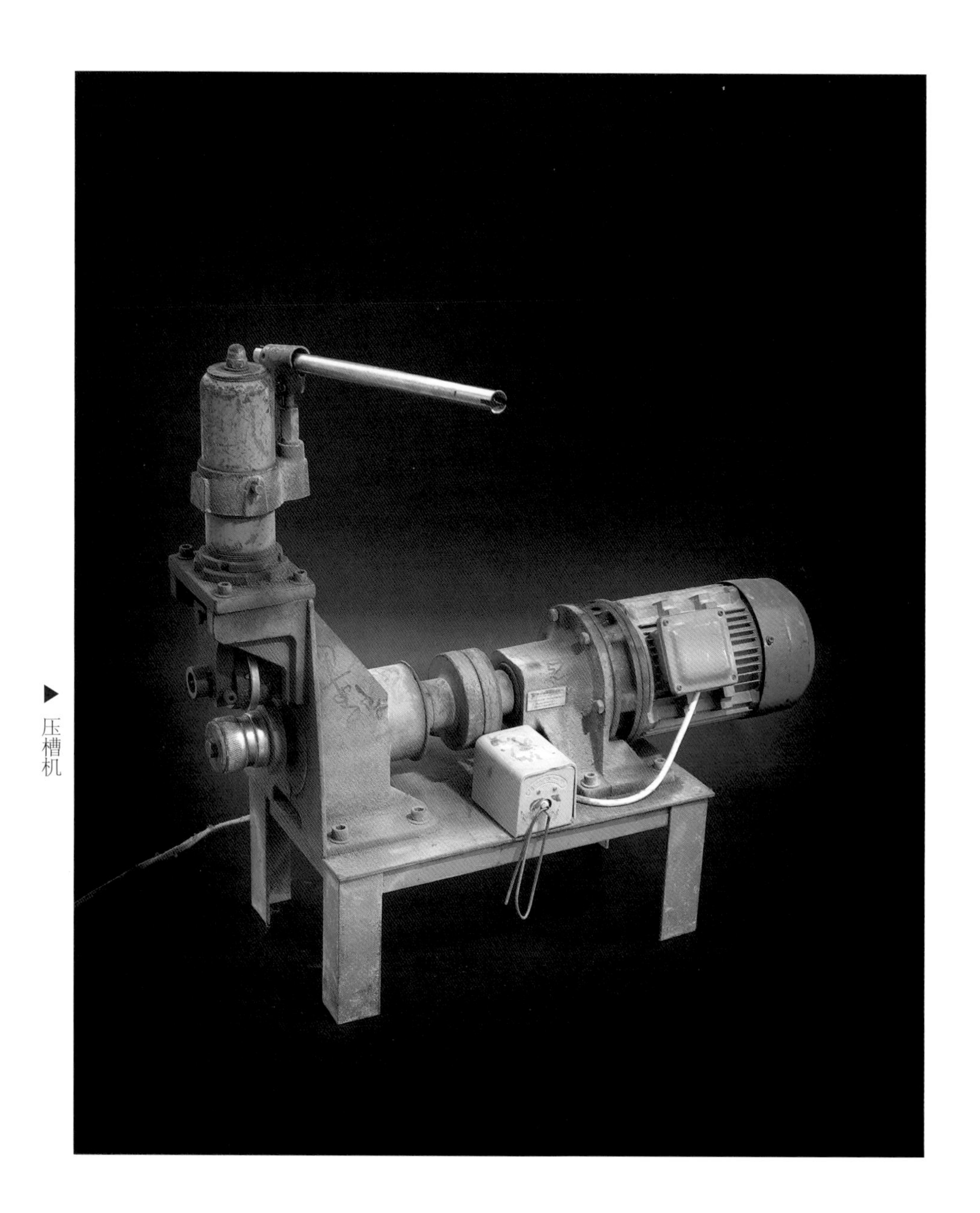

▶压槽机

# 压槽机

压槽机是一种小型机械加工工具，是对消防管道接口采用沟槽连接时的一种专用工具。

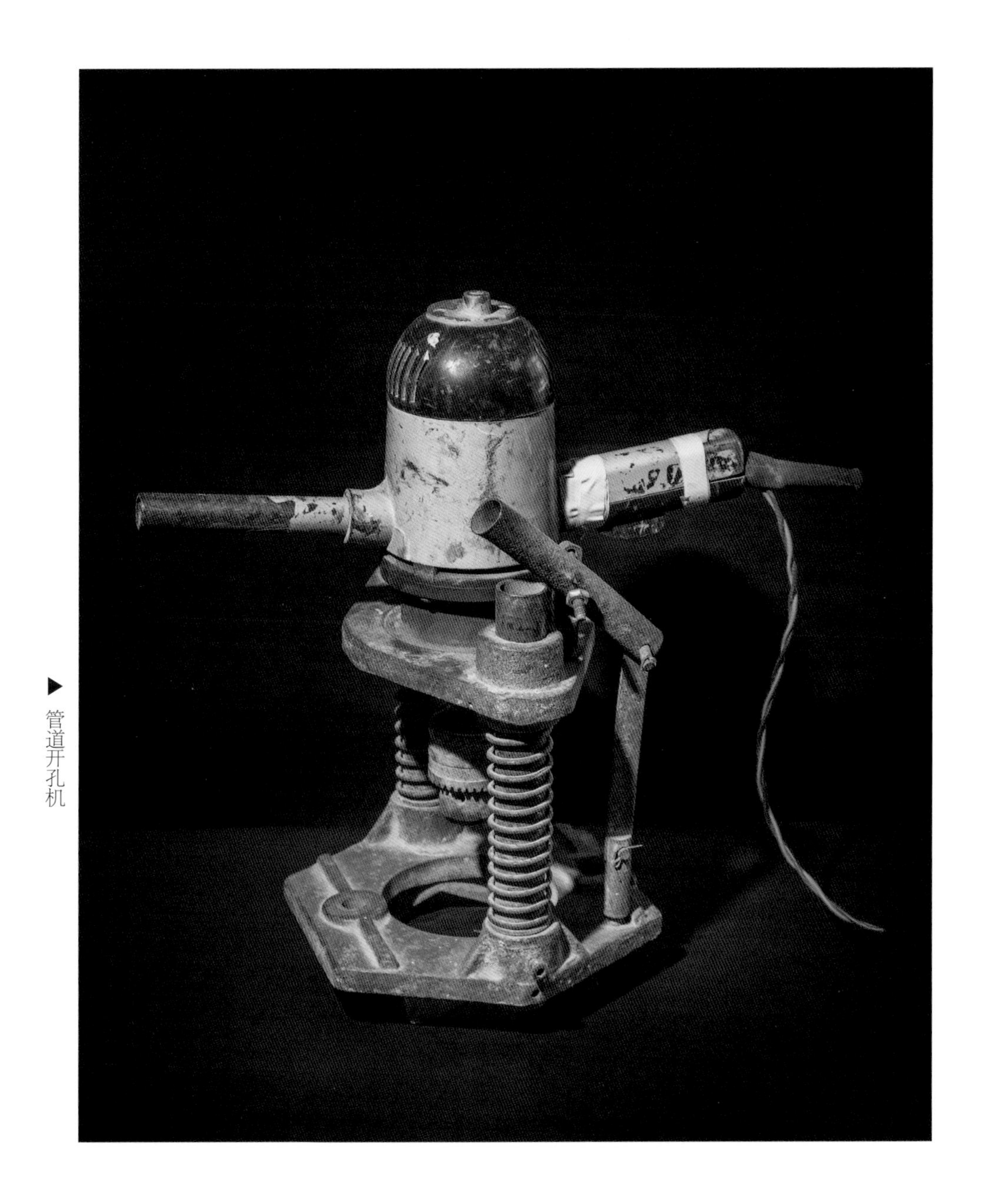



# 管道开孔机

管道开孔机本身包含传动机构、进给机构、管子夹具、刀具夹具，是在管子上开孔的一种机器。

▼ 切割锯

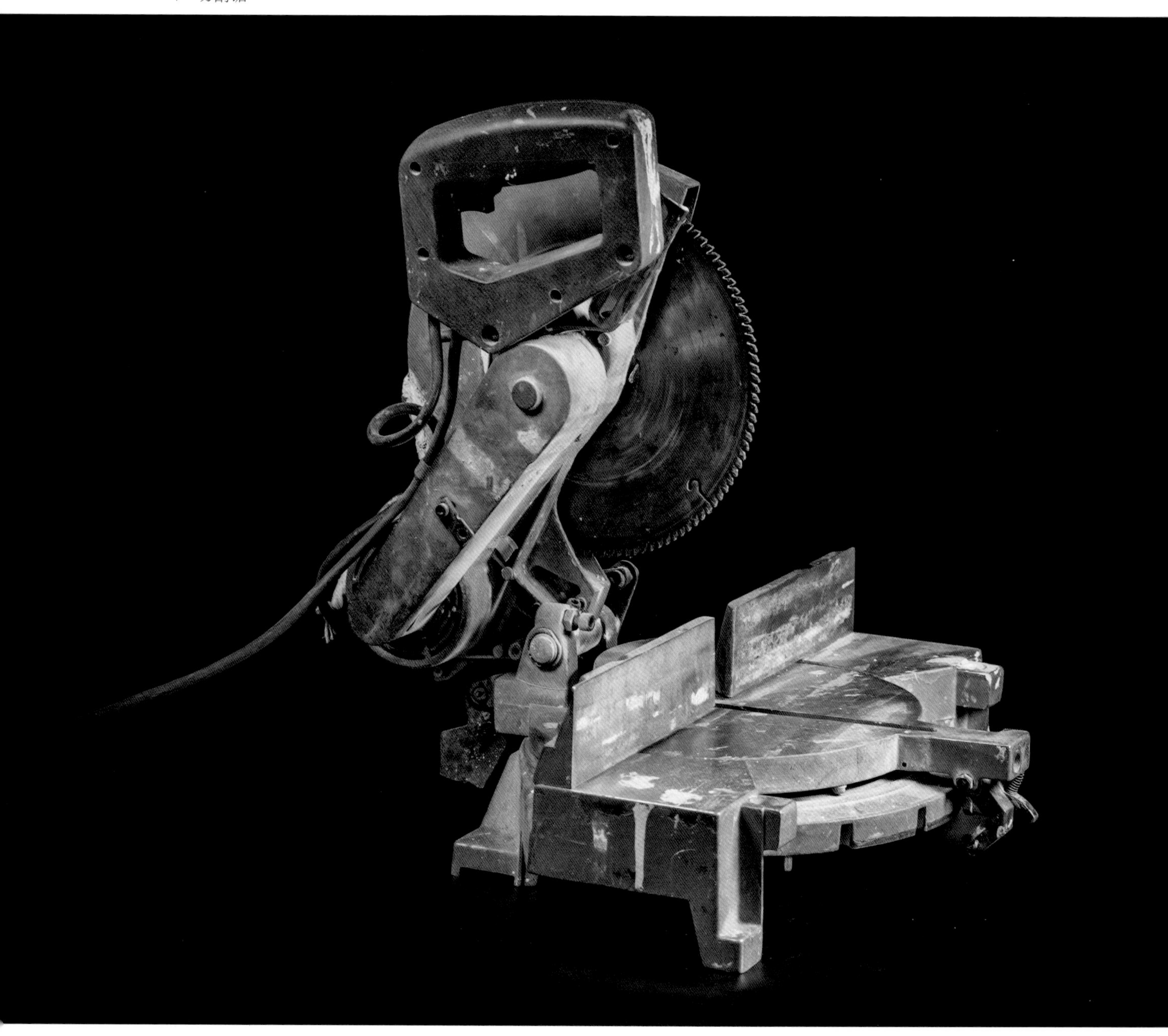

## 切割锯

切割锯，又叫“砂轮锯”，可对金属方扁管、方扁钢、工字钢、槽型钢、碳元钢、圆管等材料进行切割。

▼ 喷枪

## 喷枪

喷枪是一种喷漆专用工具，在消防安装行业中多用来喷涂管材漆面。它是利用液体或压缩空气迅速释放作为动力的一种喷涂工具。

▶开关箱

# 开关箱

开关箱是进入施工现场后，从项目分箱单独接出的施工用电保护设施，分为三相开关箱和单相开关箱。

▼ 空气压缩机

# 空气压缩机

空气压缩机是一种用以压缩气体的设备，在消防安装工程中主要用于消防管道的压力测试。

▼ 排污泵

# 排污泵

排污泵是管道安装作业中用于排污水的工具。排污泵有结构紧凑、占地面积小、安装维修方便等优点，大型的排污泵一般都配有自动耦合装置可以进行自动安装。

# 第四十一章　安全防护工具

消防安装工程中的常用安全防护工具主要有对讲机、电焊面罩、灭火器、安全带、电焊手套、绝缘手套、安全帽等。

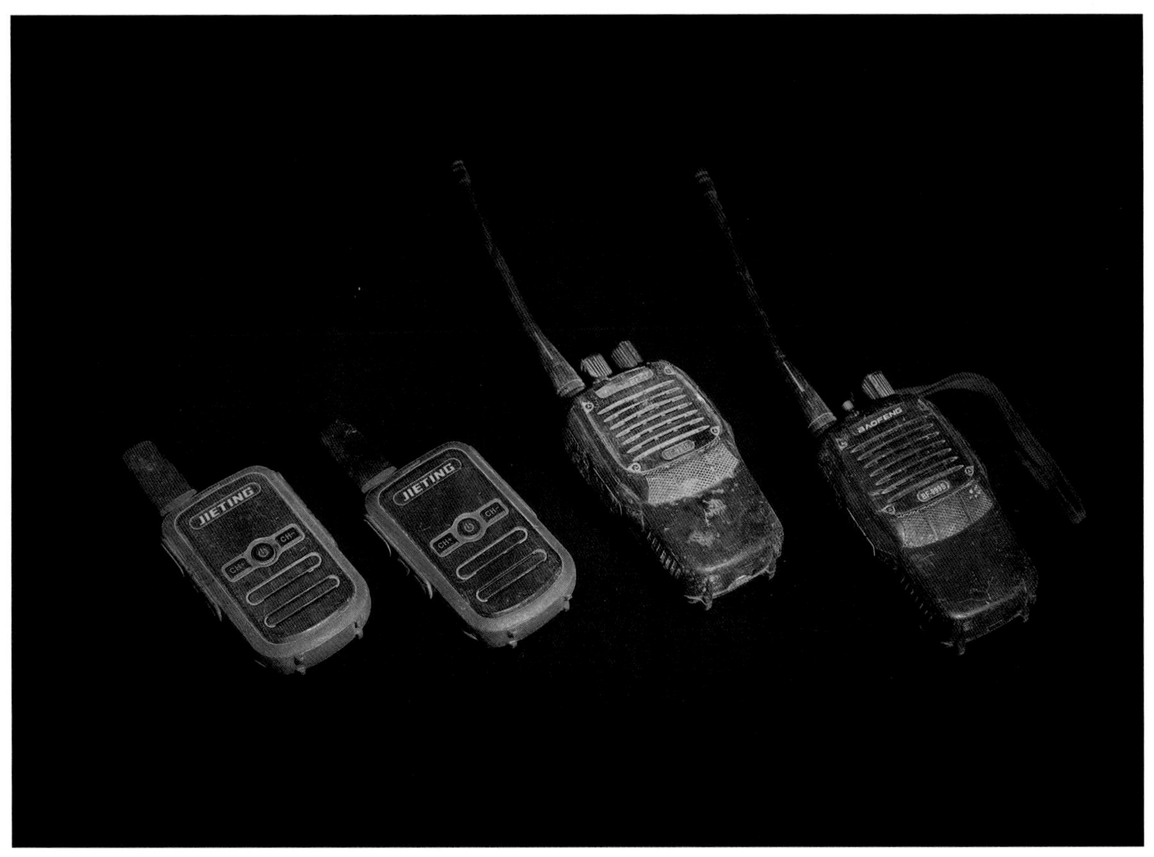


▲ 对讲机

## 对讲机

对讲机是施工人员远距离或隔层作业时的通信联络工具。

## 电焊面罩

电焊面罩俗称“电焊帽”，是焊割作业中起到保护作业人员安全的护具，主要有手持式、头戴式等样式，由罩体和镜片组成，保护工人眼睛免受强光刺激和皮肤烫伤及减少有害气体对身体的伤害。

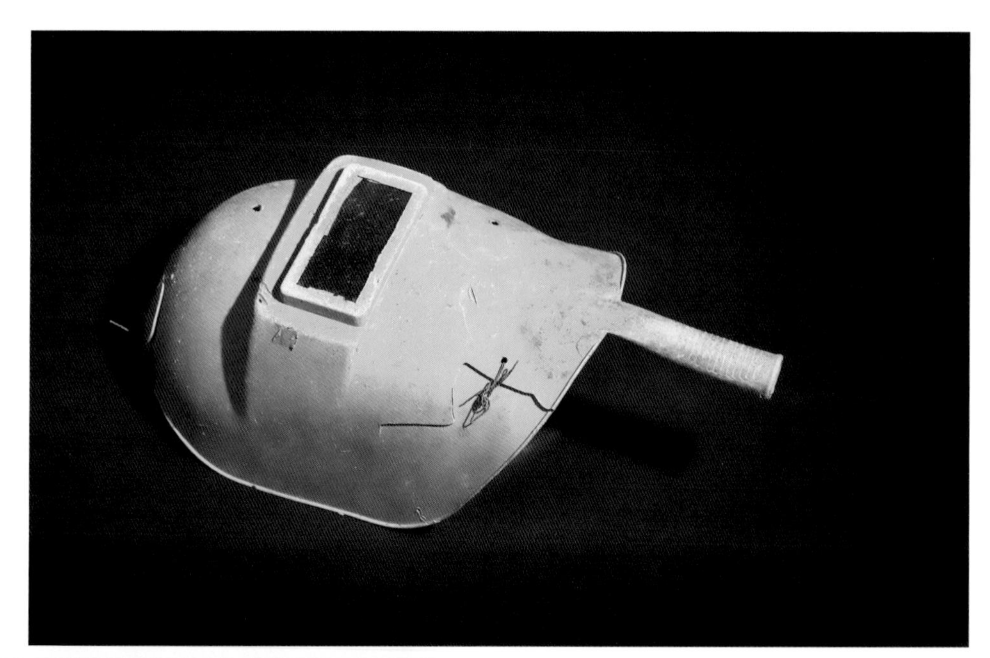

▲ 电焊面罩

▶ 灭火器

## 灭火器

灭火器是一种常见的防火、灭火器具。不同种类的灭火器内装填的成分不一样，是专为不同的火灾起因预设的，应根据灭火需求选择使用。

▲ 安全带

# 安全带

安全带属于防坠落护具，是伴随着建筑高度不断增加而出现的。安全带主要有半身型和全身型两种，是高处作业人员的重要防护用品。

# 电焊手套

电焊手套主要有电弧焊手套和氩弧焊手套，是一种耐火耐热的防护劳保用品，保护工人免遭火花烫伤、防止强光辐射手部。

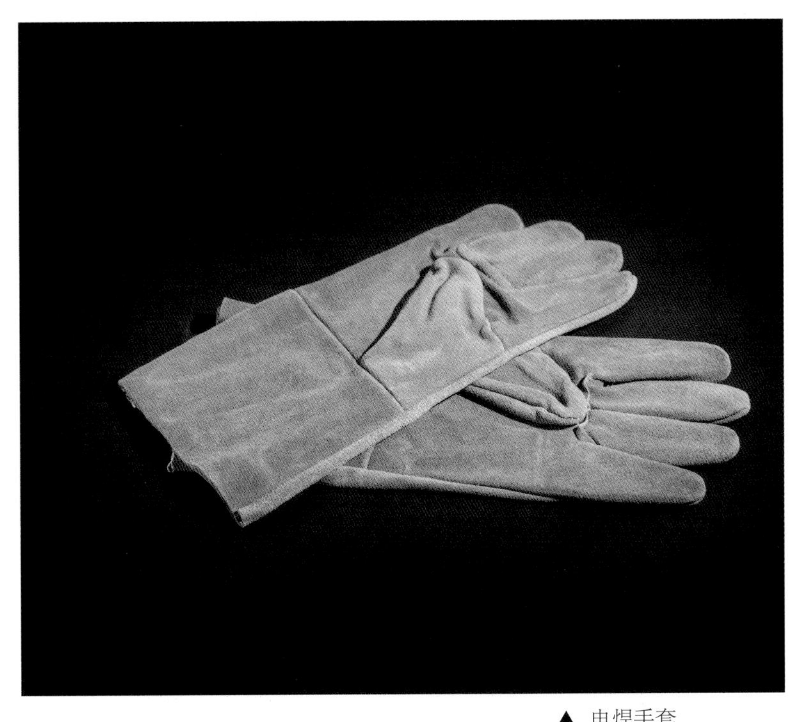

▲ 电焊手套

▼ 手电筒

## 手电筒

手电筒是用于黑暗环境作业时探路或停电情况下维修、抢修工作照明。

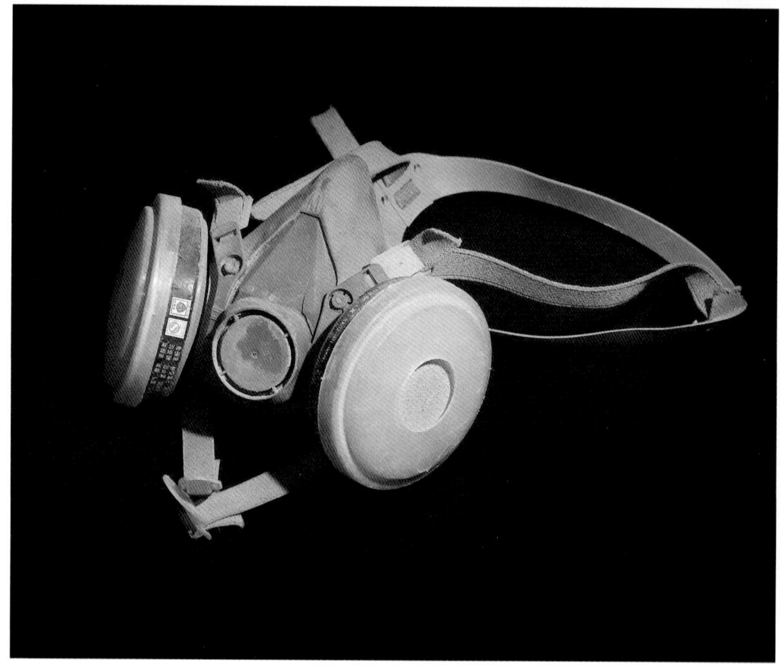

▲ 防尘口罩

## 防尘口罩

防尘口罩是粉尘环境作业时必备的防护工具。它采用活性炭纤维、活性炭颗粒、熔喷布、无纺布、静电纤维等材料，保护工人身体健康，远离尘肺病。

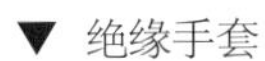
▼ 绝缘手套

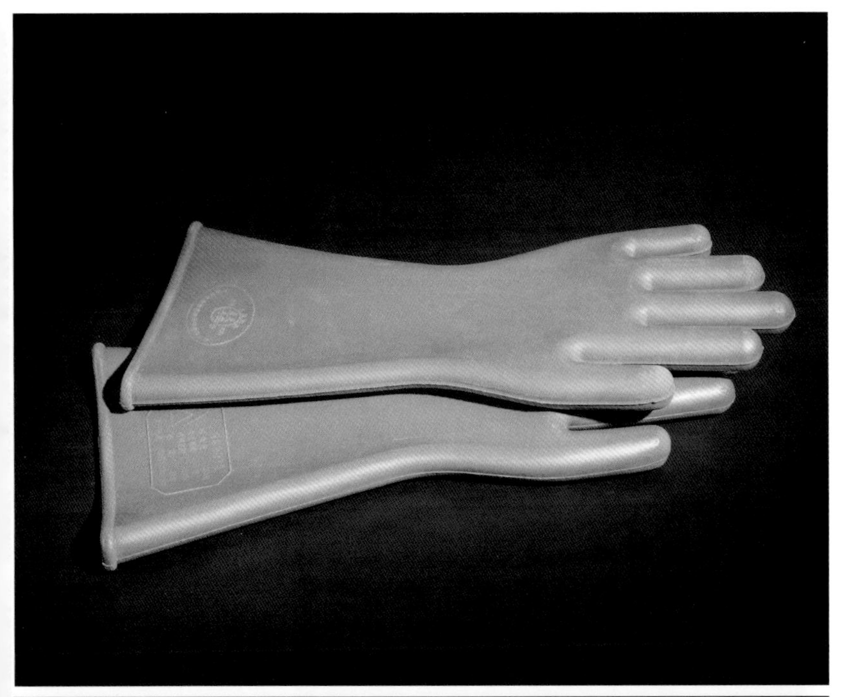

## 绝缘手套

绝缘手套是一种用橡胶制成的手套，是防电、防水、耐酸碱、防化、防油的劳保用品，使用前应检查手套是否有粘连、漏气、污染、受潮等情况，必须合格。

## 安全帽

安全帽由帽壳、帽衬、下颏带及部分配件组成，是施工现场必备的头部护具，可以防止高处落物打击与头部碰撞。

▲ 安全帽

▲《四大发明》著名画家 张生太 作